JOSÉ RAMOS VIVAS

Superbacterias

GUADALMAZÁN

Guadalmazán • Colección Divulgación científica
Director editorial: Antonio Cuesta
Corrección de José López Falcón
www.editorialguadalmazan.com
pedidos@almuzaralibros.com - info@almuzaralibros.com

Imprime: Black Print
ISBN: 978-84-17547-06-6
Depósito Legal: CO-485-2019
Hecho e impreso en España-*Made and printed in Spain*

A mi mujer, Patricia, y a mis hijos, Alejandra y Julio

A mis padres y hermanos

Índice

El profesor Alexander Fleming en su laboratorio en St Mary's,
Paddington, titular de la Cátedra de Bacteriología en la Universidad
de Londres, que abrió la puerta al mundo de los antibióticos gracias
al descubrimiento de la penicilina [Imperial War Museums].

Prólogo: Los problemas

Los antibióticos son la base de la medicina moderna. Sin ellos no podríamos enfrentarnos con las bacterias que causan infecciones mortales; tampoco podríamos utilizar la quimioterapia en pacientes con cáncer, no podríamos realizar trasplantes de órganos y ni siquiera podríamos realizar operaciones quirúrgicas sencillas.

Debido a la excesiva utilización de estos medicamentos y a su mal uso, hemos favorecido la aparición y acumulación de bacterias resistentes a ellos, por lo que estos fármacos están dejando de funcionar como deberían.

Este libro trata sobre el aumento alarmante de bacterias resistentes a los antibióticos, que causan enfermedades y fallecimientos todos los días en los hospitales de todo el mundo. Solo espero que su lectura haga comprender que necesitamos que los antibióticos que estamos utilizando mantengan su actividad durante más tiempo y que necesitamos descubrir otros nuevos.

Para la mayoría de las personas el problema de la resistencia de las bacterias a los antibióticos es desconocido. Un problema que, de seguir empeorando, podría costar más de 25.000 vidas humanas al día en todo el mundo, dentro de tan solo 30 años. Más que el cáncer. De hecho, si usted o alguno de sus hijos o nietos van a padecer un cáncer a partir del año 2050, el riesgo de que fallezcan por ese cáncer es menor que el riesgo que tendrán de morir por una infección durante su tratamiento, si los antibióticos dejan de funcionar debidamente. O lo que es peor, si a usted le ocurre alguna «desgracia» y necesita operarse, y los antibióticos utilizados para reducir el riesgo de infección tras su cirugía ya no funcionan, entonces esa operación —cualquier operación—

podría ser peor para usted que la propia enfermedad. Por ello, la Organización Mundial de la Salud habla de que la resistencia a los antibióticos va a ser uno de los tres problemas de salud más preocupantes para la humanidad en el siglo xxi.

Intentar curar a todos los enfermos infectados por bacterias resistentes a los antibióticos costará tanto dinero en el año 2050, que el producto interior bruto mundial podría reducirse entre un 1,1 % y un 3,8 % según el Banco Mundial. No hace falta entender mucho de macroeconomía, porque cuando te dicen que la combinación del producto interior bruto de todas las naciones del mundo podría llegar a reducirse cerca de un 4 %, lo primero que se te ocurre es que eso no puede ser nada bueno para las personas.

Esto es la teoría, pero la realidad podría ser mucho peor si no hacemos algo entre todos. Entre todos no solo me refiero a usted o a mí —que mediante gestos tan sencillos como lavarnos las manos, vacunarnos o hacer un buen uso de los antibióticos ya estaríamos haciendo bastante—, me refiero a todos los países del mundo, ya que este es y será un problema global. Usted seguramente habrá oído en las noticias o leído en los periódicos las palabras Zika, Ébola, tuberculosis, malaria, sida; pero no tardará en escuchar otras como *Enterobacter*, *Staphylococcus*, *Klebsiella*, *Acinetobacter*, *Pseudomonas* o *Enterococcus*. Bacterias de estos seis géneros han pasado a denominarse en su conjunto *patógenos ESKAPE*, y traen ya de cabeza a los profesionales sanitarios. El termino ESKAPE fue acuñado por el Centro de Control de Enfermedades —el CDC— de EE. UU. para señalar seis tipos de bacterias que *escapan* al efecto de los antibióticos comunes.

En este libro hablaré esencialmente de bacterias, ya que son los microorganismos que pueden ser destruidos por los antibióticos. No hablaré de parásitos, ni de hongos, ni de virus; aunque todos ellos también han experimentado un aumento de las resistencias a sus respectivos fármacos, como los virus a los antirretrovirales o los hongos a los antifúngicos. Donde hay un antimicrobiano pueden aparecer resistencias. Incluso las células tumorales acaban por hacerse muchas veces resistentes a la quimioterapia. Hay otros autores que se han encargado de escribir sobre esas cosas en otros libros.

Tampoco hablaré mucho de vacunas, aunque estas últimas son —junto con los antibióticos— posiblemente responsables de que usted esté leyendo este libro y de que yo lo haya escrito. El tema que nos ocupa aquí ya es bastante amplio y preocupante, aunque sí me gustaría decir que «nos tenemos que vacunar».

Hay SEIS PROBLEMAS que requieren solución, a riesgo de que den lugar a situaciones difícilmente controlables:

El PRIMERO es el uso inadecuado que las personas hacen de los antibióticos. Creemos que podemos utilizarlos a la ligera pero no es así. Al utilizarlos mal, estamos fomentando que dejen de tener eficacia.

El SEGUNDO problema es que los hospitales se han convertido en auténticos refugios de bacterias resistentes a los antibióticos —lo que algunos denominan *superbacterias*—. La concentración de personas que están recibiendo un tratamiento antibiótico en un hospital diariamente es muy alta y esto favorece la aparición de estas superbacterias. Además, dependiendo del hospital, pueden utilizarse cantidades distintas de antibióticos; por ejemplo, un hospital que realice muchos trasplantes de órganos utilizará muchos más antibióticos que uno que no realiza trasplantes, ya que se necesita mucha profilaxis debido a la inmunosupresión necesaria para que no haya rechazo del injerto —el órgano que se injerta en el cuerpo del paciente receptor—. Pero hay incluso estudios que demuestran que algunos hospitales consumen cinco o seis veces más antibióticos que otros hospitales del mismo tamaño y características, incluso en la misma ciudad. Debemos conseguir la optimización y reducción de los tratamientos empíricos con estas drogas, así como implementar las medidas de control de los brotes hospitalarios y mejorar las técnicas de identificación rápida y de vigilancia de las bacterias peligrosas y sus resistencias. Lo malo es que cuanto más vamos dejando sin solución estos temas, más avanza la resistencia a los antibióticos en los hospitales.

El TERCER problema es que se utilizan demasiados antibióticos en la cría de animales destinados al consumo humano. Vacas, cerdos, gallinas, pollos, pavos, peces, etc., han sido —o son— alimentados o tratados con millones de toneladas de antibióticos anualmente en casi todo el mundo, lo que ha provocado un aumento del número de bacterias que se han hecho resistentes a ellos. Esas bacterias o sus genes de resistencia se encuentran ya en la mayoría de los ambientes en los que nos movemos.

El CUARTO problema es que no hay nuevos antibióticos. En las últimas décadas no se han descubierto en la naturaleza nuevos tipos de antibióticos, y las empresas farmacéuticas han dejado de investigar en ellos porque ya no les resulta rentable. La mayoría de los que utilizamos a diario están dejando de funcionar y nos vemos en la necesidad de aumentar las dosis o volver a utilizar otros más antiguos, pero que habíamos descartado por su alta toxicidad al utilizarlos en pacientes.

El QUINTO problema es el cambio climático. Un cambio climático *glocal*. Esto quiere decir que se dará a nivel *global*, pero nos afectará de manera *local*. Olas de calor, lluvias torrenciales, inundaciones, huracanes, etc., en áreas localizadas del planeta, pero cada vez en más sitios, más frecuentes y más devastadores. Estos eventos climáticos extremos causarán un aumento de las enfermedades infecciosas, y por lo tanto una necesidad de utilizar masivamente antibióticos en las zonas afectadas.

El SEXTO problema es que las bacterias resistentes a los antibióticos pueden viajar de un sitio a otro del planeta con enorme facilidad. Solo necesitan personas que las transporten. De hecho, uno de los sitios donde se han encontrado muchas bacterias resistentes a los antibióticos es en las manecillas de las puertas de los servicios de caballeros de los aeropuertos.

Son muchos problemas que tenemos que abordar de manera continua y coordinada antes de que sea demasiado tarde y cada vez necesitemos más tiempo, más esfuerzo y más dinero para revertir la situación.

Los investigadores científicos trabajamos para ayudar a la sociedad. Aplicamos el método científico, realizamos experimentos y elaboramos teorías basándonos en hechos y evidencias. Comunicamos los resultados de nuestras investigaciones a través de revistas científicas. Esos resultados son evaluados por otros investigadores, y posteriormente se comunican a la sociedad, a través de notas de prensa, programas de televisión, eventos de divulgación científica, etc. Toda la información contenida en este libro puede consultarse en internet, pero, eso sí, no en Google, sino en revistas y libros especializados también accesibles a todo el mundo. En la Red hay que saber qué información es correcta y cuál no; y los colegios y las universidades deberían enseñar cómo distinguirlas.

Los seis problemas citados anteriormente tienen difícil solución porque no son conocidos o percibidos por una gran parte de la sociedad. Si la sociedad no los conoce o no los percibe, no toma medidas contra ellos o no presiona a quienes podrían tomar medidas para solucionarlos. Actualmente en Europa se calcula que mueren al año 25.000 personas por culpa de enfermedades infecciosas causadas por bacterias resistentes a los antibióticos. En el mundo 700.000. Si la magnitud del problema no se reduce, en el año 2050 morirá mucha más gente debido a este problema global. Para poder solucionarlo, hay que conocerlo.

He evitado en la medida de lo posible las palabras técnicas, definiendo aquellas imprescindibles. He utilizado la extensa literatura científica sobre el tema para buscar editoriales, opiniones expertas en la materia y artículos científicos que puedan encontrarse en la Red utilizando únicamente el buscador PubMed; aunque atenderé encantado cualquier petición de los lectores que soliciten artículos especialmente difíciles de encontrar.

He incluido algunas citas al comienzo de los capítulos. Unas vienen a cuento del tema que se va a tratar en cada uno y otras simplemente me han gustado, o me han emocionado en algún momento. Este libro quizás no solucionará el problema de la resistencia a los antibióticos, pero ayudará a muchas personas a conocerlo. Esa ha sido mi intención al escribirlo.

Leeuwenhoek estaba en lo cierto, ¡vemos microorganismos!

Robert Hooke, 15 de noviembre de 1677.
*De los cazadores de microbios a los descubridores
de antibióticos*, de Rafael Gómez-Lus.

*Los humanos no son tan brillantes. Piensan en muchas
cosas, pero las bacterias solo piensan en una: sobrevivir.*

Gary French, Hospital St. Thomas de Londres.
Sunday Times. 2000.

Aunque las bacterias no son, ni mucho menos, tan grandes como
esta recreación artística, no es menos cierto que están en todas
partes. Sí, en su cepillo de dientes también [Shin Jon Gho].

1. Bacterias en todas partes

Desde que abrimos los ojos al despertar por la mañana hasta que los cerramos cuando nos quedamos dormidos por la noche, todo, absolutamente todo lo que observamos está cubierto de bacterias. Desde las sábanas de nuestra cama hasta los árboles que asoman al otro lado de la calle. Todo. Desde los bolígrafos de nuestro escritorio hasta las monedas que llevamos en el bolsillo o los cromos que intercambian nuestro hijos en el colegio; el pelo de nuestras mascotas, las revistas del quiosco, la pantalla de nuestro móvil o el teclado de nuestro ordenador. Nosotros no las vemos, pero están ahí. Y hay muchas. Tomando unas pocas muestras en algunos sitios de una casa, podríamos saber si en ella vive un hombre o una mujer, o una pareja, y si tienen un gato, un perro o un periquito, dependiendo de las especies de bacterias que encontremos en esas muestras.

La barrita de color blanco que hay en la esquina inferior derecha de la portada de este libro representa el tamaño de 1 micra (o micrómetro). Cada micra es la milésima parte de un milímetro. Algo que mida un milímetro —el doble del grosor de un alfiler— lo podemos ver a simple vista si tenemos buen ojo y acercamos nuestra cara lo suficiente, pero algo que mide una micra no lo podemos ver a no ser que utilicemos un microscopio. Como *casi nunca* llevamos un microscopio encima —aunque ya hay microscopios portátiles para móviles—, no podemos contemplar el mundo diminuto que nos rodea. Pero está ahí.

El planeta tierra, donde vivimos, tiene para nosotros el mismo tamaño que el que representa una persona para una bacteria. Así de grandes nos ven las bacterias. Bueno, nos verían, si tuvieran

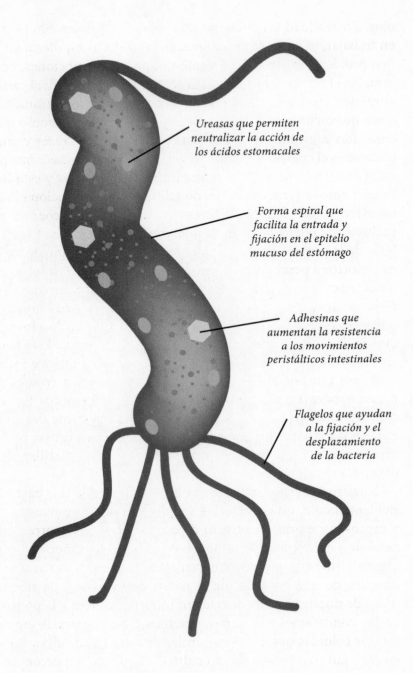

Ureasas que permiten
neutralizar la acción de
los ácidos estomacales

Forma espiral que
facilita la entrada y
fijación en el epitelio
mucuso del estómago

Adhesinas que
aumentan la resistencia
a los movimientos
peristálticos intestinales

Flagelos que ayudan
a la fijación y el
desplazamiento
de la bacteria

Ilustración esquemática del *Helicobacter pylori* [Timonina].

ojos. En realidad las bacterias son bastante simples. No piensan en trabajar, ni en ir de vacaciones, ni en pagar la hipoteca; no tienen problemas mentales ni sienten ni padecen emociones, no les importa el tiempo que hace, ni la economía mundial, ni el cambio climático. Simplemente están ahí. Solo reaccionan a estímulos físicos o químicos y les encanta crecer y multiplicarse —como les ha enseñado la evolución—. Y un sitio perfecto para crecer y multiplicarse es el cuerpo humano. Nuestro cuerpo les entusiasma porque tiene una temperatura y una humedad perfectas y está lleno de elementos nutritivos fáciles de asimilar. Han evolucionado con nosotros y con el resto de seres vivos con los que coexistimos. Incluso una buena parte de la población mundial —en España el 50 % de la gente— acoge a una especie que se ha adaptado a vivir en nosotros a pesar de encontrarse en un ambiente absolutamente hostil para la mayoría de bacterias: el estómago humano. Es el *Helicobacter pylori*, una bacteria que coloniza nuestro estómago y que vive cómodamente en su parte mucosa, resistiendo a los terribles ácidos que producimos para digerir el alimento. Esta bacteria puede llegar a causar gastritis crónica, úlcera péptica e incluso —si pasa muchos años con nosotros— inflamación crónica que puede conducir a un cáncer gástrico, uno de los pocos tipos de cáncer inducidos por microorganismos. Pasa bastante desapercibida en la mayoría de personas, pero si comienza a causar problemas serios hay que tomar aproximadamente 120 pastillas en 10 días para eliminarla.

Nuestro cuerpo, por lo tanto, está lleno de bacterias. Evidentemente, estas bacterias se encuentran sobre nuestra piel y mucosas y en nuestro tracto digestivo. No se encuentran en el cerebro o en el corazón, tampoco en el bazo, los riñones u otros órganos internos que permanecen estériles. Pero si tomamos una muestra de nuestro pelo, de la nariz, de los oídos, de nuestras uñas, de nuestra boca o de nuestro intestino grueso y la ponemos en las condiciones adecuadas, veremos a esas bacterias crecer y formar colonias que contienen miles de millones de ellas. Bueno, en realidad solo hemos sabido cultivar un pequeño porcentaje de nuestras bacterias, quizás menos del 5 % de todas las que tenemos. Sabemos que hay muchas más porque podemos estudiar sus genes, el microbioma.

Podríamos decir que casi cualquier órgano o cavidad corporal puede ser infectado por una bacteria resistente.

MARÍA CARMEN FARIÑAS, jefa del Servicio de Enfermedades Infecciosas del hospital universitario Marqués de Valdecilla (Santander) y LUIS MARTÍNEZ, jefe del Servicio de Microbiología del hospital universitario Reina Sofía (Córdoba). *Enfermedades Infecciosas y Microbiología Clínica*, 2013.

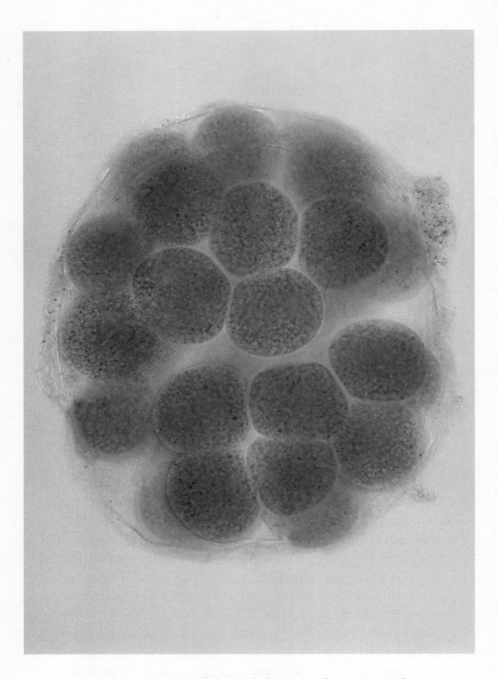

Una vista microscópica de la mórula de un erizo de mar. La mórula,
que se llama así por su aspecto de mora, es uno de los estados iniciales
en el desarrollo del embrión, cuando solo es un frágil puñado de células
pluripotenciales. Se desarrolla en un ambiente estéril [Jubal Harshaw].

2. ¿De dónde vienen las bacterias que tenemos en nuestro cuerpo?

Cuando el espermatozoide campeón de nuestro padre entra en el óvulo de nuestra madre, comienza la formación del nuevo ser humano. El óvulo, que se encuentra libre de bacterias, se va a alojar en el útero. A medida que se divide el óvulo y va formando el feto, este sigue permaneciendo estéril. A los pocos meses del embarazo, cuando el futuro bebé está casi formado, todo permanece también estéril. Sin embargo, algunos investigadores han encontrado en el meconio del neonato —sus primeras heces— distintas especies de bacterias, lo que hace pensar que algunas podrían haber llegado a su tubo digestivo durante el embarazo. Si esto es así, nuestra madre nos protege tanto que también estaría decidiendo qué bacterias deja pasar al interior de la placenta para que lleguen hasta el bebé. De hecho, el número y la composición de las bacterias que hay en el cuerpo de la madre también cambia durante el embarazo. Pero los estudios para verificar que hay bacterias que pasan al interior de la placenta no son fiables, principalmente por las contaminaciones con ADN de bacterias del ambiente —el propio laboratorio o incluso de los reactivos y kits comerciales de biología molecular—.

En el momento del nacimiento, el pequeño desciende por el canal del parto y entra en contacto con el conjunto de bacterias de la vagina de su madre. Toda su piel, empezando por su cabeza, se impregna de bacterias de su progenitora. Ya en el *mundo real*,

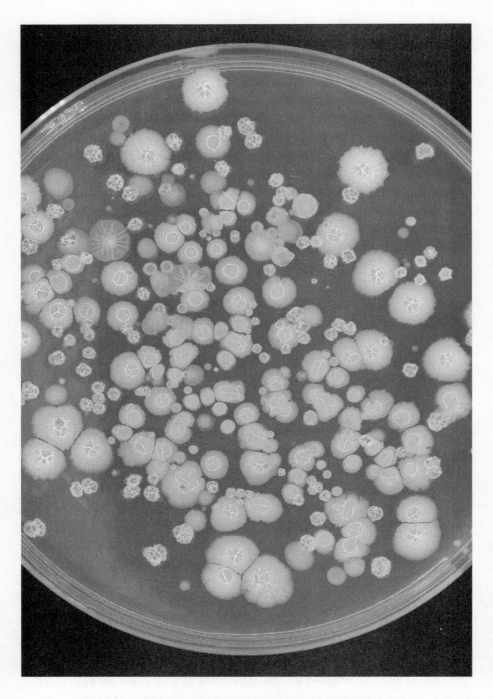

Placa de petri (TSA) con colonias bacterianas cultivadas a partir de
muestras de aire de un edificio público [Khamkhlai Thanet].

cuando se expone al ambiente, comienza a ser colonizado por las bacterias de la sala de partos —de donde quiera que tenga lugar el parto— ya que el aire no es estéril. Toma su primera bocanada de aire atmosférico y nuevas bacterias comienzan a colonizar su boca y la parte superior de sus vías respiratorias. Acto seguido, le colocan sobre el pecho de su madre y las bacterias que tiene la madre en la piel pasan a colonizar también la piel del bebé. Posteriormente, al tomar el calostro —la primera leche materna— más bacterias comienzan a colonizar su tubo digestivo; es la primera comida que toma por la boca. En realidad, no es solo una comida; para el bebé la leche materna es oro líquido, porque le va a proteger de los primeros peligros microscópicos que le van a acechar a partir de ese momento en el mundo exterior. Hoy en día sabemos que en el calostro nadan bacterias buenas que protegen al bebé. Esas bacterias no existen en los preparados de leche en polvo que venden en las farmacias, por lo que los niños que no se alimentan de leche materna durante los cuatro primeros meses de vida tienen mayor riesgo de padecer algunas enfermedades como el asma o la obesidad. Por distintas circunstancias a veces no es fácil alimentar al bebé con la leche materna, pero cuando es posible, se debería hacer.

La primera bocanada de aire que toma el bebé y la primera alimentación que recibe llenan su cuerpo de bacterias que comienzan rápidamente a educar a su sistema inmunitario. Luego, al bebé lo tocan su padre y sus familiares, su hermanito mayor o sus abuelos. Todos ellos le pasan nuevas bacterias. Le cambian de vestidito y le colocan en su cunita. Le dan su primer baño con agua tibia. Todo lleno de nuevas bacterias. La inmensa mayoría son buenas y amistosas. En total, tenemos unas 100.000.000.000.000 bacterias pululando por nuestro cuerpo. Por supuesto, también solemos tener algunos hongos, virus y parásitos, pero no son tan conocidos como las bacterias.

Como he dicho antes, una pequeña parte de estas bacterias las podemos cultivar en el laboratorio. Gracias a esas *pocas* hemos aprendido un montón sobre *todas* ellas. A algunas les gusta el oxígeno, pero son minoría. El número de bacterias anaerobias —a las que no les gusta el oxígeno— supera en 100 veces al número de bacterias a las que le gusta el oxígeno —las aerobias—, siendo las primeras especialmente numerosas en el colon humano. Tenemos unas cuantas bacterias anaerobias también en la boca y son en parte responsables de nuestro mal aliento mañanero. Como normalmente respiramos solo por la nariz al dormir, estamos dejando la cavidad bucal con menos tránsito de oxígeno, lo que aprovechan esas bacterias anaerobias para multiplicarse durante la noche y producir sus desechos malolientes.

Lo peor de estos bichitos a los que no les gusta mucho el oxígeno es que la mayoría no crecen bien en medios de cultivo microbiológicos normales, porque requieren una comida especial —nutrientes poco comunes— o unas condiciones de cultivo especiales —incubadoras sin oxígeno— o un tiempo de cultivo demasiado largo —incluso semanas—. Todo esto hace que hayan sido mucho menos estudiadas que sus compañeras aerobias. Debido también a esto, se conoce menos su perfil de resistencia o susceptibilidad a los antibióticos. Simplemente sabemos que están ahí porque detectamos sus genes o vemos que tienen formas muy variadas cuando realizamos microfotografías de algunas partes del cuerpo, como los intestinos; pero si intentamos que se multipliquen en el laboratorio para poder estudiarlas, en muchas ocasiones no lo logramos.

Podemos cerrar los libros de las enfermedades infecciosas.

Frase atribuida a WILLIAM H. STEWART, cirujano americano (1921-2008).
Posible leyenda urbana.

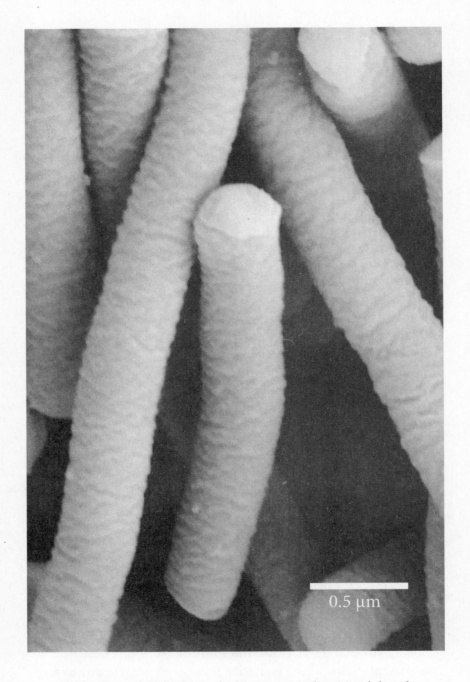

Lactobacillus acidophilus, fotografía de microscopía electrónica de barrido. Los lactobacilos forman parte de nuestra microbiota intestinal. Se han hecho muy conocidos gracias a los productos alimenticios que publicitan sus beneficios [Mogana Das Murtey & Patchamuthu Ramasamy].

3. El sistema inmunitario

Los neonatos apenas tienen bacterias en su cuerpo, pero son colonizados muy rápidamente cuando asoman la cabeza por el canal del parto o por la incisión quirúrgica de la cesárea. Las primeras bacterias que colonizan al niño recién nacido saben a dónde tienen que dirigirse y qué lugares tienen que ocupar en el cuerpo; en la boca, en el intestino, en las axilas, en la nariz, debajo de las uñas, en la cabeza. Las que entran en el cuerpo comienzan a educar a su sistema inmunitario y le explican qué es lo bueno y qué es lo malo; le presentan sus respetos. Se establece un vínculo eterno entre nuestro sistema inmunitario y nuestra microbiota intestinal. Se hacen amigos. Las bacterias que se quedan recubriendo al niño, en su piel y mucosas, permanecen separadas del sistema inmunitario por los epitelios del cuerpo y no entablan una amistad tan fructífera con él.

Las primeras bacterias intestinales comienzan a trabajar para ese nuevo ser humano y el sistema inmunitario las deja tranquilas. Muchas de las bacterias con las que entra en contacto un bebé hasta las 6 semanas de vida se quedarán para siempre con él. Pero un bebé no tiene el sistema inmunitario totalmente desarrollado cuando nace, por lo que es especialmente frágil durante sus primeros meses de vida. En ese momento, el ser humano es especialmente vulnerable a las infecciones por microorganismos patógenos. Una vez que nuestro sistema inmunitario se ha desarrollado con normalidad, si otras bacterias *malas* quieren ocupar el lugar de las buenas, nuestro sistema inmunitario se encarga de ellas destruyéndolas. Nuestra especie lleva unos cuantos cientos de miles de años haciendo esto.

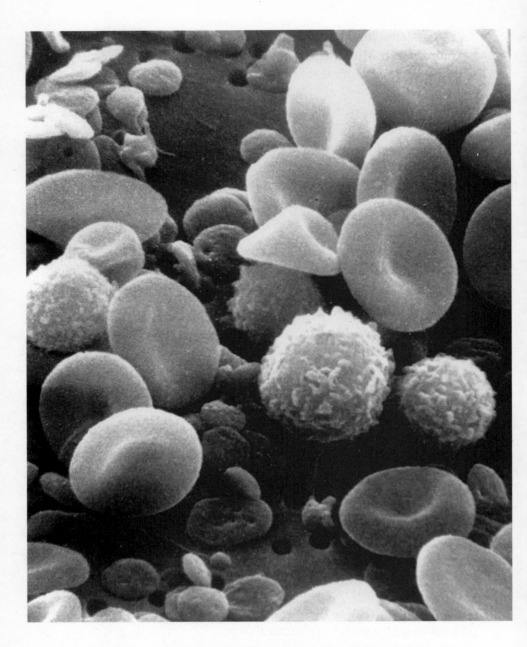

Microfotografía de microscopía electrónica de barrido mostrando células del tejido sanguíneo, entre ellas, los glóbulos rojos o eritrocitos, fácilmente distinguibles por su característica forma de disco bicóncavo, y varios glóbulos blancos, incluidos linfocitos, y muchas pequeñas plaquetas en forma también de disco [Bruce Wetzel & Harry Schaefer. National Cancer Institute].

Este sistema inmunitario es un arma de defensa absolutamente extraordinaria. Mientras usted está leyendo este libro, está respirando. Mientras respira, está introduciendo en sus pulmones aire que contiene partículas extrañas y también bacterias. Algunas de esas bacterias llegan a sus pulmones y son eliminadas rápidamente por el sistema de vigilancia que opera en ese lugar del cuerpo. Si está leyendo usted este libro mientras se toma un pincho o un café —o simplemente cuando traga saliva— sepa que está introduciendo en su tubo digestivo miles de bacterias. Algunas de estas bacterias lograrán sortear los ácidos de su estómago y llegarán a su intestino, pero allí las esperan sus bacterias buenas, que no dejarán fácilmente que estas otras ocupen su lugar. Si alguna de estas bacterias foráneas que ha introducido en su tubo digestivo logra llegar a la pared del intestino, le espera una sorpresa mucho peor, células del sistema inmunitario como macrófagos, neutrófilos o células dendríticas, que se encargarán enérgicamente de ellas. Créame, uno de los eventos más extraordinarios de la naturaleza que se puede observar a través de un microscopio potente es el de una célula defensiva humana comiéndose a un grupo de bacterias. Todo el mundo debería poder contemplar estos espectáculos microscópicos.

Algunas de las células de nuestro sistema inmunitario tienen memoria. Si un microorganismo ataca una segunda vez, las células defensivas —con las que su pariente había entrado en contacto antes— actúan más rápido y con más fuerza. Esta es la base de la inmunidad que proporcionan las vacunas.

Pero con la edad, tras años de lucha contra esas bacterias ambientales, o contra alergias, infecciones, tumores, el estrés, etc., el sistema inmunitario humano se vuelve más débil y no responde tan rápido ni tan bien ante los peligros. Es lo que se denomina *inmunosenescencia*. Un sistema inmunitario envejecido no puede controlar —por ejemplo— la proliferación de células tumorales de la misma manera que uno joven. Tampoco resistirá los ataques de patógenos que nos visitan a menudo, como el virus de la gripe estacional. Una neumonía bacteriana en un joven tiene normalmente menos complicaciones que en una persona mayor. Nuestro cuerpo se deteriora, no hay remedio. Hay que asumirlo. Cuidando nuestro cuerpo, cuidamos también nuestro sistema inmunitario para que funcione durante más tiempo de la mejor manera posible.

Los antibióticos colaboran de una manera extraordinaria ayudando a nuestro sistema inmunitario. En algunos casos, hacen a las bacterias más lentas, más débiles o con menor capacidad para multiplicarse. Las infecciones se producen cuando nuestro sistema inmunitario no puede controlar a un determinado grupo de bacterias que ha entrado en el cuerpo. Por ejemplo, cuando nos cortamos con algo punzante que está sucio. Por esa herida entran un número de bacterias que podrían multiplicarse velozmente. A pesar de la rápida actuación de nuestro sistema inmunitario, esa infección podría ser incontrolable y hacer que necesitemos la ayuda de armas biológicas externas, como los antibióticos. Si el antibiótico funciona —las bacterias son sensibles a él— se reduce el número de bacterias presentes en la infección, dejándolo en un nivel bajo que nuestro sistema inmunitario ya puede controlar. Si el antibiótico que tomamos no es efectivo contra esas bacterias —porque estas son resistentes a él— seguirán multiplicándose y nuestro sistema inmunitario lo tendrá mucho peor para controlarlas.

Cuando por diversas circunstancias nuestro sistema inmunitario está debilitado, como por ejemplo tras una sesión de quimioterapia —si padecemos cáncer—, nos quedamos sin esas defensas. Las sesiones de quimioterapia machacan a las células del cáncer, pero también a muchas otras buenas, como a las de nuestros folículos pilosos, a las de nuestros intestinos o a las de nuestro sistema inmunitario, reduciendo su número o haciendo que no actúen de forma normal. Por lo tanto, las bacterias que se introducen en el cuerpo de estos pacientes a través del sistema respiratorio, o del tracto digestivo, o de una herida, serán muy malas de controlar, porque su sistema inmunitario está prácticamente ausente. En este caso, un simple constipado puede ser fatal. Ese paciente no tiene apenas defensas y cualquier bacteria que llegue a sus pulmones no encontrará oposición y tendrá una buena oportunidad de multiplicarse y causar —por ejemplo— una neumonía que podría llegar a ser mortal. Los pacientes que reciben quimioterapia deben estar protegidos con otras armas: los antibióticos. Estos antibióticos que reciben los pacientes con cáncer ayudan a controlar cualquier pequeña infección que podría ser mortal y que en personas sanas no daría apenas algún problema.

Debe ser prioritario informar a la comunidad sanitaria y
a la ciudadanía sobre la importancia de este problema.

RAMÓN CISTERNA, jefe del Servicio de Microbiología del hospital de Basurto.
Consalud.es, junio de 2017.

El Human Microbiome Project, HMP, (Proyecto Microbioma Humano) es
una iniciativa del National Institute of Health para identificar y caracterizar
los microorganismos que están asociados al ser humano, tanto en condiciones
fisiológicas como en patologías [National Institute of Health].

4. Microbioma

El conjunto de bacterias viables que está presente en nuestro cuerpo se denomina *microbiota* y el conjunto de genes y productos bacterianos de todas esas bacterias se denomina *microbioma*. Estos términos se han puesto de moda, y con razón.

El 18 de octubre del 2007 se publicó un artículo en la revista *Nature* con el título: «El proyecto 'Microbioma Humano'». Su objetivo —como lo fue el proyecto «Genoma Humano» en su día— no es otro que el de conocer todos los componentes microbianos del ser humano para comprender cómo contribuyen a la fisiología humana y a su predisposición a las enfermedades. Los científicos ya estamos seguros de que las bacterias, sobre todo las que tenemos en el intestino, juegan un papel esencial en nuestra vida. Como la mayoría de veces, hemos utilizado ratones para demostrarlo. Pero unos ratones especiales. Unos ratones que no tienen bacterias en su cuerpo. Son los denominados *ratones libres de gérmenes*, tratados muy cuidadosamente en el laboratorio desde que están en el interior de sus madres. Cuando son unas pequeñas crías, son retirados cuidadosamente del vientre de su progenitora por cesárea, en incubadoras especiales totalmente libres de microorganismos, con aire limpio y un ambiente completamente estéril. De este modo, los pequeños ratones no entran en contacto con ninguna superficie contaminada, ni siquiera con la piel de su madre o con el aire de la sala. Son criados en esas incubadoras, y su alimento y su bebida se esterilizan para que tampoco se puedan introducir bacterias en su cuerpo al comer o beber. El aire que entra en la incubadora pasa por unos filtros especiales que no dejan pasar microorganismos. Por eso estos ratones son tan importantes, porque podemos compararlos con ratones normales y ver cómo influye en ellos el tener bacterias o no en su cuerpo.

Pero esos ratones sin bacterias no muestran un desarrollo normal en comparación con ratones hermanos que sí han sido criados en condiciones normales. Si se examina su tubo digestivo, no vemos ni una sola bacteria; al contrario que en los ratones normales, cuyos tubos digestivos están lleno de bacterias, como en los humanos. Además, el sistema inmunitario es bastante diferente entre los ratones libres de bacterias y los ratones normales. Desde el punto de vista anatómico y fisiológico, los ratones libres de gérmenes tienen un sistema inmunitario subdesarrollado, con nódulos linfáticos más pequeños y en menor número. También tienen menos células plasmáticas y linfocitos, que son una parte de las células encargadas de protegerlos; además, secretan menos anticuerpos y por lo tanto son más susceptibles a los patógenos. Un ratón sin bacterias es un ratón más frágil. Más frágil pero muy útil, porque podemos estudiar qué pasa cuando le introducimos las bacterias que nosotros queremos.

Si a los ratones libres de gérmenes se les saca fuera de las incubadoras, se les alimenta de forma normal y respiran aire normal, inmediatamente comienzan a ser colonizados por bacterias y pronto comienzan un desarrollo también relativamente normal. Y así es. Tras realizar estos experimentos de liberar a los ratones sin bacterias de su inexpugnable fortaleza antigérmenes, los científicos han querido conocer de forma análoga cómo llegan las primeras bacterias al cuerpo de los bebés humanos. Estudiaron las bacterias que tenían los niños justo después de nacer, tomando muestras de sus fosas nasales, de la boca, de la piel y de su primera caquita, y vieron que había diferencias muy importantes dependiendo si el niño nacía por parto normal o por cesárea. Hasta las 6 semanas de edad, los niños que nacen mediante parto normal tienen más bacterias y de más especies distintas que los niños que nacen por cesárea. Y esto puede tener implicaciones importantes en la salud futura de esos niños. Se comprobó que las bacterias que estaban presentes en mayor número en los niños que nacen mediante un parto normal proceden en su mayoría de la vagina de la madre, mientras que en los niños que nacen por cesárea, las bacterias provienen principalmente de la piel del torso de sus madres.

A medida que transcurren los tres primeros años de vida del niño, la cantidad de bacterias diferentes que lo colonizan aumenta. A partir de los tres años, las bacterias que tenemos ya se parecen casi al cien por cien a las que tenemos en edad juvenil y adulta. Con la vejez, la cantidad de especies que siguen con nosotros disminuye ligeramente.

Durante esos tres primeros años de vida es cuando tienen lugar los eventos más importantes para la salud y el desarrollo del niño; y estos eventos tienen mucho que ver con sus bacterias intestinales. Por supuesto, la microbiota de cada niño está condicionada por las circunstancias sociales donde se desarrolla su infancia, su higiene, su genética, su estado inmunitario o su alimentación, etc. Pero su microbiota es clave.

Cuando perturbamos la tranquilidad de las comunidades de bacterias que viven en nosotros estamos provocando lo que se llama *disbiosis*, un cambio en su composición y distribución, o en su funcionamiento; puede ser una disbiosis intestinal, disbiosis respiratoria, etc., y esto es malo.

Hoy en día sabemos que la alteración de la microbiota intestinal de una persona puede causar no solo desórdenes en el tubo digestivo —como colitis ulcerativa o síndrome del intestino o colon irritable— sino también alzhéimer o parkinson, o incluso algunos tipos de autismo. Sí, enfermedades ligadas al sistema nervioso. Esto es tan nuevo como sorprendente, pero es así. Ello es debido a que tenemos un sistema nervioso muy complicado con conexiones directas muy importantes entre el tubo digestivo y el cerebro, como el nervio denominado *vago*. La descripción del complejo sistema de señales que van desde nuestras tripas hasta nuestra cabeza va más allá del contenido de este libro, así que lo dejaremos para otro día. Quédese el lector con la frase que se atribuye a Hipócrates: «Todas las enfermedades comienzan en el intestino».

Lo que me interesa contar aquí tiene más que ver con la *estabilidad* y *tranquilidad* de nuestras bacterias intestinales. La mayoría de los cientos de especies de bacterias que tenemos en el cuerpo no son malas; de hecho la mayoría son muy buenas y beneficiosas, incluso algunas colaboran en diversas tareas relacionadas con la digestión y la obtención de nutrientes para nuestro cuerpo.

Ilustración que representa a *Escherichia coli* con fimbrias y flagelos [Supergalactic studio].

Pero de vez en cuando algunas bacterias de alguna de estas especies que viven con nosotros cambian de posición y pueden causar infecciones. Por ejemplo, los *Staphylococcus aureus* de nuestra piel —estafilococos para los amigos— pueden entrar en nuestro cuerpo por una herida, y ahí es donde puede surgir un problema. Alguna de nuestras *Escherichia coli* intestinales —coli para los amigos— pueden llegar hasta el aparato urinario y causar una cistitis. Alguno de los *Streptococcus pyogenes* de nuestra boca —estreptos para los amigos— puede llegar al sistema respiratorio y causar un dolor de garganta o una neumonía. Una bacteria normal en el sitio inadecuado puede ser un grave problema. Bueno, una sola no, quizás cientos o miles. En una infección de garganta no hay 27 bacterias, o 321, posiblemente haya miles de millones.

Nuestro sistema inmunitario —las células y moléculas que protegen nuestro cuerpo— puede controlar un número alto de microorganismos indeseables, pero no muchos millones. Además, las bacterias se dividen muy rápido cuando están en las condiciones adecuadas y el interior de nuestro cuerpo ofrece esas condiciones. Los seres humanos generamos descendencia generalmente cada veinte o treinta años y normalmente nos contentamos con tener entre uno y dos hijos, pero las bacterias pueden tener descendencia dentro de nuestro cuerpo cada veinte minutos y no paran de dividirse mientras tengan espacio y alimento para hacerlo.

Una infección es como una carrera entre la dispersión y la multiplicación de las bacterias en los tejidos, y la movilización de las defensas de nuestro cuerpo para eliminar esas bacterias. Estaría muy bien que el proceso infectivo se enseñase de forma didáctica en las escuelas, al estilo de la serie de dibujos animados *Érase una vez la vida* que emitían por televisión antes de la llegada de los pokémons y las esponjas amarillas —que no enseñan nada—. La ventaja de las bacterias puede estar en la utilización de algunas características especiales o *factores de virulencia* que poseen y la ventaja de nuestras defensas puede ser el tipo de respuesta inmunitaria que se moviliza. La Sociedad Española de Inmunología ha publicado un excelente libro para niños titulado *Los misterios del sistema inmunitario. Cómo protege a nuestro cuerpo*, muy recomendable para que los jóvenes puedan entender la respuesta inmunitaria del cuerpo humano.

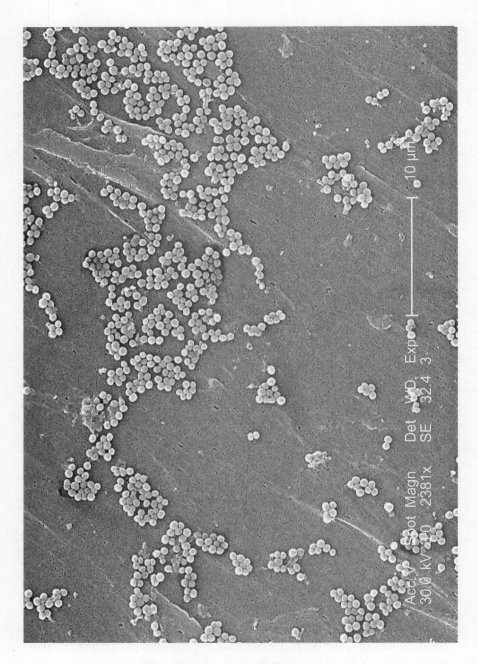

Microscopía electrónica de barrido con una preparación
que muestra numerosos *Staphylococcus aureus*
[Janice Haney Carr & Jeff Hageman. USCDCP.].

De vez en cuando aparece una determinada *cepa* o *estirpe* bacteriana —una variante genética dentro de una misma especie, con unas características que la distinguen de otras cepas de esa especie— que tiene una dosis infectiva muy baja, esto es, que tan solo unas pocas bacterias de esa *estirpe* en concreto pueden dar lugar a una infección complicada —aunque afortunadamente no hay muchas—. Esto es normalmente debido a que esas pocas bacterias pueden encontrarse en una zona del cuerpo con baja vigilancia del sistema inmunitario, o en la sangre, o a que esa cepa en particular tiene alguna característica que la hace especialmente virulenta y peligrosa. Algunas bacterias pueden dividirse en suero humano o en sangre a una velocidad muy parecida a como lo hacen en el laboratorio, en condiciones *artificiales* que nosotros creamos para estudiarlas mejor. Pongamos por ejemplo, cada veinte minutos —*Clostridium perfringens* tarda menos de diez minutos—. Entonces, cuando pueden dividirse tan rápidamente, donde al principio había 100 bacterias en tres horas puede haber más de 50.000; en seis horas y media podría haber más de 52 millones (52.428.800 para ser exactos). Demasiadas bacterias corriendo dentro de nuestro cuerpo por sitios inadecuados. Demasiadas incluso para nuestro poderoso sistema inmunitario, que sin duda tratará de neutralizarlas porque no están donde deben.

Sabemos además que algunas bacterias malas son capaces de dejarse comer por las células de nuestro sistema inmunitario —que patrullan constantemente nuestro cuerpo— para luego multiplicarse dentro de estas y utilizar sus tripas como fuente de alimento hasta matarlas; luego saldrán de sus cadáveres celulares para volver a infectar a células vecinas. Así de complejos son los productos de la evolución.

En algunos casos, si las bacterias no se multiplican de forma rápida y la célula que las ha comido —por ejemplo, un macrófago— no muere, estas bacterias pueden permanecer escondidas dentro del cuerpo, esperando la oportunidad de poder causar una infección con éxito.

«Estamos perdiendo la batalla contra las enfermedades infecciosas. En pocas palabras, los medicamentos no funcionan».

Sally Davies, jefa de la Oficina Médica de Inglaterra.
Varias noticias periodísticas. 2013.

Uno de los héroes de los laboratorios [Egoreichenkov Evgenii].

5. Ratones gordos

Pues bien, siguiendo con nuestras bacterias intestinales, como explicaré en otra parte de este libro, cuando tomamos antibióticos matamos a miles de millones de bacterias de nuestro intestino. Como siempre, los científicos quisieron ver qué pasaba cuando daban antibióticos a ratones.

En la tesis doctoral de Laura Cox, dirigida por el Dr. Martin Blaser y defendida en la Universidad de Nueva York en 2013, se describen una serie de experimentos muy interesantes sobre la administración de antibióticos a ratones durante sus primeras semanas de vida. No hace falta ser científico para encontrarle sentido a las conclusiones que se obtuvieron.

Seleccionaron dos grupos de ratones recién nacidos. A un grupo le suministraron en la dieta pequeñas dosis de antibióticos y al otro grupo no. Los ratoncitos que tomaron antibióticos engordaron más y su grasa corporal aumentó considerablemente. Luego comprobaron que, administrando estos antibióticos solo durante las cuatro primeras semanas de vida, los ratones seguían siendo obesos cuando se hacían adultos, aunque el tratamiento hubiera terminado al mes de administración.

Para ver cómo afectaban estos antibióticos en la comida a sus bacterias intestinales, tomaron muestras de sus caquitas y de sus intestinos y vieron que la cantidad y composición de las especies presentes en ellos variaba enormemente. Identificaron hasta 800 especies diferentes de bacterias en las caquitas de los ratones normales. En ratones alimentados con antibióticos desaparecían unas 480 especies —casi dos terceras partes del total—. La conclusión básica fue que pequeñas dosis de antibióticos durante un tiempo relativamente corto en la infancia de los ratones alteraba la microbiota intestinal, y que al alterar esta microbiota se alteraba también todo el sistema digestivo y *otras cosas*.

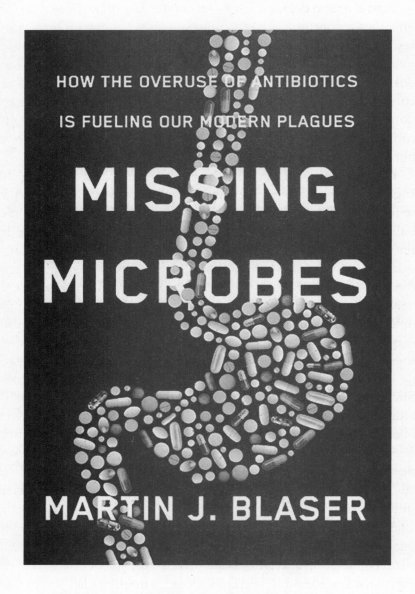

*Missing Microbes: How the Overuse of Antibiotics Is Fueling
Our Modern Plagues*, la obra de Martin J. Blaser
[Henry Holt & Co].

Pero el grupo del Dr. Blaser —autor del magnífico libro *Missing microbes*— continuó investigando. Su equipo quería saber si estos resultados eran extrapolables al ser humano; a niños humanos. Evidentemente, no podían coger grupos de niños recién nacidos y alimentarlos con papillas que contuvieran antibióticos en pequeñas dosis, así que decidieron buscar estudios médicos donde pudieran encontrar algún dato al respecto. Y lo encontraron. Ciertamente —como comprobará el lector a lo largo de este libro— hay estudios de todo tipo.

Encontraron que en Bristol —una zona del suroeste de Inglaterra— se estaba realizando un estudio desde 1990 en el que se tomaban todo tipo de datos de 14.500 familias de esa zona que habían tenido niños en aquella época. Según los editores de la revista *Nature*, este estudio ha proporcionado una increíble cantidad de información de ese montón de niños sobre aspectos tan diversos como la fisiología, las alergias, los hábitos de consumo, el coeficiente de inteligencia, la obesidad, las drogas, e incluso ¿los determinantes claves de la felicidad? Los resultados del estudio —que aún continúan brotando— están disponibles para todo el mundo y pueden consultarse en la página web de la Universidad de Bristol. Pero al Dr. Blaser y a su grupo le interesaba especialmente un dato, cuántos de esos niños nacidos en 1990 habían recibido antibióticos de pequeños y si esto había afectado a su grado de obesidad en la edad infantil y juvenil. Y efectivamente. Los niños que habían recibido antibióticos durante los seis primeros meses de vida se habían vuelto más obesos; igual que los ratones de su laboratorio. Los antibióticos afectan a las bacterias y las bacterias influyen en el desarrollo de los seres humanos. Dependemos de ellas más de lo que creemos; de hecho, tenemos tantas bacterias buenas en nuestros intestinos que representan una gran barrera para contener a bacterias malas. Básicamente ocupan todo el espacio, e impiden que bacterias *ajenas* a nuestro cuerpo se establezcan en esa zona. Aún no sabemos exactamente cómo lo hacen, posiblemente sea una cuestión de número, aunque también hay certeza de que algunos de los productos que generan esas bacterias buenas inhiben a las malas. Un gran desafío para el futuro será saber cuáles de las especies de bacterias buenas de nuestro intestino juegan un papel más importante a la hora de controlar la invasión por las malas. Llegar a poner o quitar alguna de estas especies o poder controlar su número podría ser clave para compensar muchas deficiencias o enfermedades en el ser humano.

Todo esto del microbioma humano parece de ciencia ficción y es un campo en el que hay mucho que explorar todavía; de hecho, ya hay institutos de investigación dedicados únicamente al estudio del microbioma, como el APC Microbiome Institute de la Universidad de Cork en Irlanda. Habrá mucho trabajo para científicos en este campo durante los próximos años.

Diferentes estudios publicados muy recientemente han hallado algún tipo de nexo entre el comportamiento del microbioma y enfermedades tan dispares como el cáncer de mama, la esclerosis lateral amiotrófica (ELA) o la respuesta del paciente a los tratamientos con inmunoterapias contra melanomas. También con el miedo. Sí, con el miedo. A lo mejor el microbioma fue quien mató a Manolete, porque influyó en el comportamiento que este tubo al ver al toro Islero. Quizá una comprensión más profunda de los mecanismos que regulan el microbioma y cómo este influye sobre el sistema nervioso central nos ayude en el futuro a desarrollar tratamientos contra la ansiedad o el estrés. ¿Podrá nuestra dieta evitar que necesitemos antidepresivos?

Varios estudios recientes han evidenciado que las personas en países industrializados tienen microbiomas distintos —y normalmente menos diversos— que algunos pueblos de África, Centroamérica o Asia —por ejemplo, niños de algunos países de África— acogen en sus intestinos bacterias que tienen enzimas para degradar celulosa, porque sus dietas son a base de plantas y cereales. Esas bacterias están ausentes en niños europeos. Esto podría guardar alguna relación con la enfermedad celíaca, que está caracterizada por una inflamación intestinal causada por el gluten, un tipo de proteínas muy comunes en dietas occidentales. El tubo digestivo de los mamíferos solo es capaz de digerir el gluten parcialmente, por lo que algunos fragmentos no digeridos inducen la respuesta inflamatoria en pacientes con esta enfermedad. Estas personas deben lidiar todos los días con la difícil tarea de eliminar trazas de gluten de su dieta y con el etiquetado incorrecto de muchos productos alimentarios.

España lleva varias décadas siendo líder mundial en operaciones de trasplante de órganos. En nuestros hospitales se trasplantan miles de órganos al año: riñones, hígados, corazones, pulmones, páncreas, etc. Los trasplantes son normalmente operaciones quirúrgicas que consisten en trasplantar una parte de tejido o un órgano de una persona que no lo necesita a otra que sí lo necesita porque el suyo ha dejado de funcionar por algún motivo.

Nuestros intestinos contienen miles de millones de bacterias buenas que por algún motivo también pueden dejar de funcionar correctamente; por ejemplo, por el uso excesivo de antibióticos en algún tipo de pacientes o porque alguna bacteria mala —como *Clostridium difficile*— puede crecer demasiado y dominar a la microbiota intestinal buena. La infección por *C. difficile* en muchos casos es asintomática —de hecho, es una bacteria que está presente en una buena parte de la población—, pero que puede llegar a causar desde diarreas leves, hasta colitis que pueden ser mortales. Algunos científicos han pensado que podría ser una buena idea restituir las bacterias buenas que se eliminan durante los tratamientos antibióticos que preceden al desarrollo de infecciones por este patógeno.

La manera más rápida de recuperar las bacterias intestinales es pasarlas de un donante sano a un paciente enfermo por medio de una especie de trasplante. *Grosso modo* sería un *trasplante de caca*. Como expulsamos millones de bacterias cuando defecamos y la mayoría son buenas, se ha pensado que esas bacterias que van en la caca podrían ser útiles para recolonizar los intestinos de pacientes que las han perdido por uno u otro motivo.

En 1958 —hace unos sesenta años— un equipo de cirujanos formado por miembros de la Universidad y del Hospital de Veteranos de Colorado utilizó a la desesperada enemas que contenían heces de voluntarios sanos —que no habían sido tratados con antibióticos— para tratar colitis casi mortales en cuatro pacientes. Funcionó.

Esta *terapia* ha permanecido bastante olvidada unos cuantos años, pero finalmente se ha vuelto a recuperar, gracias en parte a que disponemos de una mejor información sobre el microbioma. Hoy en día es exactamente como se hace; se cogen heces de personas sanas —donantes— y, después de comprobar que no contienen ningún patógeno (bacterias, virus o parásitos) o alguna enfermedad que pudiera afectar al receptor enfermo, se mezclan con una solución salina y se introducen en los enfermos normalmente mediante colonoscopias, endoscopias o enemas, a la espera de que las bacterias que llevan ocupen un lugar en el receptor, un lugar similar al que tenían en los intestinos del donante.

En el artículo de 1958, los cirujanos ya avisaban: «En lugar de enemas, las cápsulas pueden ser más estéticas y más efectivas». Actualmente, los científicos no solo han creado bancos de heces con muestras congeladas de pacientes sanos, ricas en bacterias buenas —a modo de banco de tejidos y órganos—, sino que también han compactado las muestras en forma de cápsulas, para que el receptor las trague acompañadas de un simple vaso de agua, como se hace con cualquier otra pastilla. De ese modo las bacterias fecales (o postintestinales) llegarán de nuevo a un ambiente que les es favorable y tratarán de restablecer el equilibrio perdido en los enfermos.

Así de simple. Y lo bueno es que parece que funciona. El mayor obstáculo son los ácidos del estómago, pero como esas cápsulas llevan una cantidad importante de bacterias, muchas llegan a su destino. El trasplante fecal es una técnica que dista mucho de estar optimizada totalmente, pero es ya otra forma de *manejar* a la microbiota intestinal en nuestro beneficio. Quizá en el futuro cuando vayamos al supermercado podremos comprar no solo yogures que contengan los probióticos que nos interesan, sino también en las farmacias, cápsulas de bacterias fecales.

No hemos sido capaces de transmitir a la sociedad y a la Administración sanitaria la magnitud de este problema, y estamos ante una guerra biológica que vamos perdiendo.

JOSÉ MIGUEL CISNEROS, presidente de la Sociedad Española de Enfermedades Infecciosas y Microbiología Clínica (SEIMC), director de la Unidad de Enfermedades Infecciosas, Microbiología y Medicina preventiva del hospital universitario Virgen del Rocío, director del programa integral de prevención, control de las infecciones relacionadas con la asistencia sanitaria, y uso apropiado de los antimicrobianos (PIRASOA). Seminario en la Universidad Internacional Menéndez Pelayo. 2017.

A los microbios dediqué mis energías y mis pensamientos. Cuando me invade el desaliento vuelvo a ellos.

SELMAN ABRAHAM WAKSMAN, premio nobel en Fisiología-Medicina, 1952.

Con los antibióticos, son todas malas noticias.

Nature Microbiology, noviembre de 2016.

¿Están los gérmenes ganando la guerra contra las personas?

JOHN A. OSMUNDSEN, *Look (USA),* 1966.

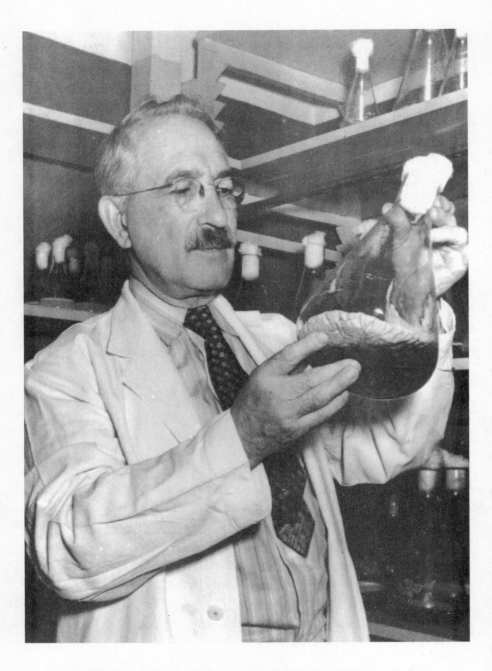

El microbiólogo Selman A. Waksman, Premio Nobel en Fisiología o Medicina en (1952), junto con Albert Schatz, descubrió la estreptomicina.

6. *Los antibióticos están dejando de funcionar*

El descubrimiento, la producción en masa y la utilización de los antibióticos para combatir las enfermedades infecciosas causadas por bacterias ha sido uno de los logros más importantes de la historia de la humanidad. El término antibiótico parece que fue acuñado por primera vez en EE. UU. por el microbiólogo Selman A. Waksman (Novaya Priluka, Ucrania, 1888-1973) para describir sustancias químicas producidas por microorganismos que tenían efectos antagonistas sobre el crecimiento de otros microorganismos (compuestos que producían algunas bacterias para matar a otras bacterias). Como él mismo cuenta en su artículo «¿Qué es un antibiótico o una sustancia antibiótica? publicado en la revista *Mycologia* en 1947, fue el editor de la revista *Biological Abstracts* (Dr. A. Flynn) el que le pidió en julio de 1941 que buscara un nombre para describir esas sustancias. Waksman, basándose en la escasa literatura existente y en el término *antibiosis* —acuñado por el biólogo francés Paul Vuillemin en un artículo publicado en la revista de la Asociación Francesa para el Avance de la Ciencia en 1889— propuso específicamente el nombre de *antibiótico* porque, primero, se había utilizado muy escasamente antes de 1941 y segundo, su utilización en esas contadas ocasiones era muy confusa, por lo que él quiso verter un poco de luz sobre el asunto.

Waksman estudió un grupo de bacterias llamadas *actinomicetos* durante su máster y posteriormente durante su tesis doctoral, en la Universidad de California en Berkeley. Cuando el ser humano ha imitado los compuestos producidos por los microorganismos y los ha fabricado de forma sintética en el laboratorio se denominan *antimicrobianos*. Utilizaré ambos términos indistintamente a lo largo del libro.

Los antibióticos han salvado millones de vidas en los últimos setenta y cinco años, pero en la actualidad han perdido buena parte de su poder, debido a que muchas bacterias se han hecho insensibles a ellos. El aumento del número de estas bacterias insensibles —o lo que es lo mismo, resistentes— a los antibióticos es hoy en día un problema muy preocupante para los médicos que se enfrentan a ellas a diario. El fenómeno de la aparición de *superbacterias* resistentes a múltiples antibióticos ha sido estudiado por los científicos desde hace muchos años y ha comenzado a interesar cada vez más a los Gobiernos y los medios de comunicación; pero sigue siendo un problema desconocido para la población en general. Todavía no hay un número suficientemente alto de personas que lo conozca. Todavía no muere suficiente gente como para que un número alto de personas perciba que esto un problema —un problema serio—. Los científicos lo hemos explicado con suficiente claridad en distintos foros, pero si las personas de la calle no lo perciben en su día a día, no se dan por aludidas; esas personas ya tienen suficientes problemas en sus vidas como para preocuparse de uno más, y que ni siquiera perciben. Pero bueno, parece que esto último tiene solución. En unos pocos años la población lo va a percibir de verdad. Las estimaciones más *pesimistas* hablan de que dentro de treinta años habrá tantas infecciones por bacterias resistentes a los antibióticos que cada tres segundos morirá una persona en el mundo por esta causa. Más muertes que por cáncer. La peor parte se la llevarán los continentes de Asia y África; pero en Europa podría morir la friolera de casi 400.000 personas al año.

Resulta improbable en nuestro tiempo que alguien sea capaz de formarse una idea cabal del pánico que ejercieron las enfermedades infecciosas sobre los pueblos indefensos ante los ataques en masa de poderes invisibles e incomprensibles.

RAFAEL GÓMEZ-LUS, *De los cazadores de microbios a los descubridores de antibióticos.*

Los antibióticos pueden convertir a un cirujano de tercera categoría en un cirujano de segunda categoría, pero nunca harán que un cirujano de primera categoría salga de uno de segunda.

OWEN H. WANGENSTEEN (1898-1981). Citado en Profilaxis antibiótica postoperativa. *The New England Journal of Medicine*, 1958.

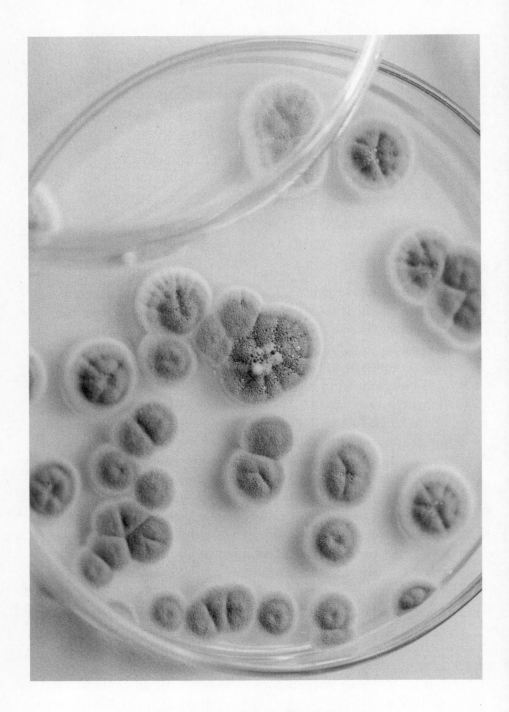

Colonias de un hongo *Penicillium* cultivadas en una
placa de Petri [Rattiya Thongdumhyu].

7. Pero ¿de dónde han salido los antibióticos?

Aunque muchos han opinado sobre el origen de la vida en la Tierra y sobre la aparición de los primeros organismos unicelulares, nadie estará nunca totalmente seguro de cómo fueron exactamente esos acontecimientos, ni siquiera si algún día se encuentra vida en otro planeta. No tenemos una única e indiscutible explicación de cómo se originó la vida en nuestro planeta, pero si disponemos de muy buenas hipótesis de cómo ocurrió y de cuándo ocurrió. La evolución hizo el resto. La *teoría* de la evolución era simplemente eso, una *teoría* para Darwin, Lamarck y sus descendientes inmediatos, pero hoy en día ya no es una teoría, ES UN HECHO. La evolución es tan real como la deriva continental o el cambio climático, aunque un gran porcentaje de la población no se dé cuenta de que estos fenómenos conviven con nosotros. No nos damos cuenta, ni reparamos en ellos, pero están ahí, ocurriendo ahora mismo. Mientras usted lee este libro las especies están evolucionando, los continentes están desplazándose y el efecto invernadero está aumentando.

Otra cosa de la que los científicos estamos seguros es de que las bacterias estaban aquí mucho antes que nosotros. Mucho antes que nuestros antepasados los primates, mucho antes que sus antepasados mamíferos y mucho antes que los antepasados de los antepasados de los reptiles, de los anfibios y de los peces. También estamos seguros de que había —y hay— muchas, miles y miles de especies bacterianas. Hay más especies de bacterias en el planeta que especies de animales o plantas. Mediante una tinción de ácidos nuclei-

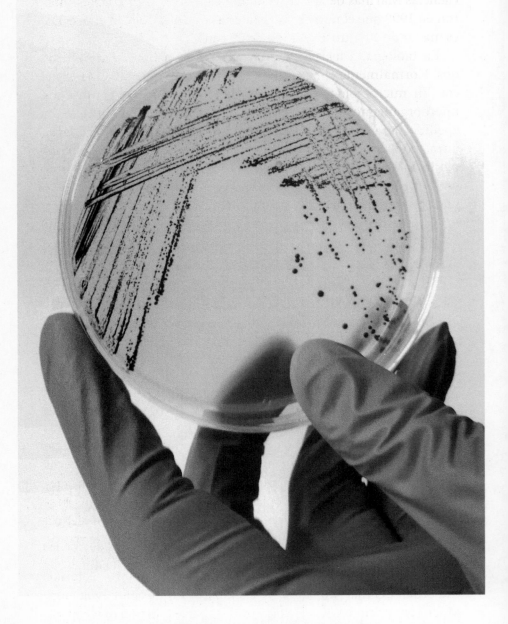

Una microbióloga muestra una placa de agar sembrada
con *Staphylococcus aureus* [Pattar].

cos, investigadores del Departamento de Microbiología, Ecología y Ciencias Marinas de la Universidad de Georgia (EE. UU.) estimaron en 1998 que el número de bacterias que hay, solo en el océano, es mayor de 10^{29} (un 1 seguido de 29 ceros).

En biología, a los seres vivos se les ponen nombres y apellidos. Normalmente el nombre es el género y el apellido es la especie. En microbiología —la parte de la biología que estudia los microorganismos— también hay que utilizar un nombre y un apellido para hacer referencia a una determinada bacteria, levadura, hongo o parásito. Por ejemplo, si tomamos como ejemplo la bacteria *Staphylococcus aureus*: *Staphylococcus* es el nombre del género y *aureus* es la especie. *Klebsiella* es un género y *pneumoniae* la especie; *Acinetobacter* es un género y *baumannii* es la especie, y así sucesivamente. De este modo, el género *Staphylococcus* consta de muchas especies distintas, al igual que el género *Klebsiella* o el Género *Acinetobacter*. Por ejemplo, otras especies de *Staphylococcus* serían *epidermidis* o *haemolyticus*; otra especie de *Klebsiella* sería *oxytoca* y otra especie de *Acinetobacter* sería *pittii*.

Cuando la Tierra era bastante primitiva, estaba habitada solo por microorganismos simples. Y sabemos que los más primitivos fueron microorganismos similares a las actuales bacterias. Estas bacterias eran muy numerosas y no eran todas iguales, por lo que no es muy difícil imaginar que competían por los recursos. Aquí la evolución comenzó ya a lucirse. El ADN de esos diminutos seres comenzó a complicarse y a generar secuencias —de genes— que contenían órdenes cada vez más complejas para generar nuevas moléculas, nuevas proteínas, nuevas herramientas y también nuevas órdenes. Al dividirse y copiar su ADN para pasarlo a sus descendientes, las bacterias cometen errores y no sabemos a ciencia cierta si hace unos miles de millones de años existían sistemas de reparación de mutaciones o qué complejidad tenían; así que posiblemente las mutaciones —favorables o desfavorables— estarían a la orden del día. Mutaciones beneficiosas implicaban evolución. Muchas mutaciones beneficiosas implicaban evolución más rápida.

Al haber una inmensa competencia en el planeta, los primitivos seres unicelulares desarrollaron armas contra sus enemigos, al menos contra los que tenían más cercanos en una gota de agua o en un grano de arena. Cada especie de bacteria y cada especie de hongo desarrolló su armamento: los compuestos antibióticos que mataban a sus competidores. A los hongos les molestaban principalmente las bacterias y a las bacterias los hongos y otras bacterias. Esto dio lugar a una carrera armamentística entre microorganismos. El resultado fue una interminable lista de compuestos que se lanzaban unos a otros en campos de batalla diminutos.

Además, por cada compuesto antimicrobiano que generaba un hongo o una bacteria, se generaba también un antídoto, una proteína que protegía a ese hongo o a esa bacteria de la autodestrucción. Los genes que contenían las instrucciones para esos mecanismos de autodefensa fueron los primeros genes de resistencia contra las armas propias. Por otro lado, siempre que la evolución permitía que hubiera una nueva arma de ataque, tarde o temprano permitía también a los atacados generar una defensa. Esa defensa apareció también en forma de mutaciones en el ADN que les permitían defenderse y, por lo tanto, que la carrera armamentística se acelerase. Esas armas de ataque y defensa se perfeccionaron con el tiempo, mucho tiempo, cientos de millones de años.

Mientras las bacterias y los hongos seguían luchando, aparecieron los primeros organismos complejos en el mar. Luego aparecieron los peces y los anfibios; y las bacterias y los hongos seguían luchando y modificando sus sistemas de ataque y defensa. Aparecieron luego los reptiles y los mamíferos; y las bacterias y los hongos seguían peleando. Algunas de estas bacterias se hicieron amigas de los animales que salieron del mar y pasaron a formar parte de su microbiota, ayudando cada vez más a realizar diferentes funciones metabólicas y fisiológicas; les acompañaron sobre su piel y en su aparato digestivo y respiratorio, y ya nunca se separaron de ellos. Y luego aparecieron los mamíferos, los primates y el hombre moderno, acompañados también por cientos de especies de bacterias diferentes. Mientras, en el agua, la hierba, las piedras o dentro de los propios animales, los pequeños microorganismos seguían con sus guerras.

Utilizando técnicas modernas de metagenómica, se han encontrado genes de resistencia a antibióticos de unos 10.000 años de antigüedad en los fondos submarinos de Papúa Nueva Guinea. También en los suelos helados —el permafrost— de Alaska, en muestras que datan del Pleistoceno, hace más de 30.000 años. Además, se han encontrado genes de resistencia en la cueva Lechuguilla, en Nuevo México, un sitio que en su parte más profunda ha permanecido aislado de la superficie durante unos 4 millones de años. Algunos científicos han calculado incluso que algunos genes de resistencia podrían llevar circulando por el planeta unos dos mil millones de años.

Sin ir tan atrás en el tiempo, los investigadores de la universidad irlandesa de Maynooth, David Fitzpatrick y Fiona Walsh, publicaron en 2016 un estudio sobre la diversidad de genes de resistencia encontrados en distintos metagenomas. No solo utilizaron suelos o aguas, sino también animales e insectos. Las muestras con mayor número de genes de resistencia se encontraron en sitios tan curiosos como en el compost del suelo de un zoo de Sao Paulo en Brasil o en el caracol gigante africano (*Achatina achatina*).

En otro estudio curioso, publicado en 2009 en la revista *Avances Científicos* de la Asociación Americana para el Avance de la Ciencia (AAAS), se descubrió algo sorprendente. Científicos de varios países americanos tomaron muestras de la boca, la piel y las heces de 34 de los 54 habitantes de un poblado yanomami que habitan en montañas remotas de la selva amazónica de Venezuela. El estudio demostró que en sus microbiomas, estas gentes —sin contacto previo con la *civilización*— ya tenían de genes de resistencia en sus bacterias intestinales —aunque en baja frecuencia—, incluyendo genes de resistencia a antibióticos semisintéticos, sintéticos o de última generación, como a algunas cefalosporinas de cuarta generación, el monobactam o la ceftazidima. Otra demostración más de que los genes de resistencia a los antibióticos ya estaban con nosotros mucho antes incluso de que Fleming descubriera la penicilina.

Algunas civilizaciones como la egipcia o la griega trataron enfermedades con hongos. No sabían muy bien de que iban estas guerras entre hongos y bacterias, pero si utilizaban hongos en sus medicinas y ungüentos, las personas se curaban. En el siglo XVII, varios hombres de ciencia se dieron cuenta también de que los hongos producían armas contra las bacterias, no solo en Reino Unido, sino también en Francia, Bélgica e Italia; pero estos descubrimientos no pasaron más allá de las puertas de los laboratorios.

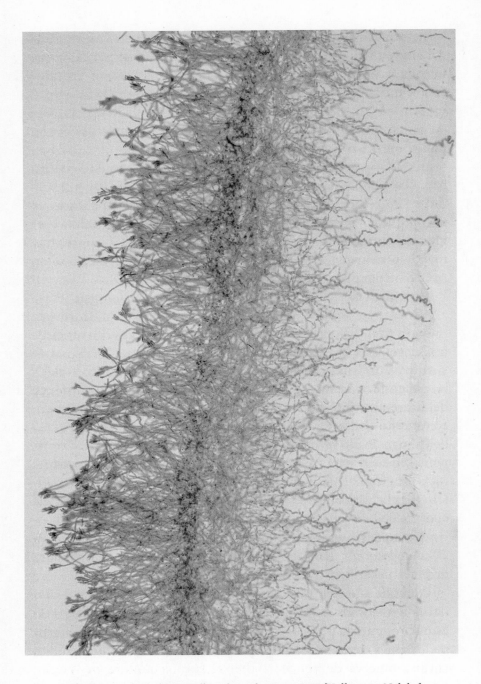

Corte de un cultivo de *Penicillium* bajo el microscopio [Kallayanee Naloka].

La quimioterapia tal y como la conocemos actualmente se la debemos a Paul Ehrlich (1854-1915), un médico investigador que unió la química con la biología, debido a su pasión por los colorantes químicos y por la histología. Creó la *bala mágica*, el salvarsán, un compuesto que contenía arsénico y que poseía propiedades curativas contra la sífilis. Su experimentos anunciaron por primera vez la *toxicidad selectiva* de compuestos que mataban bacterias —procariotas, células sin núcleo—, pero que no afectaban a las células eucariotas —las que tienen núcleo—.

Fue en 1928 cuando Alexander Fleming —que trabajaba en el hospital St. Mary de Londres— le encontró todo el sentido a esas guerras entre microorganismos. Consiguió aislar y concentrar una de esas armas diminutas hasta poder manejarla en cantidad suficiente para realizar experimentos con ella.

En uno de los episodios de la historia que concedió más suerte al *Homo sapiens*, Fleming se dio cuenta de que un hongo denominado *Penicillium notatum* utilizaba un arma para atacar a unas bacterias llamadas *Staphylococcus aureus* que estaban creciendo en una placa de cultivo de su laboratorio. El hongo —posiblemente procedente del laboratorio de hongos del piso inferior del hospital, aunque hay varias teorías al respecto— producía un compuesto que posteriormente se denominó *penicilina*. El *arma* del hongo *Penicillium* contra las bacterias *Staphylococcus* era la penicilina. Esa arma generada por el hongo era uno de los productos de la guerra entre bacterias y hongos que ha traído hasta nuestros días la evolución. Y ese hombre, en Londres, se dio cuenta de ello y le dedicó toda su atención.

Por supuesto, es lógico pensar que esa batalla entre *Penicillium* y *Staphylococcus* no se libró por primera vez dentro de una placa de Petri en un hospital de Londres. Esa guerra llevaba librándose millones de años y Fleming tuvo la suerte de presenciar una batalla. A lo mejor gracias a esa batalla memorable está usted leyendo este libro, pues la penicilina llegó a España y a muchos otros países después de la segunda guerra mundial, por lo que ayudó a curar a muchos de nuestros abuelos. Santiago Redondo Gaspar, un médico de 87 años que de joven recorrió los pueblos de España practicando la medicina, me contaba hace un par de años en su casa de Zaragoza que él había puesto algunas de las primeras inyecciones de penicilina a principios de los años 50. «Era algo milagroso», me dijo. También me contó que posteriormente había visto muchos efectos tóxicos en los primeros antibióticos y que una de las posibles soluciones era eliminar esos efectos tóxicos de las moléculas. No estaba muy desencaminado.

Fleming se puso manos a la obra. *S. aureus* es una bacteria común de la piel del ser humano, pero que, si se encuentra en el sitio erróneo —por ejemplo en una herida—, puede llegar a causar una infección. Así que Fleming intentó aislar y concentrar el producto armamentístico que producía el hongo contra la bacteria, con el fin de poder utilizarlo para curar. Publicó sus resultados en junio de 1929 —un año después de haber observado la placa de *S. aureus* contaminada por el hongo— en la revista *British Journal of Experimental Pathology*, actualmente *International Journal of Experimental Pathology*.

En uno de sus primeros experimentos utilizó *mocos* de un paciente con gripe que extendió sobre una placa de cultivo microbiológico. A esta placa añadió seis gotas del cultivo del hongo filtrado que contenía bastante penicilina en bruto y observó cómo los *Staphylococcus* procedentes de la nariz de esta persona eran inhibidos por el compuesto. Probó luego cultivos bacterianos de otras especies como *Streptococcus*, *Pneumococcus*, *Gonococcus* y *Bacillus diphtheriae* —actualmente la taxonomía de algunas de estas especies ha sido cambiada— y observó también un potente efecto bactericida. Sin embargo, otras bacterias de los géneros *Bacillus* y *Vibrio* no fueron afectadas por la penicilina.

Fleming había encontrado en una placa de cultivo el arma para acabar con algunas de las bacterias más peligrosas para el hombre. Faltaba probar su toxicidad en animales. Inyectó el compuesto en conejos y ratones, y este no produjo ningún efecto tóxico. Posteriormente lo aplicó en los ojos y la piel de voluntarios sanos y tampoco mostró toxicidad. Ese compuesto se podría utilizar definitivamente en humanos. Aunque no consiguió purificar suficientemente el compuesto que producía el hongo, ni producirlo en grandes cantidades, recibió el Premio Nobel de Fisiología-Medicina en 1945 por su descubrimiento.

Fueron Howard Florey, Ernst Chain y Norman Heatley los que continuaron su trabajo, en la Universidad de Oxford. Estos investigadores —junto con numerosos colaboradores— desarrollaron los métodos para cultivar, extraer y purificar suficiente cantidad de penicilina para administrarla como un medicamento. Emplearon para ello una técnica que lleva siendo útil al hombre desde hace unos 8.000 años —sobre todo para producir alimentos y bebidas—: la fermentación.

Según el libro titulado *Penicilina y el legado de Norman Heatley*, la primera paciente en recibir penicilina como parte de un test de toxicidad fue una mujer con un cáncer terminal, pero los efectos secundarios fueron bastante desagradables como consecuencia de las impurezas que llevaba el compuesto. Los efectos secundarios de los antibióticos son importantes. Tan solo unos años después ya se publicaba en la revista *The New England Journal of Medicine* un artículo de revisión sobre los efectos secundarios de los antibióticos recién descubiertos que llevaba por título: «Complicaciones inducidas por los agentes antimicrobianos».

La segunda persona en recibir penicilina fue un policía que se había cortado accidentalmente la cara con una espina de rosal —otras versiones dicen que resultó herido durante un ataque de la aviación alemana en los bombardeos de Londres—, que desarrolló una infección brutal en la cara por estafilococos y estreptococos y que le hizo incluso perder un ojo. Por desgracia, la cantidad de penicilina de que se disponía en aquel momento era tan pequeña que hasta se tuvo que repurificar penicilina de la propia orina del policía. Aun así, la penicilina se agotó al quinto día y el policía murió. Más adelante, una vez optimizado el proceso, otra de las primeras personas tratadas con una cantidad suficiente de penicilina fue una niña de aproximadamente 8 años cuya cara aparecía totalmente deformada por una infección en unas fotografías de la época. Cada día, durante los seis días que duró su tratamiento con el antibiótico, se le realizó una fotografía. La sexta fotografía muestra a la niña sin signos de infección, con unos lazos preciosos en el pelo, a punto de sonreír.

Con la segunda guerra mundial ya encima y ante la amenaza de las bombas alemanas, el equipo dirigido por Florey y Chain se mudó a Estados Unidos, donde pudieron continuar con sus investigaciones utilizando grandes fermentadores para producir penicilina. La penicilina se utilizó masivamente a partir de

1942 durante la segunda guerra mundial y logró salvar miles de vidas. Por ello, fue bautizada como *la droga milagrosa*. Uno de los centros de producción de penicilina más importantes fue la Universidad de Wisconsin en Madison. Durante más de dos años, mientras que en Europa y en otras partes del mundo se libraban batallas encarnizadas, en esa universidad más de cincuenta científicos se encargaron de la producción del antibiótico. De hecho, la envergadura del proyecto de producción de penicilina es comparada por algunos autores con la del proyecto Manhattan, que tuvo por objetivo el desarrollo de la primera bomba atómica. Uno para curar y el otro para matar.

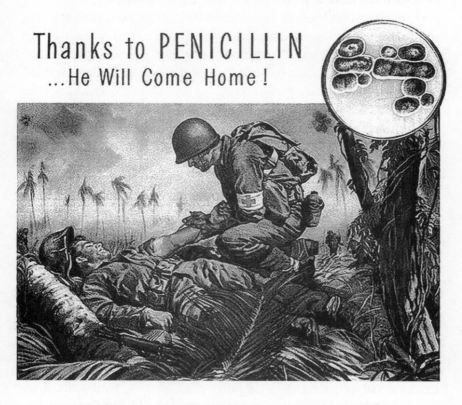

En la propaganda de guerra, el gobierno de los Estados Unidos de América incluía campañas relacionadas con los avances médicos aplicados en el frente. La penicilina era uno de ellos.

El microbiólogo Kenneth Raper, que investigaba en un laboratorio del Gobierno en Peoria (Illinois), aisló una cepa de *Penicillium* que producía una cantidad considerable del antibiótico. Se unió al grupo de la Universidad de Wisconsin en Madison donde se encontraba el botánico John Stauffer, que consiguió modificar genéticamente esa cepa de *Penicillium* para hacerla incluso más productiva —utilizando los *poderes* mutagénicos de la luz ultravioleta—. Con esta cepa consiguieron doblar la producción mensual de penicilina. Posteriormente, los bioquímicos William Peterson y Marvin Johnson desarrollaron una técnica para poder cultivar el hongo en cantidades mucho mayores y obtener penicilina purificada en masa. No patentaron la cepa y la cedieron a la industria privada para poder obtener así una mayor producción de cara a enviarla al frente para curar a los soldados.

Esos investigadores hicieron realidad que la penicilina pudiera producirse realmente en grandes cantidades, a muy bajo coste. Pero en cuanto terminó la guerra, comenzó a producirse a toneladas por las farmacéuticas y a administrarse en grandes cantidades en los hospitales —en muchos hospitales— y probablemente en muchas ocasiones a lo loco. Se descubrieron distintas clases de penicilinas y se modificaron algunas para que su actividad fuera mejor. En 1948 se introdujo la fenoximetilpenicilina —o penicilina V—, que era resistente a los ácidos, en contraste con otras penicilinas como la F, G K y X, por lo que ésta podía administrarse por vía oral ya que no se destruía en el estómago. Y comenzó a venderse al público, también a lo loco; en cremas, bálsamos, pastillas, etc. Las pastillas ofrecieron unas ventajas tremendas sobre las inyecciones, ya que podían mantenerse sin refrigeración, por lo que el coste de almacenamiento y transporte era mucho menor. Los laboratorios que fabricaban penicilina vendían sus reservas en cuanto podían, ya que la demanda era enorme. Todo esto a pesar de que Alexander Fleming había advertido de que su mala utilización daría lugar a la selección de bacterias resistentes.

La producción en masa de penicilina y los beneficios concomitantes de su venta estimuló la búsqueda de otros antibióticos. En enero de 2014, la revista de la Sociedad Americana de Microbiología (ASM) *Applied and Environmental Microbiology* publicó un comentario —de 7 páginas— escrito por el Dr. Harold Boyd Woodruff de la Universidad de Rutgers (New Jersey) sobre su experiencia inicial con Waksman, antes de comenzar a trabajar para el gigante farmacéutico Merck & Co. Woodruff trabajó como estudiante de doctorado bajo la dirección del Dr. Waksman y participó en el descubrimiento de cuatro nuevos antibióticos: actinomicina, estreptotricina, fumigacina y clavanina. Por desgracia, todos ellos se mostraron activos frente a bacterias en el laboratorio, pero tóxicos en las pruebas con animales, por lo que fueron desechados a la hora de tratar enfermedades infecciosas. En 1943, Waksman, que llevaba años investigando unas bacterias del suelo denominadas actinomicetos, descubrió, junto a otro joven doctorando —Albert Schatz— que algunas especies de actinomicetos producían compuestos que inhibían el crecimiento de otras bacterias tanto gram positivas como gram negativas. Al año siguiente, publicó junto a sus colaboradores Schatz y Elizabeth Bugie un artículo en la revista *Proceedings of the Society for Experimental Biology and Medicine* en el que se presentaba la actividad antibacteriana de tres especies de actinomicetos y de otro género denominado *Micromonospora*. Dos cepas de la especie *Actinomices griseus* —recientemente se le había asignado el nombre de *Streptomyces*— mostraron una excelente actividad antibacteriana. Una de ellas había sido aislada de suelo y la otra de un frotis de la garganta de un pollo. Además, las sustancias que producían estas bacterias mostraron muy baja toxicidad en animales, con lo que tenían muy buena pinta para ser utilizadas en humanos. Y este artículo señalaba además algo muy importante; en él se presentaba una lista de 20 especies de bacterias frente a las que la estreptomicina era activa. Una de estas especies era *Mycobacterium tuberculosis*, la bacteria que causaba la letal y devastadora enfermedad que lleva su nombre y que aún hoy sigue matando a miles de personas en todo el mundo.

La estreptomicina se mostró eficaz contra la tuberculosis durante muchos años, aunque, inevitablemente, comenzaron a aparecer cepas resistentes de la bacteria. Como anécdota, Waksman inauguró la primera fábrica de estreptomicina en España en 1954, en Aranjuez, dos años después de recibir el Premio Nobel. Incluso el periódico español *ABC* le dedicó un par de páginas tras su fallecimiento, con el titular: «El hombre que derrotó a los microbios» [*ABC*, 18 de agosto de 1973, edición de la mañana].

Dos años más tarde, en 1945, uno de los pocos antibióticos verdaderos descubiertos en Europa salió a la luz. El microbiólogo italiano Giuseppe Brotzu investigaba la contaminación por *Salmonella* de las aguas residuales de Cagliari, en la isla de Cerdeña. Se dio cuenta de que en cuanto las aguas residuales contaminadas llegaban al mar, las salmonelas desaparecían sin dejar rastro. Lejos de la obviedad de que el efecto de la dilución o la salinidad podían hacer desaparecer a esas bacterias, comenzó a pensar por qué los bañistas de las playas cercanas no se ponían enfermos y tampoco tenían infecciones importantes en la piel. Trató de aislar repetidas veces al responsable, realizando infinitas siembras de agua de mar sobre placas microbiológicas —los que trabajan en el análisis microbiológico de las aguas sabrán a qué me refiero con «infinitas»—. En algunas ocasiones, observó halos de inhibición de bacterias por otras bacterias y por hongos, de forma similar a como Fleming había observado un halo de inhibición del famoso hongo sobre unos estafilococos. Giuseppe aisló uno de esos hongos, que posteriormente se denominó *Cephalosporium acremonium*. Envió una muestra al Dr. Florey y al grupo de Oxford, los cuales consiguieron descifrar la estructura química del compuesto que producía. Las modificaciones de este compuesto darían lugar a los antibióticos de la familia de las cefalosporinas.

Otros dos años más tarde, en 1947, se descubrió el cloranfenicol (inicialmente denominado cloromicetina) en Estados Unidos. El descubrimiento de esta sustancia, producida por el hongo *Streptomyces venezuelae*, se atribuyó primeramente a varios investigadores. Por un lado, David Gottlieb aisló un hongo al que denominó *Streptomyces lavendulae*, en el suelo de una granja hortícola en Urbana (Illinois). Probó el efecto antibacteriano de un compuesto que producía ese hongo e incluso realizó experimentos de toxicidad en animales; pero durante ese tiempo tuvo conocimiento de que un grupo de científicos de los laboratorios Parke, Davis & Company (Detroit), junto con el Dr. Paul Burkholder de la Universidad de Yale (New Haven, Conniecticut), habían aislado una bacteria muy parecida —y que producía un compuesto casi idéntico— en un suelo cercano a Caracas, en Venezuela.

En un artículo enviado a la revista *Science* en octubre de 1947, el grupo liderado por el Dr. Burkholder se adelantó a los científi-

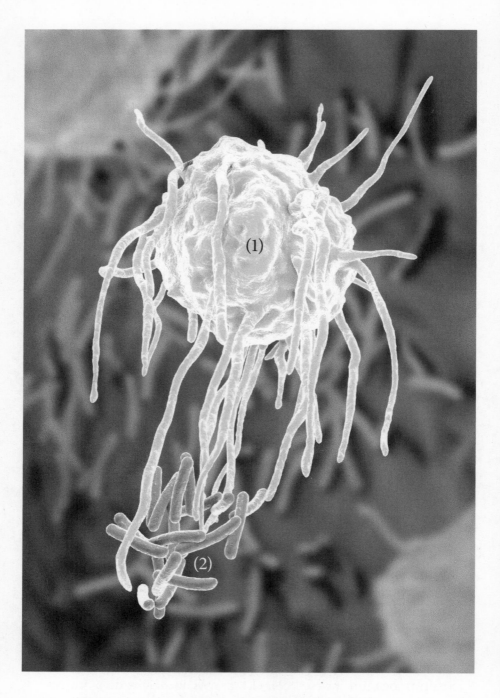

Esta ilustración muestra un macrófago (1) tratando de fagocitar a un
conjunto de *Mycobacterium tuberculosis* (2) [Kateryna Kon].

cos de Illinois y describió una sustancia producida por el hongo *S. venezuelae* que inhibía el cien por cien de los cultivos de *Brucella abortus* y de *Mycobacterium tuberculosis*, utilizando 2 microgramos por mililitro y 12,5 microgramos por mililitro del compuesto cristalizado, respectivamente. El grupo de Gottlieb hizo un comentario en la misma revista tres meses después, especulando con que las dos cepas —una de cada equipo— eran en realidad la misma. Posteriormente, ambos grupos publicaron un artículo conjunto en la revista de la Sociedad Americana de Microbiología, *Journal of Bacteriology*, deshaciendo el entuerto. Se trataba de dos especies muy parecidas pero distintas, y se atribuyó la producción de cloranfenicol al hongo *S. venezuelae* y no a *S. lavenduale*.

Pero volvamos a la penicilina y a los consejos de Alexander Fleming, que advirtió sobre el mal uso de los antibióticos: «Si se utilizan mal, habrá consecuencias». Y así ocurrió.

Al utilizarse la penicilina masivamente desde mediados de los años 40 y durante toda la década de los 50, uno de los mayores problemas de los hospitales en el Reino Unido fue que se estaban seleccionando cepas de estafilococos resistentes a la penicilina. Se aplicaban antibióticos y antisépticos por todas partes, en las fosas nasales, en las heridas durante las operaciones, se rociaban los quirófanos, etc. Donde se utilizaba mucha penicilina aparecían cepas resistentes, muchas, inexorablemente. Se aislaba a los pacientes, se esterilizaba todo el material quirúrgico, las camas, las cortinas de las habitaciones, se cerraban servicios enteros, pero muchas veces esas medidas no eran suficientes. En un artículo publicado por Henry Chambers —del hospital general de San Francisco— en la revista *Emerging Infectious Diseases* en 2001, hay una gráfica reveladora sobre la tendencia que siguieron las cepas resistentes a penicilina de *Staphylococcus aureus* desde 1940 hasta finales de siglo. Todo en aumento. Tanto las bacterias que se aislaban en los hospitales como las que más tarde comenzaron a aparecer en la comunidad —fuera de los hospitales— eran resistentes a la penicilina. En el año 2000, prácticamente todas las cepas de esta especie que se aislaban en ambos escenarios eran ya resistentes al antibiótico primogénito. Ya en 1944, el Dr. William Kirby de la universidad de Stanford en San Francisco (EE. UU.) había publicado un artículo en la revista *Science* con la descripción de 7 cepas de

Staphylococcus aureus aisladas de pacientes que eran resistentes a la penicilina, por lo que posiblemente ya había cepas también en Inglaterra resistentes al primer antibiótico.

Se necesitaba una solución, un compuesto que fuera distinto a la penicilina para que las resistencias de los estafilococos no siguieran aumentando. Esta solución vino de la mano de las penicilinas semi-sintéticas, obtenidas por modificación química de la penicilina.

En 1959, los laboratorios ingleses Beechan —que primero se fusionaron con SmithKline para formar SmithKline Beecham y posteriormente con Glaxo Wellcome para formar GlaxoSmithKline (GSK)— produjeron la meticilina, que se puso a la venta al año siguiente —1960— con el nombre de Celbenin.

En septiembre de ese mismo año, aparecieron siete artículos en el *British Medical Journal* y tres en *The Lancet* sobre el buen funcionamiento de este nuevo compuesto. Acto seguido, un editorial de la prestigiosa revista *Nature* publicado en noviembre aclamaba: «Este es un acontecimiento importante para la quimioterapia». Incluso Ernst Chain proclamó: «Se terminaron los problemas de resistencia, la meticilina es la respuesta».

Pero estaban equivocados. Tan solo un año después, en 1961, la excelente y tenaz investigadora Patricia Jevons, del Centro de Referencia para Estafilococos de Colindale en Londres, envió una carta al editor de la revista *British Medical Journal*. En esta carta daba a conocer el resultado de sus experimentos con una colección de 5.440 cepas de estafilococos. Había encontrado tres cepas de estafilococos resistentes al Celbenin (meticilina sódica). Además, eran resistentes a la penicilina G, a la estreptomicina y a la tetraciclina. La primera se había aislado de la herida sufrida por un paciente durante la extirpación de uno de sus riñones, la segunda fue aislada de una muestra nasal de otro paciente y la tercera de una infección en el dedo de una enfermera. Las tres procedían del mismo hospital.

La carta terminaba con la frase:

> *Es bien sabido que los pacientes con infecciones en la piel pueden ser fuentes de infección peligrosas en los hospitales, y el hallazgo de un solo paciente infectado con una cepa resistente al Celbenin es una advertencia adicional.*

Las bacterias resistentes tenían mutaciones en los genes que producían las proteínas que eran atacadas por la meticilina, impidiendo su acción. Las proteínas normales para formar la pared celular de la bacteria eran presa fácil del antibiótico, pero al estar cambiadas —aunque solo fuera ligeramente— el antibiótico ya no les hacía nada. A estas variantes se las denominó estafilococos resistentes a meticilina (del inglés methicillin resistant *Staphylococcus aureus* o MRSA). En ese mismo año, 1961, hubo un brote que afectó a 40 niños.

Hoy en día se han utilizado relojes moleculares para saber realmente qué pasó. Investigadores del Wellcome Trust Sanger Institute de Cambridge en el Reino Unido han averiguado que los genes que causan la resistencia a la meticilina ya existían en algunos estafilococos antes de que se comenzara a administrar este antibiótico en los hospitales. Es decir, que la meticilina no los creó, ya estaban paseándose por ahí. Para averiguar esto, secuenciaron el genoma completo de 209 cepas de estafilococos preservados durante decenas de años en los congeladores del Laboratorio de Referencia de Estafilococos de Inglaterra, incluidas las tres cepas que había aislado Patricia Jevons en 1961.

Llegaron a la conclusión de que el gen de la proteína de resistencia a la meticilina (la beta-lactamasa, denominada BlaZ) ya estaba presente en algunos estafilococos que pululaban por Inglaterra a partir de la segunda mitad de los años 40, justo cuando comenzaron a utilizarse masivamente la penicilina y la estreptomicina. El primer clon de estafilococos con el gen de resistencia a la meticilina podría haber aparecido en respuesta a la presión selectiva de estos dos antibióticos.

Lo que pasó fue que en la década de los 50 aún no había muchas cepas con este gen para la enzima BlaZ, hasta que la introducción de la meticilina —justo para combatir el aumento de cepas resistentes a penicilina— hizo que esas pocas fueran seleccionadas rápidamente y comenzaran a aumentar en número a partir de principios de los 60. Un desastre, vamos.

En esa década, a partir de 1960, los científicos comenzaban a pasar información hacia los medios de comunicación, que ya sentían un poco de curiosidad por los brotes hospitalarios de bacterias resistentes a los antibióticos. En octubre de 1966, apareció en los quioscos de Estados Unidos un número de la revista *LOOK* con el anuncio en su portada de los nuevos modelos de coche que aparecerían al año siguiente. Entre sus artículos, destacaba uno cuyo titular decía: «¿Están los gérmenes ganando la guerra contra las personas?».

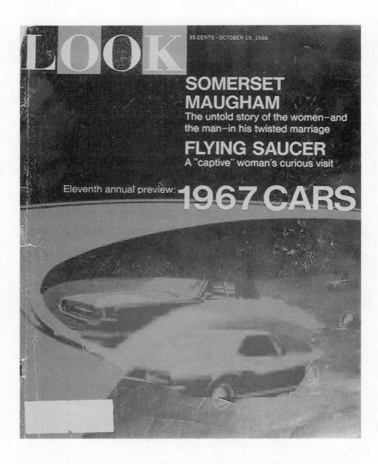

En el especial de la revista *LOOK* sobre los «nuevos» modelos de automóviles de 1967 aparecía un extenso sumario con casi 25 artículos, uno de ellos se titulaba: *Are germs winning the war against people?* [*LOOK Magazine*, 18 de octubre de 1966].

*El futuro de la humanidad y los microbios probablemente
se desarrollará como los episodios de un thriller que
podría titularse: Nuestro ingenio contra sus genes.*

JOSHUA LEDERBERG. *Science*, 2000.

[Sobre la transferencia de genes de resistencia en bloque, a
través de plásmidos]. *Un proceso recientemente descubierto que
es intelectualmente fascinante y terapéuticamente aterrador.
Parece que a menos que se tomen medidas drásticas muy pronto,
los médicos pueden encontrarse de nuevo en la edad media
preantibiótica en el tratamiento de enfermedades infecciosas.*

The New England Journal of Medicine, 1966.

«*La administración de agentes antimicrobianos confiere a los
organismos resistentes una poderosa ventaja darwiniana.*
BÁRBARA E. MURRAY, 1994. *The New England Journal of Medicine.*

*El estafilococo es un organismo muy ingenioso. No importa
qué antibiótico encontremos, se hará resistente a él.*

ALEXANDER FLEMING. Comunicación personal al Dr. Bill Brumfitt.
Citado en *Superbugs and Superdrugs: A History of MRSA.*

*Si algo puede ocurrir en un tubo de ensayo es muy
probable que pueda suceder en el mundo real. Michael
Zasloff. Profesor de la Universidad de Georgetown en
Washington, EE. UU., citado en Los microbios superan
a los antibióticos naturales. Podríamos estar creando
superbacterias resistentes a las defensas de nuestro cuerpo.*

Nature News, escrito por CHARLOTTE SCHUBERT. *Nature*, noviembre 2005.

Hans Christian Joachim Gram, año 1900.

8. ¿Cómo se hacen resistentes a los antibióticos las bacterias?

Para describir con detalle los mecanismos por los que las bacterias son capaces de evitar la acción de los antibióticos haría falta una enciclopedia. Además, una explicación en profundidad de estos mecanismos no sería apta para todos los públicos, ya que hay términos microbiológicos, celulares y moleculares que se escapan del objetivo que persigue este libro, que no es otro que el dar una visión global del problema de las resistencias. Pero hay que tener unas nociones básicas.

El bacteriólogo danés Hans Christian Joachim Gram acudió en 1883 a un curso de bacteriología impartido por el Dr. Carl Salomonsen. Un poco más tarde Salomonsen escribió una carta de recomendación al Dr. Carl Friedländer del Servicio de Patología del hospital general de Berlín para que acogiera al joven discípulo Gram en su laboratorio. Gram se trasladó desde Copenhague a Berlín y muy poco tiempo después descubrió una tinción que permitía diferenciar perfectamente bacterias en medio de tejidos de muestras histológicas. A partir de entonces esta tinción ha sido muy importante para diferenciar a las dos principales clases de bacterias: Gram positivas y Gram negativas. Las diferencias en composición y estructura de la pared celular de ambos grupos determinan el tipo de reacción con esta técnica. Tras la tinción, las bacterias Gram positivas quedan teñidas de morado o púrpura y las Gram negativas de rojo o rosa. La mayoría de los antibióticos actúan sobre una u otra familia y solo unos pocos actúan sobre las dos. Si un paciente está infectado por una bacteria Gram positiva,

CUBIERTAS DE LAS BACTERIAS GRAM NEGATIVAS

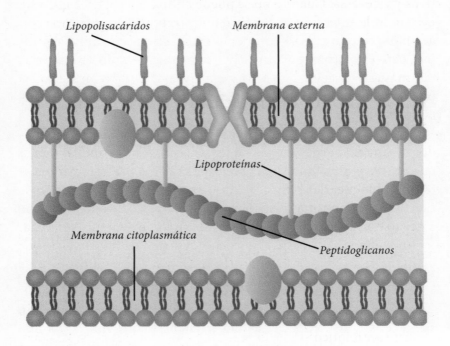

Lipopolisacáridos

Membrana externa

Lipoproteínas

Membrana citoplasmática

Peptidoglicanos

CUBIERTAS DE LAS BACTERIAS GRAM POSITIVAS

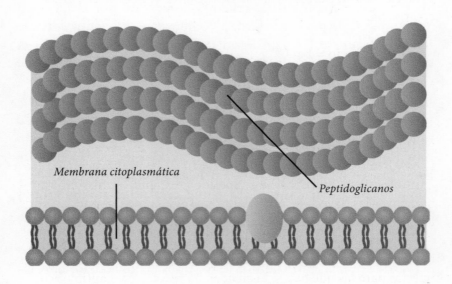

Membrana citoplasmática

Peptidoglicanos

no se le pueden dar antibióticos que solo afecten a las Gram negativas y viceversa. Cuando no se puede cultivar la bacteria que está causando la infección, se recurre a un tratamiento empírico con antibióticos que actúan contra algunas bacterias de ambas familias, pero esto promueve que, si hay resistencias, tanto las bacterias Gram positivas como las Gram negativas que no se vean afectadas por esos antibióticos de amplio espectro podrían ser seleccionadas por ellos.

Los antibióticos son moléculas —conjuntos de átomos ordenados de una manera especial— que para realizar su función tienen que unirse a otras moléculas presentes en una bacteria para destruirlas, bloquearlas o inactivarlas —sus *dianas*—. Cada antibiótico distinto tiene una configuración especial, de forma que tiende a pegarse a las dianas que *encajan* bien con su estructura química.

Imaginemos un edificio de 350 plantas con una puerta por planta. Ese gran edificio es una bacteria y las cerraduras de esas 350 puertas son moléculas diana. Cada cerradura —cada diana de esa bacteria— lógicamente tiene un hueco distinto, para una llave distinta. Las llaves serían antibióticos.

Si un antibiótico —una llave— abre una cerradura —su diana— entonces esa puerta abierta haría que la bacteria muriera. Por esa puerta se escaparía el contenido del edificio —el citoplasma de la bacteria— o se perturbaría su estructura interior y el edificio se colapsaría.

> Edificio = bacteria
> Cerradura = diana para los antibióticos
> Llave = antibiótico
> Llave + cerradura = puerta abierta, la bacteria muere.

Pues bien, hemos encontrado en la naturaleza más de 100 antibióticos y hemos creado otros tantos a partir de la modificación de esos naturales. Pero muchos están repetidos. Es como si distintos antibióticos —las llaves— solo abrieran una única puerta, por lo que de las 350 cerraduras que hay en una bacteria solo hemos encontrado llaves para abrir unas 20 y matarla. Por si fuera poco, las bacterias han encontrado varias maneras de hacer que esas llaves no abran las puertas para las que han sido creadas. Resisten a esos antibióticos.

Así es como actúan estos fármacos, deben unirse a una diana que hay en la bacteria. Cuando un paciente recibe una inyección de antibióticos o los toma en una pastilla, en su cuerpo entran innumerables moléculas del antibiótico que tendrán que buscar y destruir también a miles de millones de bacterias que pueden tener cada una hasta centenares de posibles dianas para ese antibiótico.

Hay tres condiciones básicas que tienen que cumplirse para que un antibiótico mate —antibióticos bactericidas— o inhiba —antibióticos bacteriostáticos— a una bacteria.

La primera es que su diana debe estar presente en la bacteria. De poco vale que utilicemos un antibiótico que mata a algunas especies de bacterias Gram negativas si la bacteria que está causando la infección es Gram positiva. Los médicos deben saber qué bacteria es para aplicar el antibiótico correcto, aunque a veces, si no tienen ese dato, aplican un antibiótico de amplio espectro para intentar abarcar el mayor número de especies posibles que podrían estar causando esa infección, y así tener más posibilidades de éxito. El tiempo que transcurre entre que se detecta una infección, se toma una muestra del paciente y se identifica la bacteria y se averigua a qué antibióticos es sensible o resistente, es crucial. Cuanto más retrasemos el tratamiento antibiótico más posibilidades hay que la bacteria llegue a más sitios en el paciente y de que la infección sea más difícil de controlar.

La segunda es que el antibiótico debe llegar a su diana en la bacteria, en suficiente cantidad. Recordemos que una infección puede estar localizada en un órgano concreto y que puede estar causada por miles o millones de bacterias, que a su vez tienen muchas dianas para ese antibiótico. Si por ejemplo hay una infección en el cerebro, el antibiótico tiene que llegar a la cabeza del paciente a través de su sangre, en cantidad suficiente para bloquear todas las dianas en todas las bacterias que se encuentran en ese lugar. Las moléculas de antibiótico no llegan desde la vía intravenosa que tiene el paciente en el brazo hasta la cabeza —donde están las bacterias— en 1 minuto. Necesitan más tiempo y tienen que llegar de forma continuada; es decir, su concentración en sangre debe mantenerse el tiempo suficiente para que todas las bacterias mueran. A lo mejor unas horas o un par de días no son suficientes.

La tercera, es que el antibiótico no debe ser modificado o inactivado desde que entra en el cuerpo del paciente a través del estómago o de una vía intravenosa, hasta que se encuentra con su diana en las bacterias. Es decir, debe resistir intacto al viaje por el cuerpo del paciente hasta donde están las bacterias.

Los antibióticos pueden actuar de varias maneras sobre sus dianas en las bacterias; bien interfiriendo en la construcción o el mantenimiento de los componentes de las envolturas bacterianas (la pared celular y la membrana) o entrado en la propia bacteria para ejercer su función sobre alguna de sus dianas intracelulares.

Por ejemplo, sobre la pared celular de las bacterias actúan los antibióticos betalactámicos, como las penicilinas; y sobre sus membranas, los antibióticos de la familia de las polimixinas. Otros antibióticos atraviesan estas envolturas a través de proteínas que forman poros en esas membranas. Estos poros sirven para que la bacteria tome los nutrientes que necesita del medio en el que se encuentra, sea un suelo, el agua de un río o nuestra sangre —son como ojos de buey en un barco—; algunos antibióticos utilizan estos poros para pasar al interior de la bacteria y dirigirse hacia la «diana» sobre la que actúan. Una vez dentro, los antibióticos se unen a distintas moléculas que intervienen en la síntesis de ácidos nucleicos, en la síntesis de proteínas, o que pertenecen a algunas rutas metabólicas, y entonces las inactivan o las destruyen, así la bacteria no puede funcionar correctamente y muere; es el caso de los antibióticos macrólidos, cuyas dianas —los ribosomas— son unos componentes de la maquinaria que tienen las bacterias en su interior para fabricar proteínas.

Pero las mutaciones en los genes que codifican para esas dianas pueden dar al traste con toda la operación antibiótica. Cuando una bacteria se divide, tiene que copiar todo su material genético para darle una copia a su bacteria hija. Madre e hija tienen que dividir su material genético y pasar una copia a sus hijas y así sucesivamente. Es decir, cada bacteria tiene que copiar unos 4 o 5 —o más— millones de pares de bases de su ADN constantemente. Copiar esto con precisión molecular es complicado y entonces surgen los errores o mutaciones. Las mutaciones en los genes de las bacterias se producen al azar y no se crearon específicamente para combatir a los antibióticos. Simplemente ocurren.

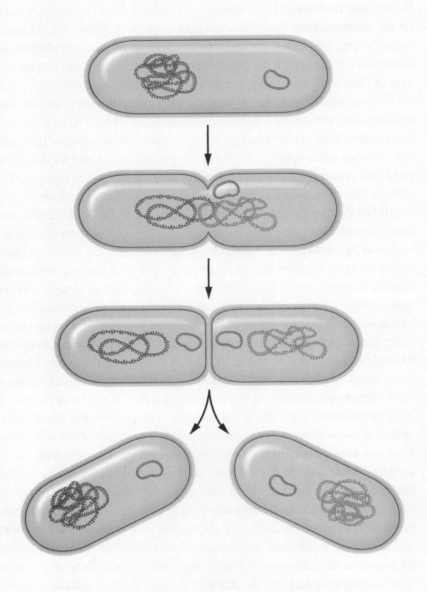

Reproducción bacteriana por fisión binaria [Aldona Griskeviciene].

Si hay una mutación favorable, la calidad de vida de las bacterias en un determinado ambiente mejora, y si es desfavorable, la bacteria muere. En sitios donde hay muchas bacterias dividiéndose constantemente hay más probabilidad de que ocurran mutaciones; es el caso de nuestros intestinos, que están llenos de una cantidad enorme de bacterias que se dividen a menudo, aunque eso sí, más lentamente de como lo hacen en el laboratorio.

Una mutación en el gen que produce una diana —la proteína a la que se pega un antibiótico— hace que ésta cambie su estructura y ya no sea reconocida por la molécula de antibiótico, así que el antibiótico ya no funciona contra ella. Recordemos que, aunque la probabilidad de que ocurra una mutación JUSTO en una de las dianas que reconocen los antibióticos en una bacteria no es muy alta —de hecho es MUY BAJA— el problema surge porque hay MUCHAS bacterias. Solo en el intestino humano hay 10^{13} bacterias. Hay tantas bacterias que la probabilidad de que una mutación al azar JUSTO vaya a ocurrir en la diana de un antibiótico es factible. En cuanto hay una mutación en alguna de esas dianas, la bacteria ya es resistente. Cuando venga el antibiótico, ésta no morirá, y podrá dividirse y extender esa mutación a su prole. Ahora el antibiótico no solo no funcionará contra esas bacterias sino que las seleccionará y favorecerá que esa mutación —ese gen mutado— aumente en número.

Y su número puede aumentar muy rápido. Por muy raro que suene, las bacterias se multiplican por división. Bajo condiciones muy favorables —como en algunas partes del cuerpo humano— algunas bacterias pueden dividirse cada 20 o 30 minutos y formar dos células iguales; UNA bacteria se divide por la mitad en DOS. Esas 2 bacterias se dividen y dan 4 bacterias y esas 4 bacterias se dividen por la mitad y dan 8 bacterias, esas 8 se dividen por la mitad y producen 16 bacterias y así sucesivamente. Cada 20 minutos una división. Si cogemos una calculadora, solo tenemos que aplicar la tabla de multiplicar del 2 unas cuantas veces. Mediante un cálculo rápido podemos comprobar que en poco más de 10 horas habrá más de 1000 millones de bacterias prácticamente idénticas. Si una bacteria tiene una mutación, en pocas horas habrá también 1.000 millones, todas con esa mutación.

Sigamos con los mecanismos de resistencia de las bacterias. Por ejemplo, una vez que un antibiótico atraviesa la membrana bacteriana, algunas bacterias poseen mecanismos que expulsan de nuevo el antibiótico al exterior. A estos mecanismos se los conoce como bombas de eflujo y actúan como un sistema de bombeo de sustancias desde el interior de la bacteria hacia el exterior. Algunas mutaciones son capaces de aumentar la actividad de estos sistemas de bombeo, por lo que expulsan muy rápido al antibiótico hacia afuera y éste no tiene tiempo de ejercer su función en el interior de la célula. En otras ocasiones, las bacterias son capaces de regular o bloquear los poros por los que penetran los antibióticos, y así evitan directamente que pasen al interior. Algunas veces esto se produce por mutaciones que hacen que la permeabilidad se reduzca lo suficiente para mantener a la bacteria a salvo de las drogas.

Los ribosomas son las fábricas de proteínas bacterianas. Algunas mutaciones muy pequeñas —o puntuales— en los genes que codifican la información para construir esos ribosomas hacen que su forma cambie y que el antibiótico —aunque pueda pasar al interior celular— no actúe sobre ellos. Es como si la modificación genética añadiera una pequeña muesca en la cerradura, que hiciera que la llave —el antibiótico— no pudiera entrar correctamente.

Además, algunas bacterias tienen enzimas —un tipo de proteínas— que destruyen al antibiótico antes de que entre en ellas. Esto lo llevan a cabo por ejemplo, enzimas hidrolíticas del tipo beta-lactamasas, que destruyen antibióticos beta-lactámicos antes de que tengan tiempo de desbaratar las envolturas de las bacterias.

Aunque la nomenclatura de las beta-lactamasas es demasiado extensa y complicada para tratarla en este libro, citaré algunas de ellas con nombres curiosos, la mayoría debidos a los lugares donde se encontraron por primera vez. Una beta-lactamasa que hidrolizaba el potente antibiótico imipenem fue descubierta en una cepa de *Pseudomonas aeruginosa* aislada en un hospital japonés en 1988; se la denominó IMP-1, por destruir al imipenem y estar localizada en un plásmido dentro de la bacteria. Otra es la VIM, (integrón Verona codificante de metalo-beta-lactamasa). Esta enzima fue descubierta 1997, en una cepa también de *P. aeruginosa* aislada de la herida quirúrgica de un paciente ingresado en la UCI del Hospital Universitario de Verona. En 2001, una niña de 4 años de edad diagnosticada de leucemia fue ingresada en un hospital de Sao Paulo, en Brasil. Durante su estancia se la trató con antibióticos de una neumonía y más tarde se aisló de su orina una cepa de *P. aeruginosa* resistente a todos los antibióticos menos a la polimixina B. Cinco días después se volvió a aislar la misma cepa de su sangre y al poco tiempo la niña falleció. Esta *P. aeruginosa* tenía una nueva beta-lactamasa a la que denominaron SPM-1 (Sao Paulo metalo-beta-lactamasa). Otra enzima parecida fue aislada también de una cepa de *P. aeruginosa* en un hospital de Dusseldorf en Alemania, en el año 2002 y se denominó GIM (del inglés German IMipenemase). Y otra es la NDM (Nueva Delhi metalo-beta-lactamasa). Esta enzima fue descubierta por primera vez de una cepa de *Klebsiella pneumoniae* aislada de una paciente de 59 años en Suecia, a principios de 2008, tras haber realizado una estancia en la India, donde pasó por varios hospitales, el último de ellos en Nueva Delhi. Una de las últimas descubierta recientemente es la SIM, aislada en varias cepas de *Acinetobacter baumannii* en un hospital de Seúl entre los años 2003 y 2004. Se la denominó SIM (del inglés Seoul IMipenemase).

TRICLOSÁN Y OTROS PRODUCTOS ANTIBACTERIANOS

Las bacterias pueden eliminarse normalmente con desinfectantes. Al fin y al cabo no dejan de ser organismos muy sencillos, como meras gotas de agua —hasta un 70 % de su composición es agua— en las que flota una sopa de proteínas, lípidos, azúcares y material genético. Todas las bacterias pueden destruirse con el desinfectante adecuado, aplicado durante el tiempo necesario y a una concentración eficaz. Pero se sabe que la exposición a concentraciones sub-óptimas de desinfectantes —de los que podemos tener en nuestra casa— que contienen por ejemplo triclosán, inducen la resistencia a algunos antibióticos. El triclosán es un producto químico con propiedades antibacterianas que se ha incluido en la formulación de distintos productos, desde desinfectantes para el hogar, hasta productos de higiene personal como cremas y jabones para las manos. Como dato: en 2008 se detectó triclosán en el 74,6 % de las muestras de orina —de personas mayores de 6 años— analizadas en un estudio en Estados Unidos.

En 2015, la FDA americana pidió información, explicaciones y estudios a las empresas que añadían triclosán a los jabones que fabricaban, para saber si éstos eran más efectivos que el jabón normal. Al año siguiente fue prohibido junto con otros 18 compuestos químicos.

El problema es que ahora sabemos a ciencia cierta que estos desinfectantes y productos químicos que llevábamos utilizando desde hace mucho tiempo ya están en el ambiente; ríos, lagos y suelo están contaminados con ellos en muchas partes del mundo. El ser humano tiene un éxito tremendo cuando intenta llenar de contaminantes su planeta.

Al parecer, los desinfectantes de este tipo influyen sobre el mecanismo de bombas de eflujo que tienen las bacterias para intercambiar compuestos desde el interior al exterior de la célula, creando alteraciones que terminan por fijarse en los genomas bacterianos en forma de resistencias. Lo peor es que la resistencia a estos desinfectantes también puede afectar a los antibióticos; las bacterias se han acostumbrado a utilizar las bombas de eflujo no solo para expulsar a los desinfectantes hacia afuera, sino que han aprendido a hacer lo mismo con algunos antibióticos, creándose una resistencia cruzada entre los desinfectantes y los antibióticos.

INTERCAMBIO DE CROMOS

Los genes son las instrucciones para que una persona, bacteria, avestruz, cucaracha, lechuga o cualquier otro ser vivo fabrique proteínas, las pequeñas moléculas que realizan una función o que forman parte de la estructura de las células eucariotas o procariotas.

Al igual que usted tiene genes que hacen que sea una persona con el pelo negro o rubio, que sea alta o baja, o que se parezca a sus antepasados, las bacterias pueden tener genes que hagan que tengan proteínas encargadas de resistir a los antibióticos. Desde un punto de vista darwiniano, es decir, de la selección natural, cuando tomamos antibióticos, estos *seleccionan* a las bacterias que poseen ese gen o genes que les permiten vivir en presencia de ese antibiótico. Si esa bacteria no tiene el gen de resistencia, muere. Pero las bacterias que lo tienen, resisten, y la presión selectiva que ejercen los antibióticos en un determinado contexto aumenta el número de bacterias resistentes a esos antibióticos, ya que estas no solo no mueren, sino que al multiplicarse propagan una prole que también es resistente.

Usted puede combinar su gen de pelo negro con el gen del color de pelo de su pareja durante la reproducción sexual y esperar nueve meses para ver si sus hijos heredan su gen y por lo tanto su color de pelo. Dependiendo del gen para el color del pelo que tenga su pareja, sus hijos tendrán unas probabilidades u otras de nacer con el pelo negro, rubio o castaño. Usted y su pareja saldrán de dudas tras esos nueve meses de embarazo. Pero las bacterias solo tienen que esperar veinte minutos para ver el resultado. Una bacteria que tiene un gen de resistencia puede pasar sin problemas ese gen de resistencia a sus bacterias hijas; de esta manera no solo aumenta el número de bacterias resistentes, sino que también aumenta el número de genes de resistencia. Y esto es muy importante como veremos más adelante.

Además, usted no puede pasar su gen para el color negro de pelo a otra persona que sea rubia y hacer que esta pase a tener el pelo negro. Pero en las bacterias, si una tiene un gen de resistencia se lo puede pasar a otra, y esta se hace también resistente. Para ello solo se necesita que las bacterias sean un poco parecidas entre sí. Si son parecidas, tienen al menos cuatro formas diferentes de intercambiarse genes: capturando e internalizando ADN del ambiente directamente a través de sus membranas, mediante plásmidos, mediante vesículas o mediante virus bacterianos llamados bacteriófagos —o fagos—, a través de un proceso denominado *transducción* del que hablaré brevemente al final del capítulo 25.

Es decir, en las bacterias los genes pasan siempre de madres a hijas, pero también por diferentes mecanismos se los pueden pasar entre ellas.

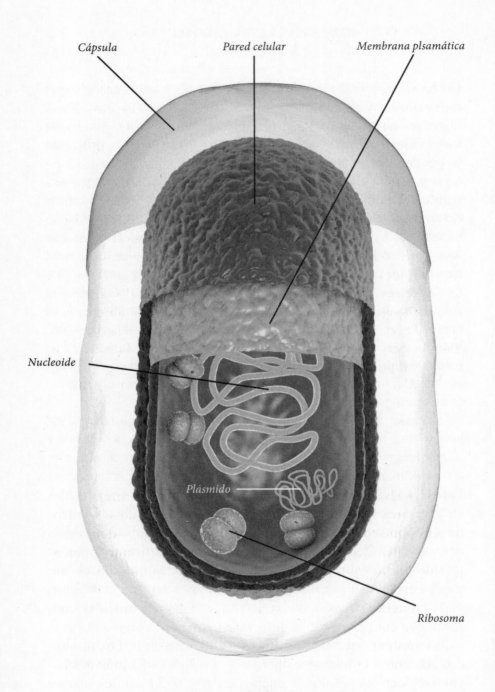

Cápsula

Pared celular

Membrana plsamática

Nucleoide

Plásmido

Ribosoma

Esquema de una bacteria [Kateryna Kon].

CAZANDO ADN EXTERNO

Las bacterias pueden intercambiar instrucciones para hacer cerraduras nuevas y así engañar a los antibióticos —las llaves—. Estas instrucciones están en los genes y la transferencia de genes es la mayor fuente de diversidad genética de las bacterias, ya que estas se pueden pasar genes o grupos de genes con gran facilidad de unas a otras. Algunas bacterias pueden capturar ADN directamente del ambiente. Bueno, directamente no, no tienen brazos o cazamariposas de ADN. Simplemente todo ocurre dentro de las moléculas. El ADN es una molécula que atraviesa fácilmente las capas que recubren algunos tipos de bacterias; por ejemplo, para *transformar* a una bacteria en el laboratorio, a veces simplemente hay que depositar una gota de agua que contiene ADN sobre una colonia de esas bacterias, y estas adquieren inmediatamente esos genes. En el laboratorio esto se realiza de manera relativamente sencilla; pero no sabemos si en la naturaleza es igual de fácil o es difícil, simplemente sabemos que puede ocurrir.

PLÁSMIDOS

Las bacterias poseen además unas herramientas especializadas en el intercambio de genes llamadas *plásmidos*, que son trozos de ADN que contienen un montón de información —de genes— que permiten que las bacterias puedan hacer cosas muy diferentes. Juegan un papel clave en su adaptación a distintos ambientes y en su evolución.

La inmensa mayoría de las bacterias tienen un único cromosoma que contiene toda su información genética vital —las instrucciones para que las bacterias sean lo que son—. Los plásmidos son como cromosomas pero más pequeños. La información contenida en los plásmidos puede perderse si el plásmido sale de la bacteria o puede insertarse en el cromosoma y quedarse mucho tiempo o para siempre en esa bacteria. Los transposones se encargan de llevar genes de los plásmidos al cromosoma y viceversa; y para complicar más la cosa, otros elementos bastante *inquietos* dentro de las bacterias son los integrones, que llevan grupos de genes de un sitio para otro.

A veces incluso todo un plásmido puede insertarse en el cromosoma bacteriano. De esta manera las bacterias pueden intercambiar genes entre sus plásmidos y su cromosoma, y entre bacterias a través de esos plásmidos. El cromosoma sería como un disco duro con información guardada siempre en el mismo sitio —la bacteria— y los plásmidos serían como unas llaves USB que permiten pasar un poco de información a otros dispositivos —a otras bacterias—. El flujo de información genética se da a nivel microscópico, pero ocurre en todas partes, porque en todas partes hay bacterias y muchas tienen plásmidos.

Los plásmidos serían como mochilas llenas de herramientas —genes—. Llevar encima estas mochilas de herramientas puede ser pesado para las bacterias si las herramientas que contiene ese plásmido no son útiles en el ambiente en el que vive la bacteria. Imaginemos que una bacteria vive en un río de aguas cristalinas. Llevar una mochila cargada con herramientas que permiten a esa bacteria utilizar pequeñas cantidades de metales pesados para sobrevivir no sería muy práctico. La bacteria se desharía de ella porque sería un lastre. El plásmido se perdería y por lo tanto, los descendientes de esa bacteria tampoco lo heredarían. Imaginemos ahora que una bacteria vive en las aguas del río Tinto en Huelva. Esas aguas llevan metales pesados, por lo que tener un plásmido con genes para la utilización de metales pesados sería útil. La bacteria que tiene un plásmido con resistencia a metales pesados lo mantendrá en su interior porque en ese ambiente es útil llevarlo encima. Y su descendencia heredará una copia de ese plásmido.

Imaginemos ahora que una bacteria está en nuestro intestino y lleva un plásmido con genes de resistencia a los antibióticos. Si no tomamos antibióticos la bacteria posiblemente preferirá deshacerse de ese plásmido porque no lo necesita. Sin embargo, cuando tomamos antibióticos ese plásmido será tremendamente útil para sobrevivir. Las bacterias que no lo tengan morirán y las que lo tengan se lo pasarán a su descendencia, con lo que habrá cada vez más bacterias resistentes a los antibióticos si los seguimos tomando.

Esto es exactamente lo que ocurre con plásmidos que circulan en los brotes hospitalarios causados por bacterias resistentes. Las bacterias que llevan estos plásmidos sobreviven en los centros sanitarios desplazando a otras bacterias que no los llevan, apropiándose de todo el ambiente hospitalario, ya que es un ambiente donde hay muchos pacientes recibiendo antibióticos. Son los denominados *clones resistentes dominantes.* Llega un momento en el que todas las cepas que se aíslan de pacientes infectados llevan el mismo plásmido, ya que este ha logrado mantenerse y proliferar en ese hospital protegiendo a las bacterias que lo llevan dentro.

MUTACIONES COMPENSATORIAS

Llevar un plásmido supone una carga energética, ya que hay que poner a trabajar muchas moléculas para mantenerlo y copiarlo cada vez que la bacteria se divide. Algunas bacterias han encontrado la forma de compensar esa carga mediante mutaciones. Digamos que esas bacterias han aprendido a redistribuir su energía para mantener los plásmidos dentro de ellas en espera de que en alguna ocasión les sean realmente útiles. Esas mutaciones compensatorias disminuyen este *coste,* con lo que la bacteria podría seguir haciendo una vida *normal,* a pesar de llevar un plásmido muy pesado que solo es útil en algunas ocasiones. A mediados de los años 90 ya se comenzó a observar que aparecían mutaciones que compensaban el coste de mantener los plásmidos y los genes de resistencia en las bacterias. Aunque no haya antibiótico, las bacterias resistentes con plásmido pueden crecer igual que las bacterias sensibles que no llevan el plásmido, con lo que la población de bacterias que llevan los genes de resistencia no disminuirá mucho ni muy rápido, aunque dejemos de usar el antibiótico. De pesadilla.

Sería interesante usar antibióticos que vayan dirigidos contra dianas en las que un mecanismo de resistencia pueda suponer un coste biológico mayor o que haga que las bacterias tengan una tasa de mutaciones *compensatorias* menor. En las bacterias hay unas 350 potenciales dianas para los antibióticos, la mayoría sin explotar.

¿DE DÓNDE HAN SALIDO LOS PLÁSMIDOS?

Pues los plásmidos, al igual que los genes de resistencia a antibióticos, ya estaban ahí, en la naturaleza. Al seleccionar a las bacterias que los llevan mediante antibióticos, también los hemos seleccionado a ellos, a un montón de plásmidos de resistencia, durante los últimos 70 años. Como los genes de resistencia a los antibióticos sirven a las bacterias para resistir a estos, si un gen de resistencia está en un plásmido, el mantenimiento del gen de resistencia hará que también se mantenga el plásmido que lo contiene. Cuando utilizamos antibióticos, se seleccionan los genes de resistencia y los plásmidos de resistencia que contienen esos genes.

Algunas de las investigaciones con plásmidos más interesantes que he leído sobre esta cuestión surgieron de los trabajos pioneros de dos brillantes investigadoras británicas del Departamento de Bacteriología de la Real Escuela Médica de Posgrado de Londres, Victoria Hughes y Naomi Datta. La base de sus trabajos es el laborioso trabajo de Everitt George Dunne Murray (Johannesburgo, Sudáfrica, 1890). El Dr. Murray tuvo una vida dedicada a los microbios, plagada de estudios y premios, que transcurrió por muchos países como Inglaterra, Francia, India y Canadá. En 1930 se unió a la Universidad McGill (Montreal, Canadá) donde fue profesor y director del Departamento de Bacteriología e Inmunología. Durante su larga trayectoria, este investigador amasó una colección de bacterias recolectada y conservada entre 1917 y 1954. Su trabajo fue continuado por su hijo Robert Everitt George Murray. A esta colección se la denomina *la colección Murray* o simplemente *la Colección*, lo que ya nos indica su importancia. Gracias al archivero de la Sociedad Americana de Microbiología, Jeff Karr, tuve acceso a una carta del hijo del Dr. Murray, donde explicaba un poco más sobre cómo se mantuvieron estos cultivos a lo largo de los años. Ya en 1967 se habían abierto unos cultivos de *Shigella* que habían sido preservados entre 1917 y 1924. Se comprobó que no había habido cambios en las bacterias. Cuando en 1980 Victoria Hughes y Naomi Datta *despertaron* a la mayoría de bacterias de la colección para sus estudios, la viabilidad fue mayor del 80 % en casi todas las especies de bacterias conservadas.

Lo más interesante de *la Colección* es que alberga bacterias —y sus plásmidos— aisladas antes de que se comenzaran a utilizar antibióticos convencionales, incluida la penicilina —descubierta en 1928—. Estudiando esas bacterias antiguas y sus plásmidos podemos saber cómo han cambiado respecto a otras aisladas en la actualidad, y podemos también saber cómo han influido los antibióticos en el aumento de los genes de resistencia y de los plásmidos que los contienen. La colección incluye 683 bacterias, de las cuales ya se han secuenciado al menos 370 genomas completos. También se han aislado plásmidos de 489 de ellas. Esta colección de plásmidos es la que utilizaron Victoria Hughes y Naomi Datta para sus investigaciones. Los trabajos de estas brillantes investigadoras demostraron que el número de plásmidos con genes de resistencia en las bacterias de la era preantibiótica era muy pequeño, pero que su número aumentó rápidamente tras la introducción de los antibióticos. Básicamente, los plásmidos originales se fueron llenando de genes de resistencia a medida que las bacterias se exponían a los antibióticos. Y como eran plásmidos que podían pasar de unas bacterias a otras, los genes de resistencia fueron repartiéndose por todo el planeta haciéndose cada vez más numerosos, sobre todo en las bacterias con importancia en medicina humana.

Pero lo peor de todo no es solo que los plásmidos transmitan las resistencias a los antibióticos, sino que también se han acostumbrado a llevar y almacenar factores de virulencia en ellos. Esos factores de virulencia hacen a las bacterias más malas, más virulentas, por lo que durante una infección con una bacteria que lleva un plásmido con resistencia y factores de virulencia, el enfermo lo tendrá más difícil para sobrevivir.

Lo más curioso del tema de los plásmidos es el modo en que se transmiten. Resulta que las bacterias necesitan una especie de *sexo* mediante el cual se pasan un plásmido de una bacteria donadora a una receptora. Así de simple. La bacteria donadora que tiene el plásmido fabrica una estructura en forma de tubo con el que alcanza a la bacteria receptora y le trasmite su plásmido. El plásmido va desde el citoplasma —el interior— de la bacteria donadora hacia la otra célula, atravesando el conducto creado para tal efecto, hasta que llega al citoplasma de la otra célula y allí comienza también a realizar sus funciones. Las bacterias son muy fascinantes y lo curioso es

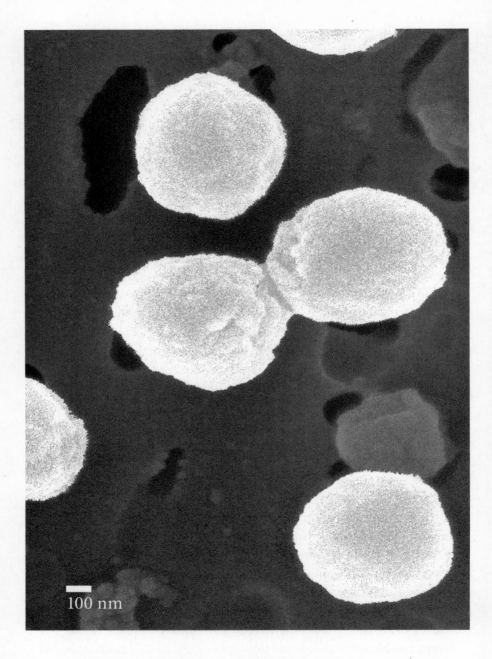

100 nm

La cianobacteria *Prochlorococcus* [Anne Thompson, Chisholm Lab, MIT].

que, aunque no sienten ni padecen, no tienen sexo con cualquiera. Por ejemplo, no pueden tener sexo para trasmitir plásmidos si en la bacteria receptora hay ya un plásmido que es incompatible con el de la donadora. Muy curioso. Quizás si conseguimos descubrir alguna molécula que impida que las bacterias tengan sexo —una especie de preservativo molecular— a lo mejor conseguimos que la tasa de transferencia de genes de resistencia mediante plásmidos se elimine, o por lo menos que se ralentice a escala global.

VESÍCULAS

El tercer mecanismo —que todavía es objeto de debate— de transmisión de genes entre bacterias parece ser la producción y emisión de vesículas —pequeñas esferas— cargadas de mercancías e información genética. Cuando mis alumnos o los alumnos de institutos a los que voy a dar charlas me preguntan cuánto mide una bacteria, siempre contesto que una MICRA. Es una cifra fácil de recordar ya que estos MICROorganismos son MICROscópicos. Sabemos que los hay de muchos tamaños diferentes, pero una micra es un tamaño medio que sirve de buen ejemplo. Una micra —o micrómetro— es la milésima parte de un milímetro. *Grosso modo* un milímetro es la mitad de lo que mide de ancho un alfiler. Pues bien, la mayoría de las bacterias —si no todas— construyen en su interior y exportan al exterior vesículas de entre 10 y 250 nanómetros de diámetro. Un nanómetro es la milésima parte de una micra. Para ver estas vesículas necesitamos microscopios electrónicos muy potentes. Se sabe que estas pequeñas esferas contribuyen a distintas tareas: comunicación entre bacterias, formación de biocapas, defensa celular, virulencia, y también a la transmisión horizontal de genes. La revista *Science* publicó en 2014 un artículo sorprendente. Analizando un montón de estas pequeñas vesículas que producía una especie de cianobacteria marina —*Prochlorococcus*—, descubrieron que casi la mitad de su genoma estaba empaquetado en trocitos dentro de estas vesículas y que esas vesículas eran liberadas durante el crecimiento de la bacteria. Es como si esta especie de bacteria estuviera liberando instrucciones en el océano para que en otra parte se pudiera volver a reconstruir esa bacteria completa.

Por cada célula de *Prochlorococcus* que pusieron a crecer, apareció una media de 10 vesículas. Un cultivo en el laboratorio puede contener más de 10.000.000.000 bacterias. Si uno tiene mucha imaginación, podría llegar a visualizar la cantidad de vesículas con trozos de genes de bacterias que están flotando en las aguas de todos los océanos. Genes que pueden llegar a otras bacterias. Es la naturaleza en estado puro, salvaje y a lo *Big Data*. ¿Ese sistema de información es una forma de comunicación entre bacterias? Podría ser útil conocerlo más a fondo.

Lo más sorprendente y desconcertante es que ya se han descubierto genes de resistencia a los antibióticos dentro de vesículas aisladas de patógenos ESKAPE. Mucho ojo.

Un aspecto crucial para la comprensión de los mecanismos de fabricación de antibióticos, o de resistencia a esos antibióticos, es entender también la comunicación bacteriana. Las bacterias se comunican principalmente haciendo quórum. Según la Real Academia Española, *quórum* es el «número de individuos necesario para que un cuerpo deliberante tome ciertos acuerdos». Para los microbiólogos, el quórum es el número de bacterias necesario para formar grupo que tome decisiones y haga cosas; es decir, las bacterias empiezan a crecer y multiplicarse y cuando llegan a un cierto número, comienzan a hacer cosas que no podrían hacer antes de llegar a ese número, cuando eran pocas. En grupo pueden producir factores de virulencia, o formar biocapas, o desplazarse en masa, o incluso producir metabolitos raros o antibióticos. Parece que cuando las bacterias son muchas se sienten animadas a hacer cosas que de forma individual no harían. Es lo que se denomina *quórum sensing* —algo así como percepción de quórum—, una forma de comunicación bacteria que está siendo muy estudiada por los científicos. En el universo microscópico de una gota de agua, de la orilla de un lago, del océano o en la vegetación de la selva amazónica, hay una gloriosa y abrumadora red de señales químicas y genéticas entre microorganismos que podrían ser clave para comprender los mecanismos que regulan la producción de nuevos antibióticos. ¡Vamos a estudiarla!

LAS CIUDADES DE LAS BACTERIAS

La mayoría de las bacterias no se encuentran en la naturaleza de forma individual. Normalmente forman grupos bien organizados y adheridos a superficies naturales o artificiales por todo el planeta. Estos grupos bien organizados y compactos se denominan *biocapas* o *biopelículas* (del inglés *biofilm*), en las que millones de bacterias están unidas entre sí y a esas superficies naturales o artificiales mediante una especie de masa o cemento que se denomina *matriz*.

En la naturaleza hay muchos tipos de biocapas. Un conocido ejemplo de biocapa es el sarro dental, que no es más ni menos que un conjunto brutal de bacterias —vivas y muertas, muchas de ellas anaerobias— que ha sufrido procesos de mineralización junto a pequeños restos procedentes de los alimentos. Cuando hablamos de pacientes, cualquier objeto inanimado que se inserta o implanta en el cuerpo humano —como un catéter o una prótesis de cadera— representa una superficie ideal para la colonización por bacterias y para la formación de una biocapa.

Las biocapas pueden estar compuestas por bacterias de una sola especie o por bacterias de varias especies, y pueden formarse en multitud de superficies. Dos ejemplos de patologías que implican la formación de biocapas son la fibrosis quística, donde *Pseudomonas aeruginosa* forma estas estructuras en el pulmón; y la otitis media, donde *Haemophilus influenzae* también las puede formar en el oído. En el caso de *Pseudomonas*, se cree que las biocapas que forman son en buena parte responsables de que las bacterias resistan a los tratamientos con antibióticos en los pulmones; y en *Haemophilus* serían responsables de las infecciones recurrentes en el oído. Una vez formada, la biocapa actúa como una especie de falange espartana que resiste los ataques del sistema inmunitario y de los antibióticos, por lo que en muchos casos esos implantes o prótesis dentro del cuerpo tienen que ser retiradas. Según el Centro de Control de Enfermedades (CDC) y los Institutos Nacionales de la Salud (NIH) de Estados Unidos, las biocapas hacen que las bacterias de su interior sean entre 500 a 1.000 veces más resistentes a los antibióticos y a los desinfectantes.

Los pacientes con dolor quieren alivio, y lo quieren rápido. Es la naturaleza humana.

Stephen Hancocks, editor-jefe del *British Dental Journal*. Noviembre 2016.

Ciertamente, uno no puede descansar seguro con el actual arsenal antimicrobiano frente a estas constantes demostraciones de que las bacterias aún no serán erradicadas. De igual importancia, sin embargo, es el uso juicioso de los medicamentos antimicrobianos, de una manera diseñada para minimizar la selección de mutantes resistentes.

The New England Journal of Medicine. 1964.

Una de cada dos prescripciones de antibióticos es inadecuada y el cumplimiento de la higiene de manos es inferior al 50 %.

Francisco Botía, presidente de la Sociedad Española de Medicina Preventiva, Salud Pública e Higiene, SEMPSPH. 2017.

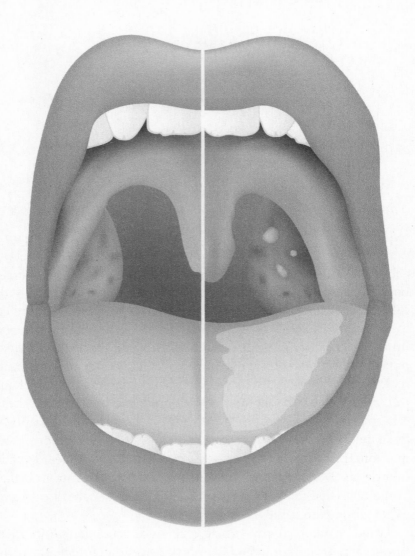

Normal   *Patológica*

Aspecto esquemático de una boca normal (a la izquierda) y otra con
la clásica amigdalitis por patógenos bacterianos, mostrando cambios
en el aspecto de la lengua, inflamación en el itsmo de las fauces y
pequeñas «placas» en la amígdala palatina derecha [Designua].

9. ¿Cómo hemos llegado hasta aquí?

DOLOR DE GARGANTA

Supongamos que usted comienza a sentir un dolor en la garganta; tiene una infección y esa infección está haciendo que le duela la cabeza. Comienza entonces a tomar un analgésico como paracetamol o ibuprofeno. Pasan los días y su dolor de garganta y de cabeza persiste o aumenta. Tiene molestias incluso a la hora de tomar alimento. Decide ir al médico. El médico le recibe y le examina la garganta. Aparentemente usted tiene *placas* producidas por una infección bacteriana, por lo que su médico de cabecera le receta un antibiótico. También le receta un analgésico como el que ya conocía, que debe seguir tomando mientras el dolor de cabeza o la inflamación de garganta persista. Supongamos que la posología de ese antibiótico —es decir, la cantidad y tiempo que tiene que tomar ese medicamento— es de 1 pastilla después de cada una de las 3 comidas del día, durante 10 días. Treinta pastillas. Tome el analgésico solo si realmente le duele la cabeza o la garganta. Todo bien indicado en la receta.

Usted va a la farmacia con su receta y le venden el antibiótico. Empieza el tratamiento. En el momento que comienza a introducir un antibiótico en su organismo, este actúa matando a las bacterias malas —y su médico conoce bien qué tipos de bacterias pueden causar ese tipo de infecciones de garganta—. Por eso le ha recetado ese antibiótico en concreto. Si usted hubiera tenido una infección de orina o en la piel, posiblemente le habría recetado otro distinto.

Pero en nuestro cuerpo hay más de mil especies de bacterias distintas, sobre todo en el tubo digestivo, así que ese antibiótico comienza a actuar no solo contra las bacterias que están causando infección en su garganta, sino también contra millones de bacterias que hay en otras partes de su cuerpo. Y muchas de ellas son amigas suyas y por lo tanto buenas.

Cuando usted lleva 3 días de tratamiento, comienza a notar mejoría. Ya no le duele apenas la cabeza y su garganta se encuentra mucho mejor. El antibiótico está haciendo efecto; ha matado a muchas de las bacterias malas que le estaban causando dolor e inflamación en la garganta y el dolor de cabeza. Si la intensidad de las molestias en la garganta es directamente proporcional al número de bacterias que la están causando, al reducirse el número de bacterias malas se reduce el dolor. Cuando lleva 5 o 6 días de tratamiento, deja de tomar ibuprofeno o paracetamol porque la cabeza ya no le duele o su garganta ha mejorado del todo. El antibiótico ha matado al 99 % de las bacterias malas. Pero por otra parte, usted ha comenzado a sentirse mal del estómago y ha comenzado a padecer diarrea o estreñimiento —efectos secundarios muy comunes de algunos antibióticos—. Como usted no se había leído el prospecto del medicamento, estos efectos secundarios le pillan por sorpresa. Quizás es hora de que los prospectos de los antibióticos pongan algo así como este medicamento va a matar a 100.000.000 de bacterias de su intestino grueso. No se queje, algunos efectos secundarios de antibióticos pueden —en contadas ocasiones— ser incluso peores: dañan riñones, provocan la caída de dientes o la rotura de tendones, etc.

Ese dolor de tripa —o retortijones— se debe a que durante 5 días ha estado matando a las bacterias malas de su garganta, pero ha estado eliminando también a buena parte de su microbiota intestinal. Esta microbiota intestinal, como hemos descrito en otra parte del libro, juega un papel fundamental en su estabilidad digestiva —en realidad, en la estabilidad de todo el cuerpo—. La mayoría de bacterias de su tubo digestivo no tienen genes de resistencia a antibióticos y mueren, dejando un espacio vacío que pueden ocupar bacterias que sí tienen algún gen de resistencia —que también las hay— y que ahora podrían multiplicarse cómodamente, porque el antibiótico ha eliminado a sus competidoras *sensibles*. Por lo tanto, las escasas bacterias que por mutación habían conseguido un gen de resistencia y malvivían en sus intestinos podrían comenzar a ser multitud, ya que el antibiótico no les hará nada. Las mutaciones son raras, pero en una población de pequeños individuos que se dividen cada 20 minutos y que en unas pocas horas son miles de millones la probabilidad de que una mutación aparezca en un gen y haga que se cree una resistencia a un antibiótico no es lo suficientemente baja para tener que estar 100 % tranquilos.

Si la bacteria causante de la infección de garganta era ya resistente al antibiótico, usted no se curará, ni a los 5 días ni a los 10, y entonces su destino es seguir sufriendo la infección y volver otra vez al médico para decirle que el tratamiento no ha funcionado, y que el dolor ha ido a peor. Entonces, su médico le recetará otro antibiótico diferente —y posiblemente más potente— para que se cure.

Volviendo al transcurso de su infección de garganta. Supongamos que no está causada por bacterias previamente resistentes al antibiótico y que este acaba con el 99 % de esas bacterias malas. Esto es suficiente para que deje de molestarle la garganta. Han pasado 5 días y le quedan la mitad de las pastillas en la caja.

Usted tiene dos opciones: dejar de tomar el antibiótico porque cree que ya está curado de la garganta —y además le está haciendo daño al estómago—; o hacer caso a su médico y terminar el tratamiento, otros 5 días tomando el antibiótico y aguantando el dolor de estómago.

Si usted elige la opción A, dejar de tomar el antibiótico, muy posiblemente no ha terminado de eliminar a todas las bacterias malas de su garganta —en nuestro caso le quedan aún un 1 %— con lo que podría volver a tener la misma infección antes o después, en el mismo sitio o en otro distinto de su tracto respiratorio.

Simplemente, la garganta ya no le duele porque ha eliminado a la gran mayoría de bacterias malas que juntas estaban causando la formación de placas e induciendo el dolor. Ese 1 % restante —que podrían ser persistentes o insensibles al antibiótico— comienzan a estar en contacto con una cantidad cada vez menor de antibiótico —ya que al abandonar el tratamiento, la concentración en sangre deja de ser suficiente—, por lo que sobreviven sin problemas. Aunque sean pocas, si el sistema inmunitario no las elimina

Antibiograma que muestra sensibilidad del *Staphylococcus aureus* en una placa de Petri. Los pequeños discos, marcados con códigos alfanuméricos, están bañados en sustancias antibióticas que se perfunden en el agar. Cuando la bacteria «problema» es sensible a este antibiótico, no puede prosperar y no crecen las colonias, apareciendo estos halos circulares [Zaharia Bogdan Rares].

podrían reanudar su crecimiento, el dolor de garganta y de cabeza volverían a aparecer y sería necesaria una nueva visita al médico.

Los antibióticos suelen atacar a las bacterias cuando se están dividiendo activamente, pero las bacterias persistentes están como dormidas, no se dividen, y por eso son menos sensibles a los antibióticos. Son pocas —a lo mejor el 0,1 %— pero al no ser eliminadas podrían volver a crecer. Las bacterias de esas poblaciones que toleran los antibióticos, aunque son pocas, pueden estar implicadas en infecciones crónicas o recurrentes. En las infecciones crónicas hay más probabilidad de que tomemos antibióticos durante más tiempo, y también hay más probabilidad de que aparezcan más mutaciones en los cromosomas de las bacterias que pasan mucho tiempo con nosotros. Además, algunas enfermedades crónicas como la diabetes o la enfermedad pulmonar obstructiva crónica, aumentan el riesgo de padecer enfermedades agudas como la neumonía y, por lo tanto, el riesgo de ingresar en un hospital —o lo que es peor, en una UCI— es alto. Si padecemos una enfermedad crónica debemos cuidarnos más y debemos protegernos más, por ejemplo mediante vacunas.

Su médico le había dicho que tomase el antibiótico durante 10 días porque sabe que es el tiempo necesario para eliminar a todas las bacterias malas causantes de esas placas. Al tener una concentración eficaz de antibiótico en sangre solo la mitad del tiempo (5 de 10 días), las bacterias pueden terminar por hacerse resistentes o cambiar y volverse más agresivas. Los antibióticos, aunque sea en pequeñas dosis, son agentes muy estresantes para las bacterias. Cuando un ser humano o un animal están estresados, están nerviosos y pueden hacer cualquier cosa. Las bacterias también; cuando se estresan comienzan a hacer cosas que antes no hacían y algunas de esas cosas pueden ir en contra del paciente. En este caso el refrán —lo que no te mata te hace más fuerte— está muy bien aplicado a la combinación «dosis subletal de antibiótico y estrés bacteriano».

Si usted elige la opción B —terminar el tratamiento que le ha indicado su médico— eliminará prácticamente todas las bacterias malas de su garganta (100 %), seguirá durante unos días con retortijones de estómago y seguirá matando miles de millones de bacterias buenas de sus intestinos. Pero, posiblemente, esas bacterias malas no volverán a aparecer por su garganta —al menos a corto plazo— y su flora intestinal se recuperará pronto. Los efectos secundarios de los antibióticos son un precio que hay que pagar por eliminar bacterias patógenas que pueden causar daños aún peores.

¿QUÉ VA A HACER USTED LA PRÓXIMA VEZ QUE TENGA QUE TOMAR UN ANTIBIÓTICO?

La mejor opción es claramente la opción B, pues si no termina el tratamiento que le indica su médico, las bacterias malas y peligrosas de su garganta no solo no habrán muerto totalmente, sino que tarde o temprano podrían volver a causarle una infección en el mismo sitio o en otro diferente. Hay que eliminarlas y la única manera efectiva es tomando el tratamiento completo, es decir, aunque tenga que pasar un dolor de tripa durante unos días. Es mejor no arriesgarse a que la siguiente infección por las bacterias malas no pueda curarse con ese antibiótico y necesitemos otro distinto, a lo mejor con peores efectos secundarios.

Viene a cuento que expliquemos aquí que, cuando los antibióticos que tomamos afectan a nuestra microbiota intestinal, seleccionan a algunas bacterias resistentes y de varias especies distintas. Como hemos dicho, en nuestro intestino —y sobre todo en nuestro colon— hay miles de millones de bacterias. La gran mayoría —el 99,99 % o más— no tienen genes de resistencia. Pero un pequeño porcentaje sí. Aunque solo sea una, esa bacteria está compitiendo contra millones de bacterias por los nutrientes que tenemos en nuestro tubo digestivo. Si con el antibiótico matamos a muchas de sus competidoras, estamos favoreciendo que esa única bacteria pueda alcanzar los recursos que le permitan dividirse. Cada vez que se divide crea copias de sí misma y del gen o genes de resistencia que tiene, con lo que su descendencia también podrá dividirse sin problemas en un ambiente en el que el antibiótico está eliminado a sus competidoras.

A medida que avanza el tratamiento con el antibiótico —esos 10 días en nuestro ejemplo— cada vez más bacterias sensibles se mueren en nuestros intestinos y cada vez más bacterias resistentes ocupan su lugar. No se preocupe, cuando deje de tomar el tratamiento antibiótico el equilibrio se restablecerá; la presión selectiva que estaba ejerciendo el antibiótico dejará de actuar y las bacterias sensibles volverán a tomar el control de sus intestinos tarde o temprano, con lo que sus digestiones volverán a la normalidad. No tenga miedo de las bacterias resistentes que ha seleccionado el antibiótico en sus intestinos. Son las de siempre, sus amigas, no le harán daño. Ya las tenía ahí, simplemente que ahora unas cuantas más tienen una carga genética *especial* bastante peligrosa.

Puede ocurrir que esas bacterias resistentes seleccionadas por el antibiótico que pertenecen a una especie en concreto puedan pasar los genes de resistencia a bacterias de otras especies distintas, con lo cual la próxima vez que tome el antibiótico este comenzaría ahora a seleccionar bacterias resistentes de dos especies distintas. Esta segunda especie que ha adquirido genes de resistencia de la primera podría pasar a su vez esos genes de resistencia a una tercera especie y así sucesivamente. Al final, podría haber muchas bacterias de muchas especies distintas con capacidad para resistir al antibiótico. Cuantos más antibióticos tomemos, peor; estaremos seleccionando más bacterias resistentes.

¿SE QUEDAN ESAS BACTERIAS RESISTENTES, SELECCIONADAS POR EL ANTIBIÓTICO, EN NUESTROS INTESTINOS?

Todos sabemos lo que pasa cuando vamos al baño a «expulsar lo que queda después de procesar el alimento». A medida que el alimento es procesado, los músculos de nuestro tubo digestivo hacen que los residuos vayan descendiendo tranquilamente hasta el recto y el ano. El proceso lleva unas horas, durante las cuales las paredes de nuestros intestinos absorben hasta el último nutriente útil de los alimentos ingeridos; no importa que sea carne, pescado, ensalada, tomates, fruta o pasteles; todo irá convirtiéndose lentamente en una masa homogénea, inútil y olorosa. A medida que el alimento procesado va siendo extruido y desciende, va arrastrando millones de bacterias presentes en las paredes del intestino; tras el proceso de extrusión, este alimento digerido abandona nuestro cuerpo cayendo hacia el retrete.

Cada vez que vamos al baño a expulsar lo que queda después de procesar el alimento estamos expulsando también miles de millones de bacterias de muchas especies diferentes. Estas bacterias son nuestras amigas íntimas y si no cerramos la tapa del retrete cuando tiramos de la cadena, muchas de ellas pasarán a ser las amigas íntimas de nuestro aseo, ya que es inevitable que miles de microgotas salpiquen nuestro cuarto de baño durante el proceso. Algunas podrían llegar hasta su maquinilla de afeitar, su cepillo de dientes o hasta sus lentillas. Muchas más llegarán vivitas y coleando hasta las alcantarillas. Millones desde nuestro inodoro, decenas de millones desde nuestro edificio, miles de millones desde nuestra urbanización, innumerables desde nuestra calle o ciudad. No perdamos de vista esto: miles de millones de bacterias procedentes de nuestros intestinos van a parar a las alcantarillas, y de ahí a los ríos, etc. Algunos científicos han hecho la prueba. La verdad es que desde el experimento de Barry Marshall y Robin Warren, con el que descubrieron que una bacteria, el *Helicobacter pylori*, —y no el estrés o los factores ambientales— causaba gastritis y úlcera péptica, no había visto nada tan curioso. Por cierto, cuando Marshall y Warren confirmaron que era una bacteria y que se podía eliminar con antibióticos, todos los médicos dejaron de recetar ansiolíticos para el estrés y comenzaron a recetar antibióticos contra la bacteria; con lo que *Helicobacter* se hizo cada vez más resistente a esos antibióticos.

El experimento que han hecho los investigadores para demostrar la presencia de bacterias resistentes en los intestinos después de tomar antibióticos es muy sencillo. Se trata de analizar las heces de voluntarios sanos, antes, durante y después de tomar antibióticos. Así de simple. En un voluntario sano, casi no hay bacterias resistentes a los antibióticos en sus cacas. Apenas 1 entre 10.000, aunque alguna siempre hay —recordemos que los genes de resistencia llevan mucho tiempo con el ser humano—. Pero a medida que se toman los antibióticos puede llegar a aparecer 1 resistente de cada 100. Al cabo de un mes de dejar de tomar antibióticos pueden seguir apareciendo bacterias resistentes con una frecuencia de 1 entre 1.000. Volver a niveles normales lleva bastante tiempo como vemos. Y algo no menos importante: estos experimentos se realizaron cultivando solo una o varias especies de bacterias intestinales que ya conocíamos, no con muchas a la vez, ni con bacterias que —obviamente— no podemos cultivar. Así que, si hacemos el experimento pero con más medios, con más voluntarios y tratando de buscar no solo una especie en las heces, sino 5 o 10, posiblemente nos encontremos con que hay muchas más bacterias resistentes tras tomar esos antibióticos.

Es importante que el lector recuerde este dato: cuando vamos al retrete, muchas bacterias van a parar a las alcantarillas. En 200 gramos de heces humanas puede haber hasta 400 especies distintas de bacterias. Millones de bacterias de cada una de esas especies. Por supuesto, si tomamos antibióticos, muchas serán resistentes y llevarán consigo los genes que las hacen resistentes, que pueden pasar de unas bacterias a otras y de unas especies a otras. Y lo malo es que, como hemos visto, las bacterias resistentes perduran bastante en nuestros intestinos, incluso después de que dejemos de tomar el antibiótico. Los genes de resistencia no se pierden de un día para otro, aunque a las bacterias que los lleven ya no les resulten útiles, pues su única función muchas veces es resistir al antibiótico. Podríamos decir que, cuando terminemos el tratamiento antibiótico, también se terminarán las bacterias resistentes, pero no es tan fácil. En nuestro ejemplo, llevaremos las bacterias resistentes en nuestro intestino mucho tiempo; además, las seguiremos expulsando cada vez que vayamos al baño. Y lo peor de todo es que, si esas bacterias mueren —que lo harán tarde o temprano—, sus genes de resistencia seguirán ahí, porque el ADN es una de las moléculas más estables de la naturaleza. No solo seguirán ahí los genes de resistencia, sino que serán susceptibles de ser captados por otras bacterias aunque su *recipiente* haya muerto. Las bacterias son así de especiales, pueden coger genes del ambiente, genes procedentes de los cadáveres de otras bacterias.

PNEUMONIA IS BEING CONQUERED

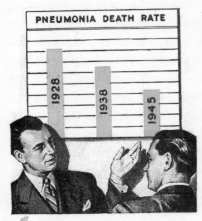

1. **Before 1930,** pneumonia stood among the first three causes of death. Once the disease struck, careful nursing and the use of oxygen were about the only ways of fighting it. The death rate was about 83 per 100,000.

2. **From 1930 to 1938,** *serum treatment* for the most common forms of pneumonia was started and developed. This involved, first, laboratory analysis to determine the particular type of the disease and, second, administering a serum known to combat the disease if it were one of certain types. Pneumonia's death rate dropped, and in 1938 was about 67 per 100,000.

3. **From 1938 on,** modern medical science has scored one of its most dramatic successes. First the sulfa drugs, then penicillin and streptomycin have proved effective in combating many types of pneumonia. While the death rate from pneumonia had been reduced to less than 40 per 100,000 in 1946, this disease is still a frequent cause of death.

Sulfamidas, penicilina, estreptomicina... los antibióticos fueron una revolución en las ciencias de la salud, han salvado millones de vidas y no podemos permitirnos el lujo de perderlos. Usarlos de manera correcta es más importante que nunca. En la imagen, parte de una página de la revista *Ladies Home Journal* de 1948.

¿CÓMO HEMOS LLEGADO HASTA AQUÍ?

Los antibióticos comenzaron a ser caracterizados realmente en la década de los años 40 del siglo pasado, con la penicilina como punta de lanza. Por aquel entonces, los que estudiaban genética no conocían la estructura del ADN —que se conocería en todo su esplendor por primera vez en 1953—, y por lo tanto nadie sospechaba que las bacterias pudieran tener tasas de mutación que permitieran a algunas resistir a los antibióticos o que pudieran pasarse genes de unas a otras con relativa facilidad. Tampoco nadie podía imaginar por aquel entonces que se descubrirían casi 100 compuestos antimicrobianos y que estos serían utilizados a escala mundial en pocos años. Los primeros mutantes resistentes que se encontraron en los experimentos de laboratorio aparecían con una frecuencia de 1 entre 1.000.000.000, lo que tampoco hizo pensar que durante los tratamientos en pacientes aquello se nos iría de las manos.

Como he explicado anteriormente, los genes de resistencia a los antibióticos ya existían hace millones de años. Son el producto de las guerras microscópicas que ha moderado la evolución a lo largo del tiempo. Por lo que en la actualidad los antibióticos no son la causa de la aparición de estos genes ni de la aparición de la resistencia en las bacterias. Simple y llanamente, los antibióticos matan a las bacterias que no los tienen y seleccionan a las bacterias que los tienen, o sea, a las que ya estaban ahí con esos genes de resistencia, aunque sean pocas. Al seleccionar a las bacterias resistentes, aumenta su frecuencia en un determinado ambiente, es decir, aumenta su número, bien sea en una granja, en un hospital o en un río en la India. Este tipo de selección se conoce como darwiniana, en honor al autor de *El origen de las especies*.

Pues bien, desde los años 40 cuando se comenzó a utilizar la penicilina de forma masiva, hemos ido aumentando la cantidad de antibióticos que produce y utiliza el ser humano; bien para curar personas o bien para curar animales o engordarlos; incluso en agricultura para tratar algunas enfermedades de plantas.

Estamos en 2019, así que llevamos produciendo y utilizando masivamente antibióticos unos 75 años. Millones y millones de toneladas de más de 100 antibióticos distintos; un día tras otro, los

365 días del año, los 75 años, en todos los hospitales del mundo, en todas las granjas de la Tierra, en todos los hogares del planeta, en todas las zonas de conflictos bélicos y en todos los contextos de desastres naturales que han ocurrido en esos años. Uno a uno no nos hemos dado cuenta, pero si lo contamos todo es *mucho*. Mucho o suficiente, suficiente para que las bacterias hayan aprendido a convivir con esa cantidad de antibióticos y hayan tenido tiempo de ser seleccionadas por ellos. Teníamos en nuestras manos armas de destrucción masiva y las hemos utilizado, pero al utilizarlas, las pocas bacterias supervivientes han conseguido aumentar su número de forma alarmante. No solo no hemos acabado con las bacterias, sino que las hemos hecho más fuertes.

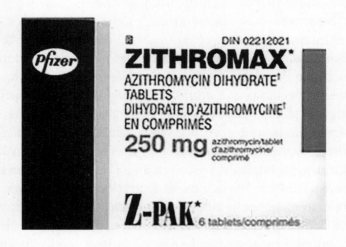

Una de las presentaciones de la azitromicina de Pfizer, un poderoso antibiótico muy efectivo cotra algunas bacterias patógenas.

HEMOS LLEGADO HASTA AQUÍ UTILIZANDO MUY MAL LOS ANTIBIÓTICOS

El problema está más cerca de nosotros de lo que creemos, esté usted leyendo este libro en Ourense, Madrid, Buenos Aires o en Sidney. No es poco habitual que cometamos el grave error de confundir virus con bacterias. También cometemos el error de creer que los antibióticos matan a los virus, o que matan a los virus y a las bacterias a la vez.

Durante la sobremesa de un domingo cualquiera en verano, millones de españoles se debaten entre la siesta y una película en televisión. Esta película podría ser por ejemplo *No hay dos sin tres*, título en español de la película *The other woman*, una comedia americana de 2014 cuya actriz principal es Cameron Díaz. Uno de los protagonistas masculinos tose varias veces —justo cuando está entrando en casa— y le dice a su mujer esto —el diálogo es así—:

—No te acerques mucho, estoy pillando algo. El médico me ha recetado azitromicina. Dice que hay por ahí un virus muy potente y que tú también deberías tomarla.

—¿Para qué? —contesta ella—. Yo no estoy enferma.

—Se toma precisamente para no caer enfermo, por mera prevención —replica él.

Repito, la película es de 2014. Esto puede parecer una conversación normal, pero para un microbiólogo es como un disparo en una pierna. En la versión original en lugar de azitromicina el actor dice literalmente Z-PAK, que es como los americanos conocen *familiarmente* a este antibiótico; un antibiótico de los más recetados en el mundo. Pero además, en la versión original, no se habla de virus, simplemente se dice que hay «algo malo rondando por ahí». El antibiótico azitromicina no hace nada contra los virus; de hecho, ningún antibiótico hace *algo* contra los virus. Por lo tanto, el que escuche esta pésima traducción puede pensar que los antibióticos hacen algo para protegernos contra virus, y eso es un grave error. Por supuesto, el protagonista no es médico, pero se atreve a recetar alegremente un antibiótico a su señora. El mal uso o la automedicación con antibióticos favorece la selección de bacterias resistentes por estos medicamentos y eso sí que nos afecta a todos.

Los antibióticos SOLO matan a las bacterias. Por eso, cuando tenemos una gripe, el que tomemos antibióticos no va a mejorar nuestro estado. Si estamos en cama con gripe y tomamos antibióticos lo único que nos va a pasar es que, o nos quedemos como estamos, o empeoremos, porque muchos antibióticos tienen efectos secundarios bastante malos como hemos visto antes. Lo único *positivo* es que tomar un antibiótico durante una infección vírica podría ayudar a que no nos ataque una bacteria que pueda aprovecharse de nuestra debilidad para infectarnos. Pero eso debe decidirlo un médico, no un actor. Por lo demás, los antibióticos son inútiles contra los resfriados, las gripes, los catarros, etc.

Si hay dudas sobre los errores que en esta materia comete la población, siempre podemos acudir al eurobarómetro, ese sistema de encuestas de la Unión Europea que analiza y sintetiza la opinión pública de los ciudadanos europeos. Ahí van unos datos.

— Uno de cada tres europeos ha tomado antibióticos durante el último año.
— El 57 % de los europeos no sabe que los antibióticos NO SIRVEN contra los VIRUS.
— El 44 % no sabe que los antibióticos no hacen nada contra la gripe o los resfriados.
— El 18 % cree que no pasa nada por no tomar todas las pastillas del tratamiento antibiótico que te ha recetado tu médico.
— El 16 % no sabe que los antibióticos se están volviendo inservibles debido al uso inadecuado que hacemos de ellos.

España no se libra del escarnio. Nuestro país tiene el honor de ser el lugar donde más ha aumentado el consumo de antibióticos desde 2013, seguido de cerca por Italia.[1]

---

1   Cuando trazaba el borrador de este capítulo, me preguntaba por qué a los españoles nos vuelven a colgar el cartel de «los más calamidades de Europa» en esta materia. ¿Cómo podemos hacerlo tan mal en un tema tan importante? Me preguntaba a qué podía ser debido. ¿Quizás nos autodiagnosticamos para saber que tenemos que tomar un antibiótico? ¿Quizás vamos a la farmacia a comprar antibióticos sin receta médica? ¿No terminamos los tratamientos de forma correcta? ¿Quizás nos guardamos los medicamentos que nos sobran en el botiquín de casa para tomarlos la siguiente vez que caemos enfermos?

LAS FARMACIAS

Las respuestas a estas preguntas no se hicieron esperar; solo hay que hablar con el primer farmacéutico que se cruce en tu camino y tirarle de la lengua un poco. Hay gente que va a las farmacias sin receta para pedir antibióticos. Esto es un hecho; incluso sabiendo que es ilegal comprar un antibiótico sin receta médica. Y en algunas farmacias se los venden. ¿Llegan los enfermos a las farmacias reclamando antibióticos para patologías que no deben ser tratadas con antibióticos? Pues también parece que sí.

¿Cuáles son las frases típicas que escuchan los farmacéuticos de clientes, cuando estos entran en la farmacia pidiendo un antibiótico sin receta?:

«Mujer, no me vas a hacer ir al médico solo a por eso (la receta). ¡Pero si ya sé yo lo que tengo!»

«Dame los dos sobres de siempre para la cistitis.»

«Tengo otra vez eso (dolor de, escozor en, pinchazos aquí, inflamación de allá), necesito el antibiótico.»

«¡Pero si es un dolor de garganta, siempre tomo antibióticos!»

Yo no me lo creía. Pero es cierto, un desastre. Decidí consultar con mi amiga la literatura científica. Hay un número suficientemente representativo de estudios que han intentado calcular el porcentaje de personas que hacen un mal uso de los antibióticos en nuestros barrios y en nuestras ciudades.

Un trabajo interesante fue publicado en 2010 por un equipo de científicos de los Países Bajos y Suecia. En él citan a varios países donde la automedicación está a la orden del día. No solo una parte importante de la población cree que sabe más que los médicos y se automedica, sino que además almacenan medicamentos en los botiquines de sus casas. Ese trabajo científico habla claramente de que, aunque es ilegal, los antibióticos se vendían en las farmacias sin receta. El trabajo continúa dando porcentajes de personas que no completaban de manera correcta la dosis que le recetaba el médico. Además, no solo no se completaban los tratamientos, sino que esas personas se guardan los antibióticos restantes para «otra ocasión».

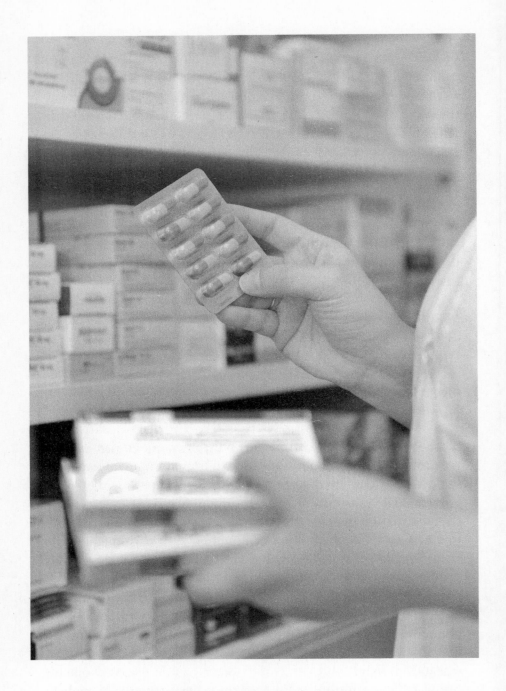

Una farmacéutica sostiene unas cajas de medicamentos y un
blíster de diez unidades de cápsulas [View Finder].

En esa época, hace tan solo 9 años, muchos antibióticos se vendían en paquetes de tabletas que excedían el número de comprimidos que normalmente se toman durante un tratamiento; es decir, si el médico te dice que tomes tres pastillas al día durante 10 días, cuando ibas a la farmacia a comprar el antibiótico este venía en paquetes de 50 pastillas. Sobraban 20. ¿Qué hago con esas 20? Las guardo en el botiquín del baño. Error.

Pero, por otro lado, si las cajas de medicamento —pongamos por ejemplo el Augmentine (Amoxicilina/ácido clavulánico)— vienen con 30 comprimidos, ¿por qué el médico nos indica que debemos tomarlo cada 8 horas durante solo 7 días? No me salen las cuentas. Sobran pastillas. ¿Qué hacemos con ellas? Pues mucha gente las guarda en el botiquín ¿Para qué? ¿Para la próxima vez? ¿Por si acaso?

En el citado estudio, España, junto con Lituania y Rumanía, fueron los países de mayor automedicación; y los habitantes de España, Italia, Malta, Lituania, Eslovaquia los que almacenaban más medicamentos en sus hogares.

En el caso de España, el desfase entre el número de pastillas que necesita el tratamiento y el número de pastillas que vienen en las cajas se ha subsanado casi totalmente. Hoy en día la inmensa mayoría de envases de antibióticos que se venden en las farmacias vienen con el número de pastillas que tienes que tomar. Ni una más, ni una menos. Así no hay fallo. Otra cosa es que tu médico te diga que tienes que tomar menos de las *habituales*. Sobre esta variación en la dosis hablaremos más adelante.

Pero, centrémonos en España. En junio de 2014, hace ahora unos 5 años, se publicó un trabajo realizado por investigadores de la Universidad de Santiago de Compostela sobre la venta de antibióticos sin receta en las farmacias. El trabajo de campo de este estudio se había realizado entre diciembre de 2012 y enero de 2013, en 183 farmacias del «noroeste de España». La primera conclusión del estudio, publicado en la revista *Journal of Antimicrobial Chemotherapy (JAC)*, es muy clara: la venta de antibióticos sin receta en España continuaba siendo una práctica bastante común (el 64,7 % de los farmacéuticos admitió haber vendido antibióticos sin receta). El artículo científico destaca también que no había en esos momentos un conocimiento suficiente del problema de la resistencia a los antibióticos, ni por parte de los farmacéuticos ni por parte de las personas que compraban estos medicamentos. Hablamos de 2012-2013. Hace nada. Desconozco si a los farmacéuticos participantes en el estudio se les comunicaron los preocupantes resultados de este trabajo, pero no habría estado mal haberlo hecho.

Como los científicos leemos los artículos de otros investigadores que trabajan en «algo parecido» a lo que hacemos, leí con atención una carta dirigida a los editores de esa misma revista *JAC*, que se publicó en enero de 2015. En ella, otro grupo de investigadores españoles de varios centros de investigación y universidades catalanas añadían más datos al asunto. Estos habían realizado su estudio hasta febrero de 2014. Utilizaron la figura del *comprador misterioso*. ¿Qué es un comprador misterioso? Alguien que entra en una farmacia solicitando que le vendan un antibiótico. Una especie de actor de cámara oculta, entrenado para realizar su actuación de manera educada y conocedor de las respuestas a posibles preguntas que le pudieran hacer los farmacéuticos. Estos compradores misteriosos entraban en las farmacias y de una manera muy correcta explicaban que no eran de la zona y que estaban de paso, pero que padecían, o una infección urinaria leve, o una bronquitis aguda o un simple dolor de garganta y que necesitaban tomar —comprar— un antibiótico. Por supuesto, no tenían receta o se la habían dejado en casa, etc. El 54,1 % de las farmacias les vendieron antibióticos —más de la mitad—, aunque en esa época —como en el estudio anterior de 2013— la venta de antibióticos sin receta ya era ilegal en España. El título del artículo es de traca: «Obtener antibióticos sin receta en España en 2014: incluso más fácil que hace 6 años».

Quiero destacar que los antibióticos que adquiría en la farmacia el comprador misterioso los pagaba de su bolsillo. Dedicarse a la ciencia de vez en cuando requiere sacrificios. El dinero no salió de ningún proyecto de investigación. Esos antibióticos fueron donados a una fundación humanitaria.

Durante la preparación de este libro, en 2017, una estudiante que trabajaba en una farmacia vino a mi laboratorio en el instituto IDIVAL para realizar unas fotos de bacterias como parte del trabajo de un máster que estaba realizando. Comentándolo con ella, no se extrañó de los resultados de esos estudios publicados hacía tan solo 2-3 años ¿Habrá disminuido el porcentaje de farmacéuticos que vende antibióticos sin receta en España? Posiblemente, pero, cuando a tu farmacia llega un familiar, un amigo o el vecino a pedir un antibiótico sin receta, parece que la extrema empatía de los farmacéuticos españoles con la gente que conocen es casi celestial. Las farmacias no pueden ser meros puntos de venta de medicamentos, son piezas clave en la atención sanitaria. Por favor, no vendan antibióticos sin receta ni a su vecina. Le irá bien a ella y nos irá bien a toda la comunidad.

No solo hay desconocimiento por parte de los pacientes sobre cuándo y cómo hay que tomar un antibiótico. En el libro *Antimicrobial Resistance: issues and options*, editado por el Instituto de Medicina de la Academia Nacional de Ciencias de Estados Unidos, se desglosan algunos de los factores responsables del uso inadecuado de los antibióticos. Entre ellos, por parte del paciente, destacan la ansiedad, el desconocimiento de la causa de los síntomas, la necesidad de ir a trabajar y la creencia en el «poder curativo» de los médicos. Pero por parte de los médicos también se señalan algunos factores como la presión por parte de los pacientes, asuntos económicos y un inadecuado conocimiento o la falta de actualización sobre medicamentos nuevos.

Para los que quieran profundizar en este asunto, un ejemplo amplio —216 páginas— y reciente —2017— de los motivos por los que utilizamos muy mal los antibióticos lo podemos ver en el informe de la Unión Europea titulado: «Resistencia antimicrobiana y causas del uso imprudente de los antibióticos en medicina humana en la UE», elaborado con datos recogidos entre julio de 2014 y junio de 2016.

En 2019, los autores del artículo sobre el comprador misterioso publicaron otra vez en la revista *JAC* un estudio similar —realizado entre diciembre de 2016 y enero de 2017— utilizando esta vez actores de verdad que fingían enfermedades respiratorias. Algunas de las conclusiones son de especial interés, como por ejemplo que se dispensan más antibióticos sin receta en los pueblos que en las ciudades, aunque en las ciudades los actores no necesitaban tanta presión sobre los farmacéuticos para que estos les vendieran antibióticos. El mensaje es el mismo: reducir la automedicación es fundamental para luchar contra las superbacterias.

¿Y POR INTERNET?

No solo podemos comprar antibióticos en la farmacia de nuestro barrio. Podemos utilizar nuestro buscador habitual y teclear: «Comprar amoxicilina por internet»... *et voilà*, tienes hasta 360 píldoras de amoxicilina de 1 gramo por 835 euros. Pero, como hay un descuento del 10 %, pues se te queda en 751 €. Y además te regalan 10 píldoras azules de 100 mg que favorecen la actividad sexual. ¿Quién puede llegar a necesitar cerca de medio kilogramo de amoxicilina? Alguien que no sabe para qué se utiliza, desde luego.

Solo en España, en 2016, la Agencia Española del Medicamento y Productos Sanitarios ha investigado casi 1000 páginas web por venta ilegal de medicamentos. Comprar medicamentos sin el aval de un profesional sanitario cualificado puede suponer un grave riesgo para la salud. En el caso de los antibióticos no solo para la salud del que los compra, sino también para la salud de toda la comunidad.

Si pueden volverse resistentes a la vancomicina [Staphylococcus aureus], *se volverán resistentes a todo.*

CHRISTOPHER WALSH, farmacólogo molecular de la Escuela de Medicina en la Universidad de Harvard, en *Nature*, octubre 2004.

En la mayoría de los hospitales, solo una minoría de pacientes se marcha si haber recibido antibióticos por una razón u otra.

The New England Journal of Medicine. 1955.

La enfermera se ha convertido en una de las grandes bendiciones de la humanidad.

WILLIAM OSLER (1849-1919), médico canadiense.

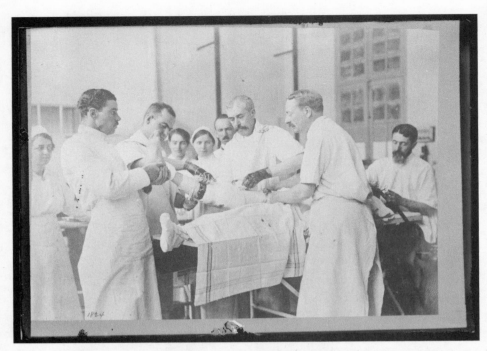

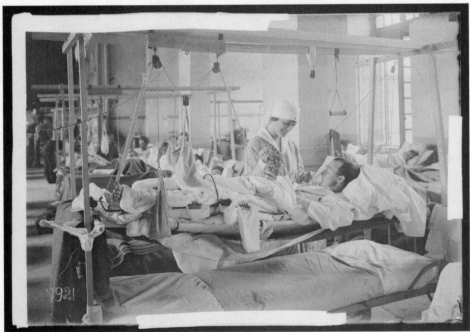

[Superior] Sala de operaciones en el Hospital Americano de París, entre 1917 y 1920 [Biblioteca del Congreso]. [Inferior] Hospital Base 41, Saint Denis. Una enfermera de Cruz Roja ofrece fruta a un soldado [Lewis Wickes Hine, septiembre de 1918].

10. Peligro en los hospitales

Tener que ir a un hospital nos da miedo. Particularmente a mi madre; creo que solo ha ido al hospital una sola vez en su vida, tras una rotura de cadera a los 75 años; le colocaron una prótesis.

A mucha gente no le gustan los hospitales. Y cada vez menos. Seguro que el lector ha escuchado en alguna ocasión algo así como: «En el hospital puedes pillar cualquier cosa». Esto hace referencia a las infecciones intrahospitalarias o también denominadas *nosocomiales*. Si *pillas* algo, posiblemente sea una bacteria resistente a los antibióticos, lo cual, como usted ha ido leyendo a lo largo de este libro, es bastante malo.

Este término *nosocomial* hace referencia a que el paciente ha contraído una infección dentro de un recinto hospitalario. Las infecciones nosocomiales más comunes generalmente incluyen bacteriemias (infección de la sangre), neumonías (infección de los pulmones), infecciones de las vías urinarias e infecciones de heridas operatorias (durante o tras una operación).

Si la infección estaba ya presente antes del ingreso del paciente en el hospital, o este ya la estaba incubando —aún no se había manifestado—, se la denomina *infección adquirida en la comunidad* o *infección comunitaria*.

Durante los siglos XVIII y XIX las personas tenían aún más miedo a los hospitales y solo acudían a estos centros en casos extremos, porque eran conscientes de que aquel que entraba en un hospital no salía vivo. Me cuesta imaginar cómo sería el resultado de las prácticas médicas antes de la aparición de los antibióticos; pero esto se puede inferir fácilmente de las publicaciones científicas de la época. Las personas morían por neumonía, sífilis, gonorrea, meningitis, endocarditis, diarrea, tuberculosis, otitis, etc. La mortalidad por amputaciones en el París de 1850 podía llegar hasta el 66 %. El médico de Edimburgo, James Simpson, que desarrolló la cirugía sin dolor mediante la aplicación de cloroformo, escribió: «Una persona en una mesa de operaciones de un hospital tenía más probabilidades de morir que un soldado inglés en la batalla de Waterloo». De hecho, bastante más al norte —también en Escocia— en la entrada de un quirófano de la Enfermería Real de Aberdeen había un letrero que decía: «Prepárate para reunirte con tu Dios». Esto da una idea de lo arriesgado de las operaciones que se realizaban en aquel tiempo.

A principios del siglo XX la cosa no mejoró mucho, ya que la mayoría de las enfermedades infecciosas que diezmaban a la población no tenían cura. No solo no tenían cura, sino que los remedios que se les ocurrían a los médicos para combatirlas podían ser incluso peores que la propia enfermedad. Según varios expertos historiadores, algunos tratamientos médicos de aquella época podrían calificarse de «inmundos». Pobres pacientes.

El miedo a los hospitales pues, viene de lejos, sobre todo en la gente de avanzada edad. La hospitalización no es buena para el paciente ni para el hospital. No es buena para el paciente, primeramente por la incomodidad de no estar en su propia casa, pero sobre todo por el riesgo de padecer alguna infección en el caso de que tenga alguna patología grave, haya sufrido algún tipo de intervención, o pertenezca a los grupos de mayor riesgo (niños, ancianos y personas con un sistema inmunitario debilitado por algún motivo). Parece que la mayor parte de las infecciones nosocomiales se producen a partir de las 48 horas desde que el paciente ha ingresado en el hospital. Es decir, que si usted permanece ingresado un día y medio en un hospital por algún motivo de salud y le dan el alta puede irse doblemente contento.

Y la hospitalización tampoco es buena para el hospital por el coste económico que ello supone. Ya en 2008 se publicaron datos en una revisión titulada: «Impacto clínico y económico de las infecciones por bacillos gram negativos multirresistentes», que dejaba patentes los elevados costes y el aumento del tiempo de estancia en el hospital de los enfermos infectados por esas bacterias. Su primer autor, Christian Giske, ofreció este año una conferencia en nuestro hospital, en el marco de las conferencias internacionales Santander Biomedical Lectures, para hablar sobre este tema.

Así que la próxima vez que a usted o a alguno de sus familiares les parezca que los médicos están intentando enviarlos a casa demasiado rápidamente, no se preocupen, háganles caso. Pero ojo, a muchos pacientes a los que se les da el alta en el hospital se les manda para sus casas con algún tipo de tratamiento. Si son antibióticos, suelen recetarles pastillas para que terminen —por ejemplo— el tratamiento por vía intravenosa al que estaban siendo sometidos. Muchas personas al abandonar el hospital tienen la agradable sensación que proporciona la aparente salud y deciden no tomar esos medicamentos. Error. Siga exactamente las indicaciones del médico que le deja *salir* del hospital o podría tener otra vez ese mismo problema con las bacterias.

La revista *Science Translational Medicine* publicó en mayo de 2017 un estudio muy interesante sobre las bacterias en los hospitales. Ese trabajo tenía algo de especial. Se trataba de conocer qué bacterias hay en un hospital incluso antes de que este se abra al público, es decir, antes de que esté terminado de construir. Los investigadores comenzaron a tomar muestras 2 meses antes de que comenzaran a llegar los pacientes al edificio. Se tomaron muestras de los teléfonos de las habitaciones, de las puertas, del suelo e incluso de los ratones de los ordenadores de los puestos de control de enfermería. Dependiendo de los sitios, se tomaba una muestra al día o a la semana. Los procedimientos de higiene y limpieza de superficies fueron los establecidos de rutina y no se variaron. En total se analizaron 6.523 muestras microbiológicas y se secuenció un gen con valor taxonómico de al menos 5.000 de las bacterias aisladas, para identificarlas. Antes de que el hospital abriera sus puestas ya había bacterias de los géneros *Acinetobacter* y *Pseudomonas* en varias superficies, lo que indica que tienen un origen ambiental —que vienen de la calle, vamos—. En cuanto el hospital comenzó a ser operativo, otras especies —entre ellas *Staphylococcus* y *Streptococcus*— comenzaron a campar a sus anchas. Evidentemente estas bacterias reflejan presencia humana, ya que son habitantes normales de nuestra piel. A pesar de la naturaleza descriptiva del estudio, este nos ha ofrecido una visión bastante completa de la complejidad con la que ocurren las relaciones entre las bacterias que trae un paciente cuando ingresa y las que ya hay en el propio hospital. Por supuesto, en los hospitales del país de los unicornios se realizaría un cribado de pacientes cuando sean admitidos en el hospital, para detectar posibles portadores de bacterias resistentes; pero esto en el mundo real es imposible. En el futuro, el porcentaje de personas colonizadas podría ser tan alto que las autoridades sanitarias podrían tener que instalar en los hospitales servicios de descolonización.

Para colmo de males, tanto las bacterias como las resistencias a los antibióticos que llevan en sus plásmidos son especialmente promiscuas dentro de los hospitales, debido a su exposición a un ambiente donde los enfermos tratados con antibióticos son numerosos. A finales de 2016, un estudio publicado en la revista *New England Journal of Medicine* puso en evidencia esta promiscuidad. Una persona mayor —82 años— acudió a un hospital nada menos que 21 veces en 5 años. Este pobre hombre padecía la enfermedad conocida como EPOC —enfermedad pulmonar obstructiva crónica—. Para su mala suerte, fue ingresado en habitaciones que compartía con pacientes infectados o colonizados —una persona está colonizada cuando no hay signos de infección ni de respuesta inmunitaria— con bacterias que tenían genes de una enzima beta-lactamasa, capaz de romper los antibióticos beta-lactámicos. Los investigadores que realizaron el trabajo llegaron a aislar de este paciente 9 cepas distintas de enterobacterias que tenían exactamente la misma beta-lactamasa, lo que indicaba que dentro del propio paciente había ocurrido una especie de bacanal bacteriana, que habría producido la dispersión de este gen de resistencia a los antibióticos entre las diferentes bacterias. Por si esto fuera poco, algunas bacterias pueden transmitirse por el aire, por contacto directo o indirecto y a través de varios vectores (incluidas las moscas).

Cuando ocurre un brote de bacterias resistentes a los antibióticos, se toman muestras de todo: ropa de cama del paciente, toallas, cortinas, suelo de la habitación, manos y fosas nasales del personal sanitario, uniformes de trabajo, e incluso del aire de la habitación. Prácticamente se han aislado bacterias patógenas de todos los rincones de un hospital, desde las ruedas de la cama del paciente hasta el telefonillo para avisar a las enfermeras. El récord de presencia de bacterias creo que lo tienen los mandos a distancia de los televisores de las habitaciones de los pacientes. Pero casi ningún objeto se libra, sobre todo si en esa habitación se trata a un paciente que padece diarrea. Un estudio publicado en 1994 sobre un brote de *Enterococcus faecium* resistentes a vancomicina reveló que casi la mitad —46 %— de las muestras tomadas de superficies en habitaciones de pacientes con diarrea estaban contaminadas, mientras que solo un 15 % de las muestras tomadas de superficies en habitaciones de pacientes sin diarrea lo estaban. En las habitaciones de los pacientes con diarrea los mismos *Enterococcus* estaban por todos lados: en los catéteres, en los monitores de electrocardiograma, en la mesa, en el suelo, en la puerta del baño, incluso en el estetoscopio de un médico.

Hay bacterias tan persistentes que, aunque desinfectemos 3 veces una habitación contaminada, podemos volver a aislarlas de alguna de las superficies que ya creemos limpias. Un estudio demostró que, tras una limpieza rutinaria, los aparatos de una UCI solo tardaron cuatro horas en volver a estar recolonizados por bacterias. Otro estudio interesante que evidenció la contaminación de superficies en hospitales por bacterias peligrosas se llevó a cabo en Seattle (EE. UU.). Piense en un gran hospital como el hospital Marqués de Valdecilla de Santander u otro de los grandes hospitales de Madrid, Barcelona, Sevilla, Valencia, Córdoba, Bilbao, etc. Piense en la cantidad de ropa de cama, toallas, batas y pijamas del personal sanitario que son utilizados cada día. Esto supone un montón de ropa sucia que hay que lavar. Esa ropa se recoge y se lleva a lavanderías industriales que procesan y devuelven limpias todas esas prendas. Lo mismo en todos los hospitales, en todos los países del mundo. En Seattle han hecho lo siguiente: han tomado muestras de una de estas lavanderías industriales que procesa la ropa sucia de los hospitales en el área de esa ciudad, Seattle. Esta lavandería tiene dos zonas bien diferenciadas, una *sucia* a donde llega la ropa directamente del hospital y otra *limpia* por donde sale la ropa lavada. Se muestrearon superficies de las dos zonas en busca de bacterias patógenas y los investigadores vieron que en el área *sucia* un 23 % de las superficies estaban contaminadas. Esas bacterias venían del hospital, lo que evidencia el grado de contaminación al que se puede estar expuesto en los hospitales.

Otro estudio publicado en la revista *The Lancet* en 1998 relata que incluso los bolígrafos que llevan los médicos en el bolsillo de

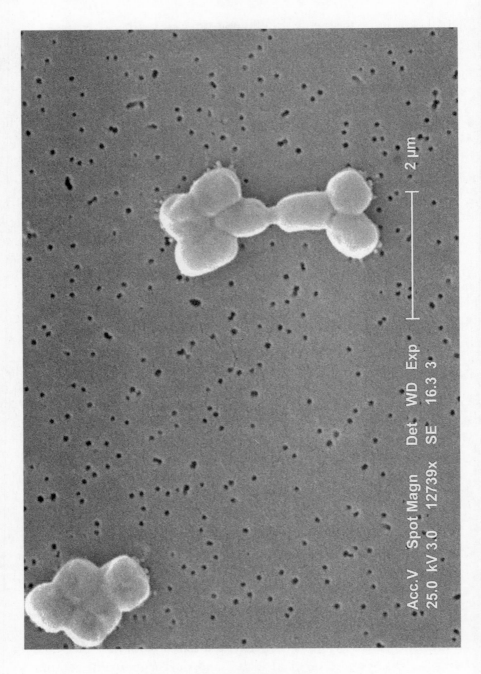

Fotografía de *Acinetobacter baumannii*, microscopía electrónica de barrido, 12.739 aumentos [CDC / Janice Carr].

la bata pueden transportar bacterias resistentes. Los investigadores que publicaron ese estudio —realizado en el hospital Santo Tomás de Londres— habían examinado 36 bolígrafos de médicos que habían pasado por sitios donde había habido un brote de *Staphylococcus aureus* resistentes a la meticilina. En 9 de ellos se encontró esta superbacteria.

En enero de 2007, cuando Steve Jobs presentó al mundo su revolucionario teléfono inteligente —el primer iPhone—, ya se realizaban estudios en hospitales para verificar si a partir de los móviles del personal sanitario se podían aislar bacterias patógenas. Y se aislaban muchas. De hecho, con la revolución tecnológica se puso de moda realizar estudios para cuantificar las bacterias que había en los aparatos de los hospitales, o en los que utilizaban los médicos, desde las famosas PDA —que los más jóvenes no conocerán—, los móviles, las tabletas, los teclados de los ordenadores —también de la UCI—, pasando por los estetoscopios que llevan al cuello los médicos —incluso cuando están en la cafetería del hospital—.

Esto del personal sanitario en las cafeterías siempre me ha llamado la atención. Como soy microbiólogo, cuando entro en la cafetería de mi hospital no paro de pensar en la correlación entre las bacterias patógenas y las batas de los médicos. Desde que comencé a sembrar placas de bacterias con mi bata blanca de prácticas en la Universidad de Vigo (campus de Ourense) bajo la dirección del Dr. Luis Alfonso Rodríguez, siempre me he hecho esta pregunta: ¿Es posible que los médicos lleven bacterias patógenas en sus batas blancas o sus pijamas verdes y las paseen por las distintas zonas del hospital, incluida la cafetería?

He tardado unos 20 años en poder hacer un experimento que me rondaba la cabeza desde entonces: comprobar cuánto tiempo sobrevive una bacteria patógena en una bata de laboratorio —de las blancas de toda la vida—. Gracias al buen trabajo de mis investigadoras en formación María, Itziar y Zaloa, infectamos artificialmente batas de laboratorio con la bacteria *Acinetobacter baumannii*. Esta bacteria se mantuvo viva entre los hilos de algodón de la bata durante más de 60 días. Nosotros pensamos que estar sin comer más de 60 días no les habría sentado muy bien, pero cuando las añadimos un poco de caldo nutritivo o las pusimos en contacto con suero humano, revivieron inmediatamente y volvieron a estar dispuestas a infectar lo que fuera. Esto implica que una bacteria mala en una bata puede pasar tranquilamente a un enfermo y estar en condiciones de causar enfermedad. Por esto me alegré mucho cuando leí en *La Voz de Galicia* —un diario de mi tierra— el artículo titulado «En pijama no se come, doctor», en el que el gerente del nuevo hospital Álvaro Cunqueiro de Vigo prohibía la presencia de personal con ropa verde de quirófano en la cafetería.

Que las bacterias patógenas pueden sobrevivir largos periodos de tiempo sobre superficies sólidas en los hospitales no es nuevo. Sin contar las esporas, algunos patógenos como los *Enterococcus* resistentes a vancomicina podrían sobrevivir años en el ambiente hospitalario. Otros pueden vivir meses, semanas, días u horas. Pero la verdad es que las bacterias son bastantes resistentes. Imagine que usted es como una bacteria que se encuentra pegada en medio de la pared de un hospital. Sería algo así como si una persona estuviera en medio de un desierto de arena. En la pared no hay comida ni agua; solo algunas bacterias a unos cuantos micrómetros de distancia, pero que están en la misma situación que usted. En el desierto, esto equivaldría a que, a unos cuantos kilómetros de usted hubiera algún otro ser humano en su misma situación, perdido y sin agua ni comida. La temperatura ambiente del hospital no supone un problema, al contrario que el calor del desierto para una persona. Una persona sola, sin comida y sin agua aguanta muy pocas horas/días en el desierto. A una bacteria el tiempo le importa poco. El problema viene cuando, si usted es una persona perdida en el desierto, aunque la encuentren después de 5 meses, ya no habrá manera de reanimar su esqueleto. Una bacteria en una pared puede aguantar 5 meses y estar en perfectas condiciones para multiplicarse si la sacamos de ahí y la ponemos en contacto con un medio húmedo que tenga un mínimo de nutrientes, como una pequeña herida, o la boca o fosas nasales de un paciente. Las bacterias literalmente *reviven*.

El primero que se dio cuenta de ello parece que fue John Colbeck, jefe de Servicio de Patología en el hospital Shaughnessy de Vancouver. Escribió un artículo en la *Revista Americana de Salud Pública* sobre los aspectos ambientales en las infecciones por estafilococos en los hospitales. En ese artículo, Colbeck no solo dice que en las sábanas de camas de algunos hospitales se podían encontrar en aquella época —1959— más estafilococos que en las sábanas de camas de algunos hoteles. Además, habla de un hecho cuando menos curioso en relación con la persistencia y la capacidad de infección que tienen las bacterias aunque estén sometidas a condiciones extremas, por ejemplo la falta de agua —desecación—. Colbeck narra lo que le había ocurrido unos años atrás. En 1948 había aislado estafilococos durante un brote epidémico ocurrido en una maternidad. Más de 160 madres habían sufrido abscesos y furúnculos en los pechos debido a esta bacteria. Después de trabajar un tiempo con esos aislados procedentes de las madres, olvidó unos cuantos tubos con cultivos sobre una de las estanterías del laboratorio. Los microbiólogos solemos trabajar con muchos cultivos a la vez y en ocasiones las placas o los tubos se quedan acumulados y abandonados en las neveras; al aire libre los cultivos suelen oler bastante mal al cabo de un tiempo, pero terminan secándose. Pues bien, cinco años después de esos experimentos con bacterias procedentes de la maternidad, un investigador australiano le pidió a Colbeck que realizara unos subcultivos de aquellas cepas y le enviara una copia. Colbeck buscó los tubos de vidrio y se dio cuenta de que estaban totalmente secos después de tanto tiempo. Al cogerlos, algunos tubos se rompieron. Retiró los cristales con las manos y ocho de los tubos que no se habían roto se los pasó a los técnicos de su laboratorio para que intentaran *reanimar* a las bacterias. Al día siguiente, Colbeck desarrolló furúnculos en los dedos producto de la infección con aquellos estafilococos *secos* durante años. Los técnicos solo consiguieron cultivar unos pocos estafilococos de varios tubos, pero de los restantes, todos los estafilococos habían muerto. Esto hace pensar que, aun sin agua, los estafilococos son muy resistentes al paso del tiempo y que, si no están totalmente muertos, unos pocos pueden ser peligrosos; no hay que fiarse.

Por suerte hay dos factores que nos pueden librar de que una visita a nuestro pariente enfermo sea una pesadilla. El primero es que la mayoría de bacterias necesitan dosis altas —muchas bacterias— para causar una infección; otro es que nosotros no estamos enfermos, ni débiles, ni inmunodeprimidos cuando vamos a visitar a nuestros familiares convalecientes. Si usted se encuentra en alguno de estos tres casos, deje la visita para cuando se encuentre mejor.

La taxonomía del género *Acinetobacter* era bastante oscura antes de 1987, cuando se publicó una actualización en la revista *Annales* del Instituto Pasteur. En ese artículo, firmado por Philippe Bouvet y Patrick Grimont, se identificaron 253 bacterias nosocomiales de la especie *A. baumannii*.

En 1996, la Organización Mundial de la Salud y el Centro de Control de Enfermedades de Estados Unidos publicaron una lista con las 10 bacterias más resistentes a los antibióticos. En esta lista no se encontraba *Acinetobacter baumannii*. Veinte años después la OMS volvió a publicar otra lista —el 27 de febrero de 2017— con las 12 bacterias —o familias de bacterias— más peligrosas contra las que es absolutamente necesario encontrar nuevos antibióticos. El primer puesto lo ocupa esta bacteria *A. baumannii*. En tan solo 20 años esta bacteria casi desconocida ha pasado a ser una de las más peligrosas.

Las tres primeras de la lista son familias de bacterias o bacterias contra las que hay una prioridad crítica para encontrar nuevos antibióticos: *Acinetobacter baumannii*, resistente a los antibióticos carbapenémicos; *Pseudomonas aeruginosa*, resistente también a los carbapenémicos; y las enterobacterias, resistentes a los carbapenémicos y productoras de enzimas beta-lactamasas de espectro extendido —como *Klebsiella pneumoniae*—.

Las seis bacterias siguientes contra las que hay una prioridad alta para conseguir nuevos antibióticos son *Enterococcus faecium*, resistente a la vancomicina; *Staphylococcus aureus*, resistente a la meticilina y la vancomicina; *Helicobacter pylori*, resistente a la claritromicina; *Campylobacter* y *Salmonella*, resistente a las fluoroquinolonas; y *Neisseria gonorrhoeae*, resistente a las cefalosporinas y a las fluoroquinolonas.

Las tres bacterias siguientes contra las que hay una prioridad media para conseguir nuevos antibióticos son: *Streptococcus pneumoniae*, insensible a la penicilina; *Haemophilus influenzae*, resistente a la ampicilina; y *Shigella*, resistente a las fluoroquinolonas.

No hay prioridad baja. El porcentaje de cepas de *Acinetobacter* resistentes a los antibióticos carbapenémicos —algunos de los antibióticos más nuevos y potentes de los que disponemos— en EE. UU. era en la mayoría de los estados menor del 10 % hacia el año 2001. Esto quiere decir que de cada 100 cepas que se aislaban en los hospitales americanos, solo 10 o menos eran resistentes a estos antibióticos. Las infecciones causadas por las otras 90 tenían solución. Tan solo en 10 de los 50 Estados había porcentajes superiores a 10 % y siempre menores del 20 %. En el año 2012 —solo una década después— ya había 9 Estados con porcentajes de resistencia superiores al 60 %, es decir, de cada 100 cepas que se aislaban en los hospitales americanos, ahora más de 60 ya eran resistentes a estos antibióticos. En 25 Estados, el porcentaje de resistencia era un poco menor, pero se situaba entre el 40 % y el 60 %. Terrible. En más de la mitad de los estados americanos, 1 de cada 2 bacterias de *A. baumannii* que infectaban a los pacientes resultaba ser resistente a estas potentes drogas.

Desde mi punto de vista, *Acinetobacter* no es una bacteria altamente virulenta, pero tiene algunas características que la hacen especial. Una de estas características es que puede conseguir y acumular fácilmente genes de resistencia a antibióticos, lo que en muchos casos lleva a la aparición de cepas de *A. baumannii* multirresistentes. *Grosso modo*, en una persona inmunocomprometida —un paciente de un hospital recién operado o alguien que está muy débil por estar sometiéndose a quimioterapia— infectada por uno de estos bichos, su sistema inmunitario no consigue controlar la infección y los antibióticos que se le administran a esa persona, uno tras otro, no funcionan. La bacteria alcanza la sangre y se multiplica sin control —bacteriemia—; además, comienza a llenar al paciente de una molécula que se llama *lipopolisacárido*, que forma parte de su envoltura y que simplemente se va despegando poco a poco de la superficie de la bacteria según esta se va dividiendo, por lo que cada vez hay más bacterias y más lipopolisacárido. El sistema inmunitario, desesperado por no poder controlar la infección, comienza a producir una tormenta de señales de peligro que terminan por causar un daño en los propios órganos del paciente. Este fallece a causa de la infección. La bacteria no ha inoculado toxinas venenosas ni se ha multiplicado en exceso en el bazo o en los pulmones, tampoco ha causado necrosis o daños mayores en órganos y tejidos, ni ha llegado al cerebro. Tan solo se ha multiplicado un poco en la sangre. Pero lo suficiente como para causar un caos interno mortal. Y por supuesto, los antibióticos no han funcionado ya que esta bacteria es resistente a muchos de ellos.

La única esperanza para muchos pacientes infectados por cepas superresistentes a los antibióticos son la tigeciclina y la colistina. La tigeciclina pertenece a las glicilciclinas, derivadas de las penicilinas. Fue aprobada para su uso en humanos por la FDA en 2005. Ambos antibióticos son de último recurso y potencialmente tóxicos. La mala noticia es que ya se han aislado cepas de *Acinetobacter* resistentes a la tigeciclina y la colistina en muchos países del mundo. Algunas cepas de *Acinetobacter* ya son panresistentes, esto es, resistentes a todas las familias de antibióticos. De momento tenemos muchas bacterias multirresistentes y pocas panrresistentes, pero debemos evitar que las primeras pasen a formar parte de las segundas. Está en las manos de todos el que esto mejore, o por lo menos que no empeore.

Otro problema añadido es que *Acinetobacter* es una bacteria tremendamente resistente a la desecación, por lo que puede sobrevivir un montón de tiempo en el ambiente hospitalario, esperando a que aparezca un enfermo inmunocomprometido al que infectar.

Sabemos a ciencia cierta varias cosas: 1) Si un paciente está infectado con una bacteria patógena, esa bacteria aparecerá tarde o temprano en los objetos de su habitación y fácilmente podría sobrevivir sobre ellos durante mucho tiempo; 2) Si ponemos a un nuevo paciente en una habitación que ha estado ocupada previamente por otro que estaba infectado o colonizado por una bacteria patógena, el nuevo paciente tiene muchas posibilidades de infectarse o colonizarse con esa bacteria; 3) al tocar los objetos de la habitación de un paciente infectado por una bacteria, nos podemos contaminar con esa bacteria. Cuando tocamos algo, no somos conscientes de que hay un intercambio bidireccional de bacterias entre nuestras manos y la superficie que tocamos, por lo que las bacterias pueden dispersarse por el ambiente hospitalario en cuestión de horas; 4) cuanto más contundente sea la limpieza que hagamos en una habitación, menos probabilidades hay de que un paciente se infecte, incluso si la habitación ha sido ocupada previamente por un paciente infectado o colonizado con una bacteria patógena.

Parece claro que la limpieza en los hospitales no es una tarea menor; de hecho, algunos hospitales han comenzado a valorar la utilización de robots que desinfectan de forma automática las habitaciones de los hospitales, mediante peróxido de hidrógeno, luz ultravioleta (UV) de mercurio o luz UV pulsada de gas xenón. Parece que el UV de alta potencia no sienta muy bien al ADN de las bacterias.

Otro ingrediente para el desastre en los hospitales es la masificación, un mal endémico en casi todos ellos, que hace que el personal sanitario trabaje con una presión añadida que puede hacer que los estándares de limpieza o de higiene mediante el lavado de manos peligren.

LAVARSE LAS MANOS

El principal mecanismo de transmisión de las bacterias resistentes a los antibióticos en los hospitales se produce a través de las manos del personal sanitario, ya sean médicos, enfermeras, celadores, personal de limpieza, etc. Este personal es colonizado cuando entra en contacto con pacientes que llevan encima estas bacterias, bien sea en su piel, o en el tracto digestivo o respiratorio. Algunos incluso se las pueden traer puestas de casa.

En 1843 un médico formado en París y en Harvard llamado Oliver Wendell Holmes escribió un artículo en la modesta revista científica *New England Quarterly Journal of Medicine and Surgery* titulado «The Contagiousness of Puerperal Fever», donde afirmaba que la fiebre puerperal —una infección que se produce durante el parto— era causada por algún agente infeccioso que se trasmitiría a las embarazadas por el personal sanitario que las atendía durante el parto. Este artículo fue olvidado hasta 1855 cuando fue reimpreso en otra revista. Cuatro años más tarde, en 1847, el médico de obstetricia —especialidad médica que se ocupa del embarazo, el parto y el puerperio— Ignaz Semmelweis se dio cuenta también de que el personal sanitario podía transmitir enfermedades a los pacientes. Cuando trabajaba en el hospital materno-infantil de

Peñasco, Nuevo México, enero de 1943. Los alumnos deben lavarse las manos antes de comer un almuerzo caliente en la escuela [John Collier].

Enfermeras estadounidenses preparan la ropa de cama en el hospital de la Cruz Roja Americana en París, entre 1917 y 1920 [Biblioteca del Congreso].

Viena, observó que la mortalidad por fiebre puerperal de las mujeres embarazadas era mayor cuando estaban al cuidado de los propios médicos y de sus estudiantes de Medicina que cuando estaban solo a cargo de comadronas. Después de observar cómo se le realizada una autopsia a una mujer que había muerto por fiebre puerperal, se dio cuenta de que las manos del médico que había practicado la autopsia podían transmitir «lo que causaba esa misma fiebre puerperal» a otras pacientes sanas a las que atendía posteriormente durante el parto. Las comadronas nunca realizaban autopsias. Inmediatamente propuso lavar las manos de los médicos y de sus estudiantes de Medicina con agua clorada y consiguió así una mejora drástica en la supervivencia de las parturientas.

Por lo tanto, la medida más efectiva para luchar contra las infecciones nosocomiales es, por simple que parezca, un buen lavado de manos. Varios informes recientes de la Organización Mundial de la Salud señalan que el correcto lavado de manos en los hospitales no se cumple en casi el 40 % de los casos. Es decir, de cada 100 personas que trabajan en un hospital, unas 40 no se lavan de forma correcta las manos. Esto no solo es un peligro para el propio personal sanitario, sino también para los pacientes.

Cuando tras una caída fortuita mi madre se rompió la cadera, fue ingresada en el hospital universitario de A Coruña, anteriormente llamado Juan Canalejo, donde iba a ser operada. Fui a visitarla y me llamó la atención una fotografía grande colgada en la pared del control de enfermería. En ella se veían dos placas de Petri —de las que se usan en microbiología para cultivar bacterias— con las huellas de los dedos de una persona. A partir de las bacterias que había en las manos de esa persona, habían crecido un montón de colonias bacterianas sobre las placas. No recuerdo muy bien el lema del cartel, pero imagino que iría en el sentido de que, si te lavas las manos de vez en cuando, evitas llevar todas esas bacterias de un lado para otro del hospital. Cuando me refiero a «todas esas bacterias» quiero decir que son muchas. Cientos o miles en una sola mano —entre 3.000 y 4.000 para ser más preciso—. No hay nada malo en darse la mano para intercambiar bacterias, el problema viene cuando una de las dos personas que se dan la mano está enferma o ha tocado algo que no debía. Quizás en ese caso hay que dar más besos y menos apretones de manos.

La microbiota cutánea es muy resistente y un lavado de manos convencional no suele alterarla mucho, es decir, con agua y jabón eliminamos un montón de bacterias a las que les gusta nuestra piel y que están en la parte más superficial de ella, pero enseguida vuelven a aparecer las mismas, también en las mismas zonas. Si consideramos la microbiota cutánea como un órgano más de nuestro cuerpo, sería como si te cortasen un brazo y te volviera a crecer a las pocas horas.

Esto es así porque nuestra piel es como un mundo microscópico de escamas celulares muertas llenas de recovecos donde las bacterias pueden ocultarse bien. Las bacterias de nuestra piel solo necesitan esas condiciones para crecer, es decir, temperatura ambiente, piel muerta y huecos para esconderse. Menos mal que la mayoría son buenas y no causan infecciones. Lo que es importante aquí es que un lavado de manos SÍ que puede eliminar perfectamente unas pocas bacterias que hayamos *acogido* sin querer en nuestra piel tras tocar a un paciente enfermo. Si nos lavamos las manos, esas bacterias no llegarán a otro sitio. Nosotros básicamente actuamos como un transporte para ellas y, dentro de un hospital, esto hay que evitarlo. Otra forma sencilla y comprensible por todos para evitar en la medida de lo posible la transmisión de bacterias es utilizar los dispensadores de geles limpiadores con alcohol, que se pusieron muy de moda durante los famosos brotes de gripe aviar. Lavarse las manos con ellos solo requiere unos segundos.

Un estudio analizó el tiempo que tarda un móvil desde que es desinfectado hasta que vuelve a estar colonizado por un número de bacterias similar al que tenía antes de ser lavado. El ensayo se realizó con un grupo de anestesistas en un hospital. Si a uno de esos anestesistas le lavaban el móvil y miraban cuantas bacterias quedaban en su pantalla, el resultado era prácticamente cero. Pero si esos anestesistas hacían una llamada de teléfono de solamente un minuto de duración y se procedía de nuevo a tomar muestras de sus móviles, estos volvían a contener un número similar de bacterias. Es decir, las bacterias de sus manos y de su cara volvían a aparecer en los móviles recién limpiados al cabo de un minuto. En mi laboratorio hemos hecho la prueba. Hemos creado una placa de Petri gigante (utilizando una fuente de cristal de las de cocinar en el horno) en la que puedes poner la cara entera y, tras un tiempo de incubación, observar el crecimiento de las bacterias con las que entra en contacto tu teléfono móvil cuando hablas por él.

Por sorprendente que a usted le parezca, querido lector, lavarse las manos no es una tarea tan sencilla como parece. Me refiero a lavarse BIEN las manos. Créame si le digo que podría escribirse un libro entero sobre el lavado de manos. En el momento de escribir este capítulo, se está celebrando el Día Mundial del Lavado de Manos. Como lo oye. Si hay un Día Mundial de la Sonrisa (6 de octubre), un Día Mundial de la Nieve (19 de enero), un Día Mundial del Galgo (1 de febrero) o un Día Mundial del Donante de Sangre (14 de junio), ¿por qué no iba a haber un día mundial del lavado de manos? Es el 15 de octubre. Además, el 5 de Mayo la OMS promociona su campaña anual —que comenzó ya en 2009— para concienciar sobre la higiene de manos, sobre todo entre el personal sanitario. Algunos de los lemas *sencillos* de esta y de las anteriores campañas fueron: «Lucha contra la resistencia a los antibióticos: está en tus manos», «Salva vidas, lava tus manos» o «Una asistencia limpia es una asistencia segura». Además, la OMS hace hincapié en los 5 momentos en los que hay que lavarse las manos en un hospital: antes de tocar al paciente, después de realizar técnicas asépticas —para mantener la esterilidad durante los procedimientos médico-quirúrgicos—, si hay riesgo de exposición a fluidos corporales del paciente, después de tocar al paciente y después de tocar las zonas que rodean al paciente.

Todos hemos visto en alguna película un cirujano lavarse las manos antes de una operación. Ese gesto es de especial importancia en cirugía para evitar contaminar al paciente con bacterias de la piel del médico que le está operando, por lo que hay muchos estudios sobre este ritual para optimizarlo. Aunque parezca mentira y los cirujanos lleven guantes, las bacterias de sus brazos podrían llegar al interior del paciente. Esto, que parece obvio hoy en día, no lo era tanto hasta que William Stewart Halsted (New York, 1852) introdujo los guantes de caucho en la cirugía hospitalaria en 1889, tras darse cuenta de la facilidad con la que las manos de los cirujanos transmitían los gérmenes durante las operaciones. En 1894, aún la mitad de los pacientes morían tras pasar por la mesa de operaciones; hasta que llegó Joseph Lister, que fue el primer cirujano que esterilizó su material quirúrgico y su indumentaria de trabajo.

El tiempo de lavado de manos varía dependiendo de muchos factores, por ejemplo, del tipo de trabajo que se realiza —los cirujanos deben emplear más tiempo—, si se usa un desinfectante o solo jabón de manos, etc. Así, algunos trabajadores sanitarios pueden tener más de 100 contactos directos e indirectos con los pacientes a lo largo de su jornada laboral. En algunos casos hasta 350 contactos. Si un trabajador sanitario tuviera que lavarse correctamente las manos después de cada uno de estos contactos necesitaría entre 3 y 4 horas para hacerlo, algo bastante complicado de asimilar sobre todo si tenemos en cuenta cosas como la masificación, la media de enfermeras por paciente, etc. De acuerdo con William Osler —gran médico canadiense—, está claro que necesitamos más enfermeras.

Las normas sobre la higiene de manos las suele concretar cada centro hospitalario, pero casi nunca se cumplen. Incluso hay hospitales en los que se ha intentado ayudar al proceso poniendo música a los cirujanos, para ver si pasaban más tiempo frotándose las manos, aunque, sin mucho éxito a la vista de los resultados publicados —ni siquiera evitando el *rock* duro y la música *tecnno*—.

Chuck Lorre, con el elenco de *Big Bang Theory,* en la ceremonia en su honor por la estrella número 2.380 del Paseo de la Fama de Hollywood. Jim Parsons, el segundo por la izquierda, representa al genial Sheldon Lee Cooper [S. Bukley].

En realidad, en los hospitales nadie discute la importancia de lavarse las manos desde hace mucho tiempo. Aunque quizás sea una de las prácticas más básicas y más necesarias del hospital, en la última recomendación de la OMS —publicada a finales de noviembre de 2017— para la prevención y control de los microorganismos resistentes a los carbapenémicos, vuelve a recordarse la importancia de este sencillo acto.

SECARSE LAS MANOS

El lavado de manos es importante, pero también lo es el modo en el que nos las secamos después; al menos 5 estudios científicos han investigado la importancia que tiene esta costumbre en la diseminación de las pocas bacterias que quedan después de lavarlas. Esto me recuerda un episodio de la serie de televisión *The Big Bang Theory* en el que Sheldon —uno de los protagonistas— no quiere utilizar el secador de manos de un cuarto de baño público porque dice algo así como que «esparce microbios». Y es cierto. Esta serie se caracteriza porque las fórmulas matemáticas y de física que aparecen en ella, junto con aseveraciones científicas varias, están contrastadas con revistas científicas. Las publicaciones existentes sobre el tema —aunque no las he leído todas— suelen comparar el número de bacterias que hay en las inmediaciones de un secador de manos con las que hay en las inmediaciones de un aparato de toallas de papel. Muchas más bacterias cerca del secador de manos. Todos sabemos lo que el ahorro de toallas de papel representa para el Amazonas, pero esto indica que, aunque en una cafetería o en un sitio público los secadores de manos cumplen su función, estos no deben instalarse en sitios como las áreas clínicas de un hospital. En un bar o en los aseos de un centro comercial las bacterias que expulsa de nuestras manos el secador de manos —que no serán muchas si nos las hemos lavado bien— serán las que proceden directamente de nuestra piel. No pasa nada. Pero en un hospital hay pacientes inmunodeprimidos o bajo algún tipo de tratamiento y cualquier bacteria descarriada podría causar una infección fatal.

[El paciente] *No me preocupa la Ciencia, solo quíteme el dolor.*

STEPHEN HANCOCKS, 2016. *British Dental Journal.*

La prioridad es tratar al paciente con el antibiótico correcto, durante el período de tiempo apropiado, a la dosis óptima.

VICTOR MULANOVICH, profesor de enfermedades infecciosas y director del MD Anderson's Antimicrobial Stewardship Program. 2018.

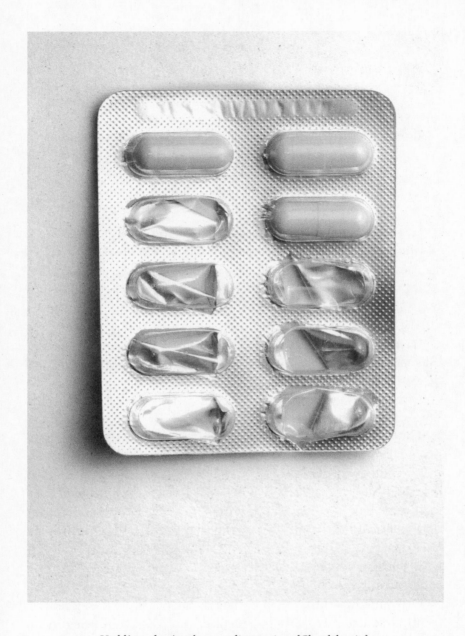

Un blíster de cápsulas a medio terminar [Chardchanin].

11. El análisis del British Medical Journal

A finales de julio de 2017 comenzaron a llegar a mi Twitter mensajes sobre la prescripción y el tiempo de utilización de los antibióticos.

La prestigiosa revista *British Medical Journal* publicaba por esas fechas un análisis que venía a decir algo así como: «Los días de los tratamientos completos con antibióticos han pasado».

Inmediatamente, periódicos de todo el mundo comenzaron a escribir sus versiones sobre el asunto. Aquí en España, me llamó mucho la atención el artículo de *El Mundo* que se titulaba «El peligro de terminar el ciclo completo de antibióticos». Este titular en mi opinión es un desastre, pero los hubo peores. Eso sí, en la noticia de *El Mundo* aparecía una foto preciosa de microscopía electrónica de barrido que mostraba unas bacterias pseudocoloreadas de *Escherichia coli* enterohemorrágicas (por sus siglas en inglés, EHEC).

El diario holandés *De Volkskrant* lanzaba el mensaje: «¿Terminar el ciclo completo de antibióticos? Un disparate».

Otros medios titularon la noticia de formas diversas: «¿Debería terminarse usted la dosis completa de antibióticos?», «Según un estudio, la regla de que los pacientes deben terminar el ciclo completo de antibióticos es incorrecta», etc. Parecía una noticia muy rentable para los periódicos.

Los autores, varios profesores en el campo de las enfermedades infecciosas (consultores en microbiología e infecciosas, un profesor en Psicología de la Salud y ¿un inspector de edificios retirado?) afirmaban que «no hay evidencia científica de que NO terminar las dosis de antibióticos prescritas por el médico contribuya a la aparición de resistencias a los antibióticos». Dicho de otra manera, no hay motivo para pensar que, si dejas de tomar los antibióticos que te prescribe el médico y no finalizas el tratamiento, vayan a aparecer bacterias resistentes.

Los autores comienzan el artículo diciendo que el dogma de «terminar la dosis de antibióticos que te receta tu médico» es una idea mundialmente aceptada e interiorizada por la población, pero que no tiene base científica; y que dicha idea tiene posiblemente su origen en la lectura que Alexander Fleming realizó cuando le concedieron el premio Nobel en 1945. Fleming alertó de que, si se toma penicilina, hay que tomar suficiente. Personalmente creo que Fleming se refería a que «no hay que tomar dosis bajas o insuficientes», en lugar de «no hay que tomar dosis cortas» como parece que han interpretado los autores del *BMJ*.

Más adelante, los autores atacan duramente la creencia de que siempre hay que terminar la dosis de antibióticos para minimizar la aparición de bacterias resistentes a los antibióticos y que esto es una barrera para reducir el uso innecesario de estos. Además, para estos autores, finalizar completamente la dosis de antibióticos va contra la creencia —también popular— que mucha gente tiene de que hay que tomar el menor número de medicamentos posible. Respecto a que la gente sepa o no, que por terminar antes o después un tratamiento generas más o menos bacterias resistentes, tengo mis dudas de que la población base sus decisiones pensando en el fenómeno de las resistencias. Más bien, la población no sabe lo que son las resistencias. A un porcentaje de la población le suena, pero no son mayoría. Incluso muchas personas creen que las que se vuelven resistentes a los antibióticos son ellas mismas, y no las bacterias. Al eurobarómetro me remito.

Respecto a lo de que la población cree que hay que tomar el menor número de medicamentos posible, estoy de acuerdo, pero una cosa es que lo crean y otra cosa es que sea cierto. En realidad no hay que tomar más o menos medicamentos. Hay que tomar los necesarios.

Para finalizar, los autores del *BMJ* presentan una tabla donde la duración del tratamiento con antibióticos para 7 patologías ha sido evaluada mediante ensayos clínicos (otitis media, faringitis por estreptococos, neumonía adquirida en la comunidad y nosocomial, celulitis, pielonefritis y sepsis intraabdominal). Esta tabla muestra cómo el tratamiento estándar puede reducirse incluso a la mitad en algunas de ellas (por ejemplo, de 10 a 5 días o de 14 a 7 días) y obtener la misma tasa de curación. Además, en 4 de los tratamientos no se evidenció una aparición de resistencias aunque se hubieran reducido los días (en las otras 3 no se evaluó este parámetro).

Esto es un hecho. Los ensayos clínicos son herramientas muy poderosas a la hora de decidir un tratamiento; pero afirmar que no hay suficiente evidencia científica para defender un mensaje y presentar solo 7 ensayos clínicos —algunos incompletos— para defender que hay que hacer lo contrario de forma generalizada no parece muy lógico. Recordemos además que el mayor consumo de antibióticos está en atención primaria y estos ensayos clínicos citados en el *BMJ* hacen mayormente referencia a enfermedades tratadas dentro del hospital. Es decir, el problema gordo está en atención primaria, donde los ensayos clínicos están mucho menos *controlados*.

En el libro *Antimicrobial Resistance: issues and options*, publicado en 1998, el Foro sobre Infecciones Emergentes creado a petición del CDC americano y del Instituto Nacional de Alergia y Enfermedades Infecciosas (por sus siglas en inglés, NIAID) ya comentaba este asunto: «Tratamientos cortos de antibióticos con niveles terapéuticos adecuados pueden en algunos casos ser flexibles y quizás fomentados, con un efecto positivo sobre la presión selectiva. Este asunto es complejo porque hay también evidencias de que dosis subterapéuticas pueden seleccionar resistencias».

Curiosamente, otro artículo publicado en *The Lancet* el año siguiente (1999) defendía un relato muy similar al del artículo en el *BMJ*. Ese artículo —firmado por Harold Lambert, experto en enfermedades infecciosas y terapia antimicrobiana del hospital San Jorge y de la Escuela de Higiene y Medicina Tropical de Londres— terminaba de la siguiente forma: «Los tratamientos de antibióticos innecesariamente largos aumentan el riesgo de efectos secundarios para el paciente y contribuyen a nuestros problemas actuales de resistencia antibiótica». Nadie contradice esto porque la palabra «innecesariamente» evidencia que el mal uso de los antibióticos es el problema.

Además, en 2016 se publicó en *Medicina Interna*, de la *Revista de la Asociación Médica Estadounidense JAMA* (por sus siglas en inglés, *Journal of the American Medical Association*) un artículo titulado «Más corto es mejor» firmado por Brad Spellberg, del Centro Médico de la Universidad del Sur de California. En este artículo, también se abordaba esta cuestión. El Dr. Spellberg —autor del magnífico libro *Rising Plague*—, se lamenta de la falta de estudios clínicos cuyo objetivo sea determinar si un tratamiento antibiótico tiene impacto o no en la generación de resistencias. Su artículo terminaba de la siguiente forma: Se debe informar a los pacientes de que, si desaparecen sus síntomas antes de completar el tratamiento antibiótico, deben comunicarse con su médico para determinar si pueden suspender el tratamiento antes». Para lograr esto, yo creo que primeramente habría que trabajar mucho más en la educación de los pacientes. Quizá desde que aún no son pacientes, desde pequeños, desde el colegio. La educación y la sensibilización deberían ser las herramientas principales de las políticas de salud para cambiar el comportamiento público y abordar la resistencia a los antibióticos.

En mayo de 2014, la revista *Nature* publicó un especial sobre antibióticos titulado: «La política de antibióticos», firmado por Megan Cully, una escritora freelance londinense. En él, David Livermore —que dirige la campaña de resistencia a los antibióticos en una agencia ejecutiva, Public Health England —PHE—, del Ministerio de Salud Pública del Reino Unido, comentaba:

Tenemos que mejorar mucho en optimizar la duración de los tratamientos con antibióticos. Los tratamientos con antibióticos podrían ser adaptados a cada paciente, particularmente en los hospitales. Algunos tratamientos de 7-14 días en los EE. UU. podrían ser reducidos a 2-3 días si se utilizaran biomarcadores para determinar cuándo una infección sigue todavía presente.

Hay varias cosas ciertas.

1. Sin antibióticos, no hay selección de bacterias resistentes.
2. Si las bacterias que causan la infección son ya resistentes a un antibiótico, aplicar ese antibiótico no funcionará. Habrá que administrar otro antibiótico diferente.
3. Si hay antibióticos y bacterias resistentes —aunque solo sea una—, esta sobrevivirá, y tendrá una descendencia también resistente.
4. Si hay bacterias resistentes, cuanto más tiempo estén en contacto con antibióticos —mayor duración de los tratamientos— peor, porque serán seleccionadas en mayor número. Por lo tanto, si hay bacterias resistentes, reducir los tratamientos también reducirá el tiempo de selección de bacterias resistentes.
5. Si los antibióticos funcionan, las dosis son las correctas y las bacterias que están causando la infección no son resistentes, estas se mueren y, una vez muertas, no habrá ni mutaciones ni selección de resistencias.
6. Durante algunas infecciones crónicas, en las que hay que tratar a los pacientes durante mucho tiempo con antibióticos, la probabilidad de que aparezcan mutantes resistentes a esos antibióticos es mayor.

Muchos expertos han criticado este artículo del *BMJ*. Básicamente, porque el mensaje ha confundido no solo a los medios de comunicación sino también a muchísima gente —ha introducido ruido en el sistema—, lo que podría inducir a los pacientes a tomar los antibióticos «que les diera la gana» o «hasta que se sientan bien», y esto es un error. Cambiar esta regla de terminar siempre la dosis que nos receta el médico de repente —tiene unos 70 años de antigüedad— simplemente confundiría a la gente.

La Sociedad Británica de Quimioterapia Antimicrobiana no apoya el cambio de mensaje y recomienda que la decisión de finalizar el tratamiento antes debe tomarla el médico, no el paciente. La Sociedad Española de Enfermedades Infecciosas y Microbiología Clínica hace la recomendación de que se cumpla exactamente la prescripción del médico. El mensaje adecuado no es usar los antibióticos menos, sino usarlos mejor. Sally Davies, ministra de Sanidad Británica, también cree que el mensaje sigue siendo el mismo: los pacientes deben seguir las instrucciones de su médico. Milagros González Béjar, vocal de la Sociedad Española de Médicos de Atención Primaria (SEMERGEN), en una entrevista para *Redacción Médica*, afirmó que «los médicos de atención primaria ya individualizamos el tratamiento antibiótico». Por su parte, el presidente de la Sociedad Británica de Farmacología, el profesor David Webb, también dice: «El mensaje es el de siempre: los pacientes deben seguir el consejo de su médico».

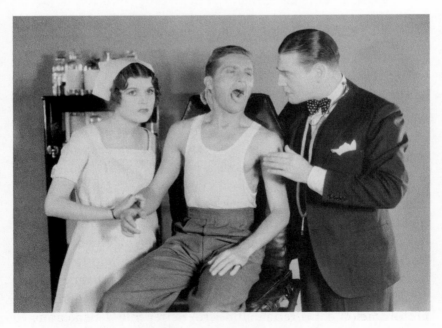

Unos actores interpretan a enfermera, paciente y médico en una comedia de los años dorados de Hollywood [Everett Collection].

Además, hay varias consecuencias negativas al no tomar la dosis que nos receta el médico, es decir, dejar de tomar los antibióticos cuando nos sentimos bien. La primera es que sentirse bien —como he explicado en otra parte del libro— no significa que se ha erradicado completamente la infección. En el artículo del *BMJ* no se habla por ejemplo de bacterias *persistentes*. La segunda es que los antibióticos sobrantes pueden ir a parar al botiquín de casa en lugar de a la farmacia para que esta los retire de modo correcto. Esto ya está demostrado por el eurobarómetro y por las encuestas que preguntan: ¿Guarda usted antibióticos en su botiquín?

Los médicos diagnostican una buena parte de las veces gracias a su experiencia y siguiendo las guías de práctica clínica, que son actualizadas constantemente partiendo de los programas de vigilancia local y nacional. Pero cada tratamiento puede ser diferente dependiendo del paciente, de su edad, de su estado físico, de cómo se encuentra su sistema inmunitario, de su historial médico, del tipo y número de infecciones que tiene a lo largo del año, etc., y no hay nadie que conozca mejor esas variables en el paciente que su médico.

Y por supuesto, hay excepciones en las que no se puede aplicar la reducción de la dosis. Un estudio de la Universidad de Pittsburgh publicado en la revista *New England Journal of Medicine* a finales de 2016 demostró que reducir el tratamiento contra la otitis media —una infección muy común del oído interno— en niños de entre 6 y 23 meses de edad es peor que seguir con el tratamiento habitual de diez días. Otra enfermedad importante, la tuberculosis, siempre requiere dosis largas —el tratamiento puede durar hasta 6 meses— y está demostrado que acortarlas no funciona.

Lo más curioso es que, a pesar de que este artículo en el *BMJ* es de 2017, toda esta información ya es conocida por la mayoría de médicos. Por ejemplo, el hospital universitario La Paz de Madrid había puesto en marcha el año anterior una campaña de concienciación sobre el uso de los antibióticos, a través de una iniciativa de la Comisión de Enfermedades Infecciosas, Profilaxis y Política antibiótica de este centro, impulsada a través del Programa de Optimización del Uso de Antimicrobianos (PROA). La campaña está basada en unos llamativos carteles diseñados específicamente para esta causa. Algunos de los mensajes de estos carteles decían:

«Trata a tus pacientes durante el tiempo estrictamente necesario», «Consulta la información de Microbiología y ajusta el espectro antibiótico», ¿Puedes pasar el antibiótico a vía oral? Hazlo y, si es posible, retira la vía», «Adecúa la dosis de antibiótico al tipo de infección y a las circunstancias del paciente», «Con los antibióticos no pongas el piloto automático, reevalúa el tratamiento cada 48 horas y ajústalo».

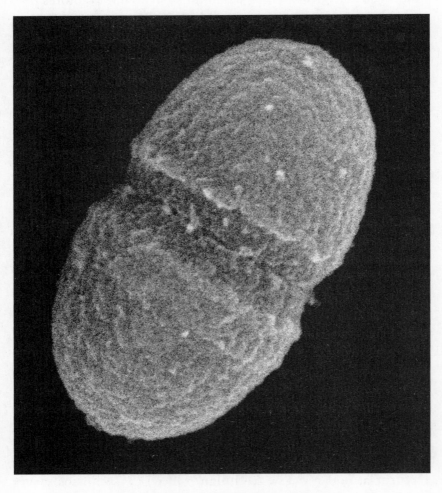

Enterococcus faecalis forma parte de nuestra flora intestinal y por lo tanto de nuestra microbiota [United States Department of Agriculture].

Por su parte, un cartel que anunciaba la primera jornada en el hospital Macarena de Sevilla por el uso prudente de antibióticos decía así: «La duración prolongada de un antibiótico es una de las principales causas de selección de resistencias a antimicrobianos. Menos es más».

Todo esto indica que el mensaje del *BMJ* no aporta nada nuevo.

Algo muy curioso es que, a pesar de que en el artículo *BMJ* se critica que se intente cambiar el mensaje clásico de «terminar todas las dosis» por algo más sutil como «hay que tomar las dosis exactas que receta el médico» —en un empeño de los autores porque cale el mensaje de que hay que reducir las dosis—, en entrevistas posteriores varios autores del mismo han afirmado que «tomar las dosis exactas que se recetan» está bien.

El mensaje de este artículo debe llamar la atención sobre otro punto importante. Cuando se toman antibióticos, se generan *efectos colaterales* en la población de bacterias de la microbiota intestinal —sobre todo de esta microbiota en concreto—. Científicos de la Escuela de Medicina de Harvard (Boston, EE. UU.) publicaron hace ya una década un estudio sobre los genes de resistencia que había en las bacterias de nuestra boca y de nuestro tubo digestivo. Muchas de estas bacterias —la mayoría— no se pueden cultivar, pero los genes presentes en ellas sí se pueden detectar y analizar. El artículo, publicado en agosto de 2009 en la revista *Science*, demostró la presencia de múltiples genes de resistencia a los antibióticos en bacterias intestinales humanas. Algunas de esas bacterias que no podemos cultivar podrían transferir esos genes de resistencia a bacterias patógenas o, en un futuro, ellas mismas podrían volverse patógenas y hacernos la jugada de llevar ya encima un montón de genes de resistencia. Estudios recientes han demostrado que incluso niños de corta edad ya tienen en sus microbiomas genes de resistencia a antibióticos. Es el resistoma, el conjunto de genes que puede contribuir a la resistencia a los antibióticos en las bacterias que tenemos en el cuerpo —el microbioma—.

Un punto en el que todos los expertos coinciden es que las bacterias han desarrollado numerosas tácticas para aumentar su resistencia, por lo que se necesitan más ensayos clínicos y más investigación para poder ajustar finamente la duración de los tratamientos antibióticos. Los ensayos clínicos con antibióticos que realizan las empresas farmacéuticas buscan en la eficacia y la seguridad del fármaco una *medicina defensiva* ante posibles efectos adversos, mientras que los estudios de frecuencia y duración son menos importantes. Quizás nunca se consiga un estándar infalible, o quizás la medicina personalizada nos señale definitivamente el camino que hay que seguir. Desde otro punto de vista, el debate abierto por el *BMJ* se agradece, porque ha vuelto a poner el foco de la opinión pública en el problema de las resistencias a los antibióticos.

Desde 2017, nuevos estudios han demostrado que se pueden reducir los días de tratamiento de algunas infecciones graves en pacientes hospitalizados. Recordemos que, cuando se realizaron los ensayos clínicos con los que se establecieron los tratamientos (tiempo, duración, dosis) de muchos antibióticos convencionales —algunos hace décadas—, lo que importaba por aquel entonces era si curaban o no, sin importar demasiado el tiempo que había que administrarlos. Y esto hoy en día sabemos cómo optimizarlo. Otra cosa muy diferente es que usted en su casa no cumpla la prescripción que le indica su médico.

La regulación que limita el uso de antibióticos para acelerar el crecimiento del ganado debe extenderse a todo el mundo.

Nature. Mayo 2014.

La resistencia de las bacterias, en sí misma, no es perjudicial.

THOMAS JUKES. *Advances in Applied Microbiology.* 1973.

Mayo de 2016, Cowhand Bob Souza administra una dosis de antibiótico a un animal enfermo en Big Creek Ranch, una vasta ganadería en el condado de Carbon, Wyoming, cerca de la frontera con Colorado [Carol M. Highsmith].

12. Animalitos

La segunda guerra mundial estaba terminando cuando los granjeros y veterinarios de EE. UU. comenzaron a preguntarse si la penicilina estaría disponible también para ser utilizada en animales.

Lo estaba.

A medida que la demanda de penicilina entre la población no se hacía esperar, los veterinarios vieron en esta medicina *mágica* una posible cura para la mastitis de las vacas y para otras enfermedades en los animales de granja. Obtuvieron las primeras dosis en forma de penicilina liofilizada, por lo que tan solo tenían que reconstituirla con una solución que contenía un 0,9 % de sal común —lo que se conoce como solución salina—. Este antibiótico comenzó a dar un mejor resultado que todos los tratamientos que se aplicaban en el ganado hasta la época para curar algunas enfermedades.

Varios antibióticos recién descubiertos —como la estreptomicina— comenzaron también a utilizarse para tratar distintas patologías en animales de granjas. Y los científicos, que son muy curiosos, comenzaron a realizar experimentos sobre cómo afectaban estas nuevas armas antimicrobianas al ganado. En algunos estudios se observó que estos antibióticos producían cambios cualitativos y cuantitativos en las bacterias de los tractos digestivos de estos animales.

Todo comenzó en 1946, cuando un equipo de científicos de la Universidad de Wisconsin (Madison, EEUU) publicó un interesante trabajo sobre el efecto de la estreptomicina y otros dos antibióticos en los pollos. Observaron que, cuando daban sulfasuxidina o estreptomicina junto con el pienso de las aves, estas engordaban un poco más que aquellas que recibían un pienso normal. Atribuyeron el efecto a que, supuestamente, los antibióticos estaban eliminando bacterias de los intestinos de los animales —principalmente gram positivas—, que estarían produciendo sustancias tóxicas y por lo tanto secuestrando vitaminas que necesitaban los animales para crecer; o que estarían interfiriendo con la absorción de nutrientes. Al dejar de tener esas bacterias, estos productos tóxicos desaparecerían, o se recuperaba la disponibilidad de vitaminas, lo que hacía que los pollos aumentaran de peso. Estos investigadores parece que no le dieron mucha importancia a ese pequeño aumento de peso de los animales. ¿Quién fue el que puso énfasis en este tema?

Le debemos la *gracia* al inglés Thomas Hughes Jukes, doctor en Bioquímica por la Universidad de Toronto, que realizó su etapa postdoctoral en las Universidades de Berkeley y Davis, en California. Su tema de trabajo eran las vitaminas del complejo B. Tras su tesis doctoral fue contratado por el conglomerado de empresas químicas Lederle-Cyanamid. El grueso de la antigua Cyanamid forma parte actualmente del gigante farmacéutico Pfizer.

En 1949, el equipo del Dr. Thomas Jukes buscaba una fuente de vitaminas que se pudiera añadir de forma fácil y barata al pienso de las aves de corral. Por aquel entonces, se alimentaba a los pollos y a las gallinas principalmente con harina de soja y proteínas vegetales, que carecían de una cantidad suficiente de vitamina B_{12} que beneficiara el crecimiento de las aves. Se fijó en los trabajos publicados por otros científicos un año antes y encontró la solución.

A finales de los años 40 había mucho interés por encontrar el factor que recuperaba a los pacientes con anemia, a los que se les alimentaba a base de hígado —la carne roja animal es una fuente importante de vitamina B_{12}—. Varios investigadores de los laboratorios Merck consiguieron cristalizar este factor —la vitamina B_{12}— a partir de extractos de este órgano. Una vez cristalizada, publicaron un artículo en la revista *Journal of Biological Chemistry* (*JBC*) donde demostraron que, si se administraba vitamina B_{12} a pollos que se alimentaban con pienso deficitario en vitaminas, estos ganaban mucho más peso.

Para conseguir gran cantidad de vitamina B_{12} y poder así alimentar a un número considerable de pollos se necesitaban muchos hígados, por lo que estos mismos investigadores se pusieron a buscar otras fuentes de vitamina B_{12}, no para los enfermos con anemia, sino para las aves de corral. En esa época, una manera fácil de descubrir si algo contenía vitamina B_{12} era echárselo a los cultivos de la bacteria *Lactobacillus lactis*. Esta bacteria crecía muy bien si tenía vitamina B_{12} entre sus nutrientes. Pues bien, entre otras muchas cosas echaron a *L. lactis* varios cultivos de otras bacterias como *Mycobacterium smegmatis*, *Lactobacillus arabinosus* y cultivos de varias especies del género *Streptomyces*, para ver si estas especies eran una fuente de vitamina B_{12}. Descubrieron que la bacteria *Streptomyces griseus* producía esta vitamina a chorros.

El Dr. Thomas Jukes le dio a estos trabajos la importancia que merecían y decidió buscar también una fuente de vitaminas de origen bacteriano que se pudiera añadir de forma fácil y barata al pienso de las aves de corral. Se dio cuenta de que muchas bacterias que producían antibióticos eran cultivadas en grandes tanques de fermentación y que, tras la extracción del antibiótico, dejaban una especie de *bagazo* compuesto principalmente por una gran masa de bacterias *exprimidas*. Se centró primeramente en un trabajo publicado por un compañero de los laboratorios Lederle-Cyanamid, el Dr. Benjamin Duggar, en la revista *Anales* de la Academia de Ciencias de New York. En ese trabajo, se describía la producción del antibiótico aureomicina —que posteriormente se llamaría clorotetraciclina— por la bacteria *Streptomyces aureofaciens*. Duggar, a los 72 años —se había retirado un año antes de su puesto como profesor de Botánica y Fisiología en la Universidad de Wisconsin— seguía trabajando a tiempo completo en los laboratorios Lederle, con su colección de 7.500 cepas de bacterias de la familia de los actinomicetos. Este elevado número de cepas escrutadas no era poco común por aquellas fechas. Pues bien, uno de esos cultivos —etiquetado como A377— era el que producía la aureomicina.

Así que Jukes y su equipo realizaron experimentos de alimentación de pollos con este *bagazo* de *S. aureofaciens* resultante de las fermentaciones para extraer el antibiótico. Y el resultado fue que los pollos crecieron bastante más que cuando se alimentaban con una dieta base sin este suplemento. Sus primeros resultados, publicados en 1949 en la revista *JBC*, mostraban que, además de la vitamina B_{12} presente en los restos de la masa de bacterias fermentadas, había *otro factor* que debía ser el principal responsable del crecimiento *extra* de los pollos. ¿Qué *otro factor* podía haber en aquellos restos de bacterias, aparte de la vitamina B_{12}? No tardaron en descubrirlo. Los restos de bacterias procedentes de las fermentaciones que habían añadido al pienso de los pollos contenían pequeñas cantidades de clorotetraciclina, que no había sido extraída totalmente durante el proceso de purificación del antibiótico. Pensaron rápidamente en probar no solo clorotetraciclina pura, sino también otros antibióticos en pequeñas cantidades. Así que se pusieron a repetir los experimentos con pollos, pero esta vez utilizando clorotetraciclina y penicilina. La penicilina no dio buenos resultados, pero la clorotetraciclina repitió los obtenidos anteriormente. Y aquí se abrió la caja de pandora.

¿Y si ese pequeño suplemento de clorotetraciclina tenía efecto también sobre el crecimiento de otros animales?

De los pollos se pasó a los pavos y luego a los cerdos y al ganado. Y después de la clorotetraciclina, se probaron otros antibióticos que también mostraron ser buenos suplementos alimenticios para que los animales engordaran.

Los animales tomaban estos medicamentos en pequeñas dosis durante semanas o meses, algunos incluso durante toda su corta vida hasta ser sacrificados para gloria de las grandes cadenas de supermercados.

Pero claro, los antibióticos como la clorotetraciclina que se administraban en pequeñas dosis en el pienso o en el agua, para alimentación, también eran medicamentos para cuando el ganado enfermaba, por lo que se aplicaban en altas concentraciones tanto para tratar las enfermedades como para prevenirlas. Por si fuera poco, las tetraciclinas eran baratas y casi no tenían efectos secundarios, por lo que eran ideales para producirse y administrarse en masa.

Estos descubrimientos del poder *promotor del crecimiento* de los antibióticos coincidió en la década de los años 50 con el descubrimiento de nuevos antibióticos, por lo que había más variedad para hacer *pruebas* y descubrir que antibiótico estimulaba más el crecimiento. Solo para la alimentación de pollos se probaron la neomicina, la eritromicina, la clorotetraciclina, la oxitetraciclina, la estreptomicina, el cloranfenicol y las fluoroquinolonas, entre otros.

Algunos estudios de alimentación de pollos con antibióticos se realizaron en cabinas denominadas *aparatos Gustafsson* —originalmente diseñados para ratas—, que permitían alimentar a pollos en condiciones estériles, y así poder apreciar realmente lo que aportaban los antibióticos al crecimiento. Pero esos mismos estudios ya advertían de que se necesitaba repetir los experimentos un considerable número de veces para poder obtener una conclusión válida.

Muchos de los estudios con animales de granja realizados en aquella época —con bastante poco rigor en algunos casos— mostraron que se podía conseguir un aumento de peso de entre un 4 % y un 5 % —algunos tenían resultados incluso de un 10 % o; los más optimistas, de un 12,5 %—. Hagamos cálculos para un aumento de peso de un 10 %. Esto supone que un pollo alimentado con pienso normal podría llegar a pesar —imaginemos— 1 kg, pero si lo alimentamos añadiendo una pequeña cantidad de antibiótico en su pienso podría engordar hasta llegar a 1,1 Kg. Es decir, tendríamos 100 g más de peso añadiendo ese 10 % extra que inducen los antibióticos —en el mejor de los casos—. Supongamos que en 1 pollo son 100 g más de carne. Pero en una granja no hay solo un pollo, hay diez mil pollos. Esto supone para el granjero que —si se cumple que la ganancia en peso es del 10 % en cada animal— tendrá 1.000 kg más de carne al final del proceso. Una tonelada más. Y existen granjas que pueden albergar decenas de miles de pollos; hagan los cálculos.

Ahora supongamos que la ganancia en peso de los animales no se hace en el espacio —aumento de la masa de carne— sino en el tiempo —velocidad de crecimiento—. Los pollos alimentados con este suplemento de antibióticos crecen o engordan más rápido, con lo que el granjero obtiene antes los beneficios de la venta de su carne. Y cuanto antes vende esos pollos, antes puede volver a llenar la granja con otros nuevos. Beneficios más rápidos. Todo son ventajas; y los granjeros encantados con los antibióticos.

Pero un pollo es un animal pequeño. Pensemos ahora en los cerdos, que fueron los siguientes animales en ser alimentados en masa con pequeñas dosis de antibióticos que favorecían su crecimiento. Pongamos que un cerdo engorda hasta los 100 kg. Si ese cerdo gana un 10 % más de peso cuando lo alimentamos con

Una nave de una granja porcina con los animales estabulados [Mark Agnor].

pienso suplementado con antibióticos, podría llegar hasta los 110 kg. Pero en una granja no hay solo 1 cerdo. Hay mil cerdos. Esto supondría para el granjero unos 10.000 kg más de peso extra. Es decir, 10 toneladas más de carne de cerdo. Muchas toneladas extra para una sola granja. Y ahora pensemos en todo Estados Unidos, millones de habitantes a los que les encantan las hamburguesas en los *fast food* y las barbacoas en el jardín, y a los que hay que alimentar con carne de cerdo y vaca. A finales de los años 60, Estados Unidos producía anualmente unos 60 millones de cabezas de ganado porcino. La mayor parte destinadas para alimentación y cuyo alimento era suplementado con antibióticos. Si hacemos las cuentas, nos salen muchos kilos extra de carne. Un buen negocio. Un *lobby*. El *lobby* de la carne de cerdo. El *lobby* de la carne de pollo. El *lobby* de la carne de vacuno, etc. Una industria gigantesca destinada a criar, sacrificar y vender carne para más de 150 millones de personas a finales de los años 40; más de 200 millones de personas a finales de los años 60; 282 millones de personas en el año 2000. La mayoría de todos esos animales alimentados con pienso que contenía antibióticos, durante décadas. Pero no solo en EE. UU., sino en todo el mundo. España incluida. Un gran amigo mío me contó que, cuando estudiaba la carrera de Veterinaria hace unas décadas, tenía además que trabajar en granjas de pollos para sacarse un dinero. Me narró que por cada dos camiones de pienso que llegaban a la granja, un tercero traía pienso medicado con antibióticos.

Las cifras son brutales. Alimentar a tantos millones de personas en el mundo no es fácil, por lo que, desde los años 50, la forma de criar el ganado en el mundo fue evolucionando. Una granja de aves a partir de mediados del siglo XX —por ejemplo entre los años 60 y 80— era de una sola planta. Los pavos, patos, gallinas y pollos pisaban el suelo y recorrían toda la superficie de la granja defecando aquí y allá. Había un montón de granjas que eran como pequeños campos de concentración para aves. Cada cierto tiempo, una vez que los animales engordaban, se sacrificaban; se recogían los excrementos del suelo de la granja, se limpiaba todo bien y se volvían a traer animales para el engorde. Hoy en día, las granjas de pollos y gallinas tienen pisos con pequeñas *habitaciones* ocupadas por varios inquilinos. Alcanzan la comida a través de los barrotes de las *jaulas* y, si son gallinas, ponen huevos que caen en una cinta transportadora que los lleva a otro lugar de la granja para ser recolectados.

Los cerdos pasaron de correr por una pradera vallada a ser criados durante toda su vida en espacios reducidos. Solo tenían el espacio suficiente para desplazarse algunos centímetros y poder alcanzar la comida o la bebida. El ganado vacuno pasó de pastar libre por las praderas a ser criado en extensiones gigantescas masificadas. Todo regado con dosis subterapéuticas de antibióticos para favorecer el crecimiento. A estas enormes *residencias* para animales se las denomina *granjas industriales*. Este término, ni tan mal. Pero hay otro que es de traca y que se suele identificar con las siglas CAFO —*concentrated animal feeding operations*—, algo así como operaciones concentradas de alimentación animal. Menudo nombrecito… Pues si CAFO suena mal, el término *hotel para cerdos* tampoco mejora el tema. Sí, hoteles para cerdos. Yo tampoco sabía que existía esto, hasta que salió en las noticias. En China ya se han comenzado a construir edificios enormes de entre 7 y 13 plantas de altura para *acoger* a un número espectacular de cerdos. Son literalmente complejos hoteleros para puercos, que *elevan* a las granjas que todos conocemos a una nueva categoría.

Por si esto no fuera suficiente, la cría de aves en las granjas y la ganadería extensiva tiene un problema añadido. Cuando algunos animales de la granja se ponen enfermos, el riesgo de que contagien a sus miles de compañeros en un corto espacio de tiempo es muy alto y las pérdidas pueden ser cuantiosas. Por lo tanto, hay que *tratar* a todos los animales de la granja, aunque solo unos pocos presenten los signos de la enfermedad; y la mayoría de las veces se utilizan dosis altas de antibióticos para ello. Si el granjero aprecia demasiado su *beneficio con patas* puede incluso aplicar dosis profilácticas de antibióticos para *prevenir* cualquier enfermedad que pueda transmitirse rápidamente a miles de individuos hacinados en un espacio reducido. Un riesgo que muchos no quieren correr. Y tengamos en mente que una vaca pesa unas 10 veces más que una persona, así que puede necesitar una dosis de antibióticos 10 veces superior para no enfermar o, si es demasiado tarde y ya ha enfermado, para curarse.

Lo malo es que las pequeñas concentraciones de antibióticos en el pienso fueron contempladas por las autoridades *competentes* como nutricionales y no como terapéuticas, por lo que se legisló a favor de su utilización. Esto dio barra libre a su uso sin ningún reparo durante décadas por los *lobbies* de la carne.

Bien. ¿Qué se puede esperar de sitios donde se expone a las bacterias de todos estos animales a los antibióticos? Que aparezcan bacterias resistentes a esos antibióticos.

Lo que cuento a continuación es un poco escatológico, pero es difícil conocer la magnitud del problema si no se describe con claridad.

El intestino humano posee miles de millones de bacterias, algo así como 10^{13} —una cifra con muchos ceros a la derecha—. Cuando procesamos el alimento, los residuos son expulsados de nuestro cuerpo en forma de heces. Junto con esas heces expulsamos también una parte de esas bacterias. A diario. Ahora pensemos en una vaca. Las vacas no van al baño. Vierten su contenido intestinal allí donde se encuentran. Una vaca produce al día 100 veces más excrementos que un ser humano. Imaginemos una pradera llena de vacas pastando. Esto supone miles de cabezas de ganado. El antibiótico que está en el pienso está en baja concentración, pero una vaca come muchos kilos de pienso al día. Muchos. Todo ese pienso con antibióticos —aunque sea en pequeñas cantidades— tiene que pasar por un embudo que es el tubo digestivo de la vaca. Entonces, en ese punto, los antibióticos del pienso se concentran y pueden ejercer mejor su efecto. Después de lidiar con las bacterias del intestino y hacer su trabajo, una parte nada despreciable del antibiótico sale de la vaca en la orina o en el excremento, pero, eso sí, bastante más concentrado de lo que lo estaba en el pienso. Y esos desechos con antibiótico van a parar a un prado o a un río. Todas esas vacas están defecando concentraciones nada despreciables de antibióticos y produciendo excrementos también llenos de miles de millones de bacterias. Bacterias que han estado expuestas a esos antibióticos, por lo que muchas de ellas ya son resistentes. Han sido seleccionadas.

Ahora pensemos en cerdos. Los cerdos no se quedan atrás a la hora de producir excrementos. Son máquinas de comer, engordar y defecar. Todos esos purines cargados de antibióticos y de bacterias —muchas de ellas resistentes— van a parar a algún sitio. Ahora pensemos en pollos o en cualquier otro animal de granja que es alimentado con piensos que contienen antibióticos o que son tratados con antibióticos cuando algunos de sus compañeros se ponen enfermos. Todos estos animales, en todo el mundo, son fábricas enormes de caca y bacterias. ¿A dónde se van esas bacterias una vez fuera de los animales? A los campos, a los ríos, e incluso a los insectos (incluidas las moscas). ¿Se mueren? Muchas quizás sí, pero muchas no, quizás demasiadas no. ¿Sus genes desaparecen? No. El ADN es una molécula lo suficientemente estable para perdurar en un prado o en el agua durante mucho tiempo. El tiempo suficiente para pasar a otra bacteria. Por lo tanto, las granjas de animales criados con antibióticos están produciendo bacterias resistentes a esos antibióticos, unas bacterias que tienen genes que les confieren esas resistencias. Muchos genes. Billones de copias. Esos genes forman un *pool* inmenso. Un *pool* que no ha parado de crecer desde 1950. Por todo el mundo. No sé si usted está familiarizado con números estratosféricos, pero puede consultar algunos datos referentes al número de genes que hay en la caca de los animales en el apartado final de este libro titulado «Algunos datos».

¿Y LOS PECES?

Cuando pensamos en una *instalación* de cría de animales para consumo humano, nunca nos acordamos de las piscifactorías. Las piscifactorías son como granjas pero en el agua y la actividad que se encarga de ellas es la acuicultura.

Pensemos en una vaca o un cerdo. Administrarles una vacuna es relativamente sencillo. La vaca ni se inmuta y el cerdo tampoco —más o menos—. Lo mismo ocurre con una dosis de antibiótico. La vaca y el cerdo son animales grandes y tranquilos que van a lo suyo, que es básicamente comer y descansar. Pero con los pollos y especialmente con los peces ocurre algo distinto. En una granja de 20.000 pollos no parece muy práctico ir pinchando a cada individuo para suministrar un tratamiento, aunque hoy en día todos los sistemas de inyección están prácticamente automatizados. Los pollos no se dejan coger pacíficamente. Hay que estar muy desesperado para intentar coger a 20.000 pollos de una granja y ponerles una vacuna a todos. Pero, por increíble que parezca, hay quien hizo ese esfuerzo. En 2013, Sarah O'Brien, una brillante investigadora de la Universidad de Liverpool publicó un artículo de revisión en la sección de seguridad alimentaria de la revista *Clinical Infectious Diseases* en el que explicaba cómo las campañas de vacunación de aves de granja llevadas a cabo por las autoridades británicas en los años 90 contribuyeron a reducir enormemente los brotes de infecciones alimentarias en humanos debidos a *Salmonella*.

Los peces tampoco se dejan coger. En una piscifactoría hay miles de peces, por lo que la vacunación individual o el tratamiento con dosis de antibióticos se debe realizar normalmente a toda la población, a la vez. La vacunación individual de peces también se utiliza, pero muy poco. Así que, o se añaden los antibióticos y las vacunas en el pienso o directamente en el agua. Sí, en el agua, con lo que todas las bacterias de ese ambiente quedan expuestas. Por supuesto, todos los tratamientos están regulados y los *granjeros* de peces —los acuicultores— deben llevar un registro exhaustivo de lo que toman los animales.

Durante muchos años —lo sé de primera mano porque realicé mi tesis doctoral sobre vacunas de peces— se añadieron antibióticos a los peces sin control. En algunos lugares como en China, no solo se añadían antibióticos al agua donde se cultivaban peces, sino también a cultivos de camarones y de otros crustáceos y moluscos. Pero lo peor es que hoy en día, en algunos países, se continúa haciendo. Las agencias de seguridad alimentaria velan porque el pescado que tomamos esté libre de fármacos, pero el problema es el de siempre: ¿Qué ocurre con la selección de bacterias resistentes? ¿Qué ocurre con los genes de resistencia a los antibióticos? La respuesta no es muy complicada. Están aumentando en número.

Doradas en una planta acuícola. Su sacrificio se realiza
mediante inmersión en hielo [Vallefrías].

¿QUÉ PASA? ¿QUE NADIE SE DIO CUENTA DE ESTO?

Pues sí. Las primeras voces de alarma saltaron a mediados de los años 50, tras *solo* unos pocos años de aplicación de dosis subterapéuticas de antibióticos para el engorde de los animales.

Entre los años 1968 y 2011 se publicaron al menos una quincena de informes de entidades internacionales —incluyendo la FDA, la Academia Nacional de Ciencias Americana, el Gobierno británico, el Instituto de Medicina (IOM) para la FDA, la OMS, la Oficina de Asuntos Económicos de EE. UU., la Comisión Europea, la FAO, etc.— que alertaron una y otra vez de los peligros de alimentar a animales con piensos que contenían antibióticos—.

En 1968, la Administración de Alimentos y Medicamentos de los Estados Unidos —más conocida como FDA (*Food and Drug Administration*)— publicó un informe donde se criticaba el rigor con el que se habían realizado muchos de los experimentos que demostraban el efecto sobre el crecimiento de los antibióticos, señalando que 10 años atrás esos experimentos se habían realizado con unos estándares y rigor muy bajos. Ese mismo año, se estableció en el Reino Unido un comité para controlar cómo se estaban utilizando los antibióticos en el ganado y también en la medicina veterinaria. En concreto, este comité quería estudiar qué estaba pasando con la resistencia a los antibióticos en las bacterias de los animales de granja. El informe —conocido como «el informe Swann»— fue presentado en el Parlamento británico por distintos ministros y secretarios de Estado al año siguiente. En este informe, se alertaba de los problemas derivados del uso masivo de antibióticos para alimentar al ganado y dejaba rotundamente claro que esas prácticas suponían un riesgo tanto para la salud de los animales como para la salud humana. Primero se estableció que solo se podrían obtener los antibióticos penicilina, clorotetraciclina y oxitetraciclina con receta y que otros, como las sulfonamidas, deberían estar disponibles también solo con receta. Segundo, que los antibióticos deberían administrarse en los animales como mucho hasta los 3 meses de vida, pero no en adultos. Tercero, el uso terapéutico de los antibióticos en el ganado necesitaría de la supervisión de un veterinario colegiado.

Por supuesto, las quejas no se hicieron esperar. En la parte americana, Thomas Jukes, promotor de la «estimulación del crecimiento» del ganado con antibióticos, defendió con uñas y dientes que los experimentos iniciales se habían realizado correctamente, aportando numerosas pruebas y estudios. La FDA no le hizo mucho caso. Jukes siguió defendiendo sus argumentos hasta finales de los años 70 aproximadamente. Básicamente, defendía el uso de antibióticos en animales aludiendo al «gran beneficio» que aportaban. Presentaba numerosos estudios que demostraban que la aparición de bacterias resistentes era infrecuente y que si había transmisión de bacterias resistentes desde el ganado al hombre era por una cuestión de malas prácticas y no por el uso de antibióticos en general; y que no había peligro para el consumidor, ni por transmisión de bacterias resistentes ni por la presencia de residuos de antibióticos en la carne. Además, aludía constantemente a que, en 20 años de utilización de antibióticos en el ganado, en EE. UU. no se había demostrado ni un solo caso de efectos directos sobre la salud pública. Pero la FDA seguía emitiendo avisos sobre los peligros «lógicos» de estas prácticas.

Según el libro *Big Chicken* de la periodista Maryn McKenna, la penicilina comenzó a utilizarse en tal cantidad en el ganado que en 1956 la FDA tomó muestras de envases de leche que se vendían en los supermercados de todo EE. UU. para ver qué estaba pasando. El 11 % de las muestras dieron positivo. No solo eso. En algunas de las leches que se vendían en los supermercados la concentración de penicilina era tan alta que, si tenías una infección y tomabas de esa leche, podías curarte.

En realidad, el *pool* de genes de resistencia presente en los ambientes donde se criaba ganado con antibióticos —granjas y piscifactorías— no había hecho otra cosa que aumentar durante 20 años. Hoy en día no hay duda de que algunos de los antibióticos de las familias beta-lactámicos (tetraciclinas, sulfamidas y aminoglucósidos) seleccionan fácilmente genes de resistencia y por lo tanto favorecen el aumento del número de estos genes. Además, pueden seleccionar también los genes de resistencia a otros antibióticos que viajan en el mismo plásmido de resistencia.

Pero en 1980 nadie tenía aún las cosas totalmente claras en este asunto. La Academia Nacional de Ciencias de Estados Unidos emitió un informe que se titulaba: «Efectos sobre la salud humana del uso subterapéutico de antimicrobianos en el pienso de animales». Me compré el informe de 376 páginas por 1 céntimo de dólar en internet. No tiene desperdicio.

En concreto, los científicos que colaboraron en el desarrollo de este informe estudiaron los efectos de la penicilina, la clorotetraciclina y la oxitetraciclina. Se revisaron y se analizaron los datos epidemiológicos de los que se disponía hasta el momento con el objetivo de evaluar las consecuencias de estas prácticas sobre la salud humana. Con un lenguaje exquisitamente académico, el comité encargado de realizar este informe no llegó a correlacionar directamente la aparición de enfermedades en humanos con la utilización de niveles bajos de antibióticos en el pienso del ganado; es decir, en las personas que enfermaban por patógenos en Estados Unidos, no se pudo evidenciar que las bacterias causantes de esas enfermedades procedieran directamente del ganado alimentado con antibióticos. Esto dejó muy satisfechos a los *lobbies* de la carne. Satisfechos pero mosqueados, por lo que muchas empresas comenzaron a vetar el paso de personas por las granjas, sobre todo si tenían pinta de científicos con unas ganas locas de tomar muestras de los animales para sus investigaciones.

Sin embargo, el informe advertía de que no había datos suficientes para afirmar que no había ningún peligro; de hecho, el comité sí dejó bien claro el descontrol en el que estaba inmersa la utilización de antibióticos en animales. Los problemas para sacar conclusiones vinieron de la mano de que no había estudios suficientes, y los que había no eran robustos o se habían utilizado pocos individuos para realizarlos, o no se habían llevado a cabo de la forma adecuada ni durante un tiempo representativo. Vamos, que había demasiadas dificultades técnicas. Estas dificultades técnicas estaban relacionadas con que los antibióticos se administraban no solo en el pienso y en el agua, también se inyectaban en algunos casos. Las dosis de antibióticos en el pienso, el agua o las inyecciones no eran homogéneas en todo el país —básicamente cada granjero hacía lo que le daba la gana—; en algunos casos parecía que ni siquiera había diferencias entre las dosis terapéuticas —para curar—, o las dosis profilácticas —para prevenir—, o las dosis subterapéuticas —para engordar a los animales—. Un caos, vamos. Por si fuera poco, el comité se encontraba con que los animales eran transportados a distintos lugares y en distintas condiciones —camiones, trenes— para ser sacrificados, lo que hacía que durante los trayectos —a veces largos— la posibilidad de que los animales se intercambiaran bacterias aumentaba; tampoco el transporte de animales estaba muy controlado. Además, los consumidores podían adquirir carne de los animales alimentados o tratados con distintos antibióticos, con dosis subterapéuticas —para engordarlos— o de animales tratados con dosis terapéuticas —para curarlos—, pero no se podía conocer su origen exacto en aquel momento, lo que complicaba la trazabilidad. Una vez que un gen de resistencia se ha expandido por un área grande de la geografía, es difícil saber cuál fue su origen exactamente, porque ya está por todas partes. Además, algunas especies de bacterias adquieren resistencia más fácilmente que otras, así que hay que elegir muy bien qué bacterias queremos utilizar para demostrar ciertas cosas. Y, por si fuera poco, el comité no veía claro si a los animales expuestos a los antibióticos se les dejaba o no el tiempo suficiente para eliminar todo el antibiótico de su carne, antes de que fueran enviados para su sacrificio.

Sin embargo, ese informe dejó totalmente claras una serie de consideraciones que sí eran relevantes para el asunto: Primero, que el uso de antibióticos claramente aumenta el número de cepas de *Escherichia coli* y de *Salmonella* resistentes a esos antibióticos. Y que cuanto más tiempo se exponen los animales a los antibióticos, más bacterias resistentes de estas dos especies se aíslan de los intestinos de los animales. Segundo, que las personas que estaban en contacto directo con animales tenían más bacterias resistentes en sus intestinos que las personas que no están en contacto directo con estos animales. Esto no gustó nada a los granjeros, que son los que manipulaban a esos animales todos los días. Tercero, los trabajadores de los mataderos donde se sacrificaba el ganado que había sido criado con piensos que contenían antibióticos tenían exactamente las mismas bacterias resistentes que ese ganado. La contaminación se producía al manipular las canales de los animales sacrificados, sobre todo por exposición al contenido de los intestinos de esos animales, donde más bacterias hay. Esto tampoco gustó nada a los trabajadores de los mataderos.

Además, los americanos se hicieron eco de los datos de ventas de antibióticos para uso en animales en el Reino Unido desde la publicación del informe Swann, en 1969. En 10 años, las ventas de antibióticos para uso en ganadería no se habían reducido, a pesar de las restricciones impuestas por el informe para algunos antibióticos. No solo no se habían reducido, sino que habían aumentado alarmantemente. Incluso se hacía referencia a un documental de la BBC que sugería que los veterinarios «recetaban demasiado». El documental fue comentado en la revista oficial de la asociación de veterinarios del Reino Unido, *Veterinary Record*, ese mismo año, con el título: «Producción animal y salud humana. Un programa de TV analiza los riesgos». Como vemos, los medios de comunicación juegan desde hace tiempo un papel importante a la hora de hacer llegar al público los problemas que nos afectan a todos.

En definitiva, como el comité americano no encontró ninguna evidencia directa entre las bacterias que se hacían resistentes a los antibióticos que comían los animales y enfermedades causadas en humanos, no se tomó ninguna medida y todo siguió igual. Más antibióticos en el pienso, durante más años. Básicamente nadie se había hecho la pregunta de si aquello podría explotar por algún lado tarde o temprano.

En un artículo de 1976 publicado en *Nature* por investigadores de la Universidad Tufts (Massachusetts) se demostró que las bacterias resistentes y sus genes de resistencia presentes en pollos pasaban de unos animales a otros, y de estos a los granjeros que se ocupaban de ellos. Estos investigadores realizaron unos elegantes experimentos para demostrarlo. Introdujeron cepas de *Escherichia coli* directamente en el tracto digestivo de los pollos mediante una sonda. Estas bacterias portaban un plásmido que podía ser identificado perfectamente en el laboratorio. Las gallinas *inseminadas* con estas bacterias se alimentaron con pienso, que contenía los habituales antibióticos. Estas gallinas comenzaron a defecar —a las pocas horas— bacterias resistentes en sus heces. Posteriormente, se juntaron estas gallinas con bacterias resistentes con otras gallinas que no habían recibido pienso con antibióticos y que se había comprobado que no defecaban bacterias resistentes. Cuando estas gallinas ya se habían hecho amigas, se tomaron muestras de la cloaca de todas ellas a distintos intervalos, y con el paso del tiempo observaron que la mayoría de las gallinas ya defecaban la misma bacteria resistente a los antibióticos. Es decir, la bacteria resistente que habían introducido en la cloaca de unas pocas gallinas ahora estaba en casi todas las gallinas, tras unos pocos días de coexistencia. Pero no solo eso, encontraron también a la bacteria inoculada en las gallinas incluso en el personal de la granja, lo que demostraba que las bacterias resistentes, una vez que se acumulan, pueden pasar de unos animales a otros y de estos al hombre. Seis meses más tarde, esos mismos investigadores publicaron otro artículo en la revista *The New England Journal of Medicine*, en el que analizaban el muestreo que habían realizado sobre los 11 empleados de una granja donde se alimentaba a los pollos con tetraciclina. Tras seis meses, 7 de los 11 granjeros estaban colonizados por bacterias resistentes. Además, detectaron estas mismas bacterias en 3 vecinos que no trabajaban en la granja. Esto da una idea de lo fácil que puede llegar a ser la dispersión no solo de las bacterias, sino también de los genes de resistencia que llevan dentro.

Los cazadores de artículos científicos memorables encontrarán el número del 27 de diciembre de 1984 de la revista *The New England Journal of Medicine* especialmente interesante, respecto a la polémica sobre el uso de los antibióticos en animales, que comenzó cuando el Dr. Stuart Levy, de la Universidad de Tufts (Boston, EE. UU.), comentó mediante un editorial el artículo publicado en esa revista titulado: «*Salmonella* resistente a los antibióticos aisladas de animales alimentados con antibióticos». Levy hacía referencia a la relación entre un brote de *Salmonella* en humanos y salmonelas aisladas de ganado alimentado con dosis subterapéuticas de antibióticos. El veterinario Jerry Brunton, del Instituto de Sanidad Animal de Alexandria (Virginia, EE. UU.) lanzó duras críticas a la base científica del artículo y al argumento de Levy que insinuaban que había una relación clara entre el pienso y las enfermedades en humanos. A la polémica se unió otra carta del famoso Thomas Jukes (promotor de la estimulación del crecimiento con antibióticos). Jukes —tras exponer unas conclusiones bastante incoherentes sobre cantidades de pienso, personas tratadas con antibióticos, etc.— se negaba a pensar que por culpa de unos «pocos casos» de salmonelosis en humanos hubiera que prohibir el uso de penicilinas y tetraciclinas como aditivos del pienso en EE. UU. La tercera carta la firman los autores del artículo en cuestión —Holmberg y colaboradores—, dando datos precisos de cómo se había realizado el estudio y de la posibilidad más que real de que las infecciones en humanos provinieran de las granjas estudiadas. La guinda la puso el propio Stuart Levy, respondiendo con una carta gloriosa que desmontaba los argumentos de Jukes y Brunton. La última frase contestaba así a ambos: «El uso de antibióticos de amplio espectro para promover el crecimiento es hoy en día anacrónico, sobre todo cuando ya hay disponibles medidas alternativas para criar a los animales».

Mientras tanto, Suecia —un país civilizado— prohibió en 1987 el uso de todos los antibióticos como promotores del crecimiento en los animales de granja.

A partir de los años 90, cuando el ser humano ya llevaba 40 años favoreciendo el aumento vertiginoso del *pool* de genes de resistencia en todo el mundo, la cosa comenzó a írsenos de las manos.

En Dinamarca y Alemania aparecieron bacterias del género *Enterococcus* resistentes a la vancomicina en granjas de pollos y cerdos, donde se utilizaba el antibiótico avoparcina, con lo que estos países prohibieron el uso de este último inmediatamente. Los científicos averiguaron que se había producido la resistencia a la vancomicina porque la estructura de esta molécula es muy similar a la de la avoparcina. Las bacterias que estaban expuestas a la avoparcina en las granjas habían desarrollado resistencia también a la vancomicina, un antibiótico crucial para la lucha contra algunas bacterias que afectan a humanos, como los *Enterococcus*. En 1993 y 1994, científicos del hospital John Radcliffe y de la Universidad de Oxford publicaron una carta al editor de la revista *The Lancet* y un artículo en el *Journal of Antimicrobial Chemotherapy*, en los que informaban de que habían descubierto que varias cepas aisladas de sangre y orina de pacientes que estaban ingresados en hospitales eran idénticas a cepas que se habían aislado de cerdos. Esto sugería que los animales expuestos a avoparcina servían claramente como reservorios de estas cepas resistentes a vancomicina y que esas cepas podían infectar a personas siendo seleccionadas posteriormente en los hospitales, en un ambiente donde se utilizaba masivamente la vancomicina.

Estructura molecular de la avoparcina.

Tras la prohibición de la avoparcina, Dinamarca verificó una reducción drástica del número de cepas de *Enterococcus* resistentes a vancomicina. Además, este país restringió el beneficio que los veterinarios obtenían por la venta de antibióticos, lo que favoreció un descenso vertiginoso del consumo de estos medicamentos. Qué cosas, ¿no? Sin beneficios ya no interesaba tanto el negocio de la venta de antibióticos.

El libro *Resistencia antibiótica: orígenes, evolución selección y dispersión* recoge un resumen sobre el simposio con el mismo nombre celebrado en Londres el 16 de julio de 1996 y apadrinado por la fundación Ciba. En ese libro, Fernando Baquero —unos de los microbiólogos clínicos más importantes— cuenta que miembros de las compañías que vendían avoparcina y tilosina metían miedo en la Unión Europea diciendo que la prohibición de los antibióticos en los piensos podría hacer subir el precio de la carne hasta en un 25 %. Parece que nos les hicieron mucho caso, porque Europa prohibió la avoparcina en todo su territorio en 1997. Curiosamente, la avoparcina solo se utilizaba en Europa, pero no en EE. UU. Así que en EE. UU. no aparecieron cepas resistentes de *Enterococcus* en el ganado debido a este antibiótico. Pero claro, hay truco. En EE. UU. se utilizaban —y se utilizan— muchos otros antibióticos, entre ellos la virginiamicina, que también induce resistencia cruzada no solo a vancomicina sino también a las estreptograminas. La virginiamicina fue introducida como promotora del crecimiento en animales en 1974 y ha generado resistencia a las estreptograminas que se introdujeron en el año 2000 —26 años después— como una de las últimas alternativas para combatir la resistencia en *Enterococcus* y otras bacterias gram positivas en los hospitales.

Por lo cual, los americanos pasaron, en tan solo 27 años, de una tasa de aislamientos de *Enterococcus* resistentes del 1 %, al 80 %. Es decir, de cada 100 bacterias *Enterococcus* que se aislaban, 80 ya eran resistentes a vancomicina. Quizás buena parte de ellas posiblemente proceden de animales alimentados con piensos que contienen antibióticos que inducen resistencia cruzada a distintos antibióticos. Posiblemente, muchas de las bacterias que colonizan a personas con algún tipo de relación con estas granjas tienen niveles muy bajos o prácticamente indetectables de bacterias resistentes, pero cuando llegan a un sitio —a un hospital— donde ellas mismas son tratadas con cantidades terapéuticas de antibióticos, estas bacterias son seleccionadas y su número puede aumentar enormemente, lo que puede causar enfermedad o complicar alguna ya existente.

Un estudio que riza el rizo fue publicado por la revista *MBio* en febrero de 2012. Investigadores del Instituto de Investigación en Genómica Traslacional (TGen) de Arizona, en EE. UU., demostraron que un clon de *S. aureus* resistente a meticilina que causaba infecciones en personas por contacto directo con cerdos contaminados se había originado primeramente en humanos y era sensible a la meticilina. El elemento genético responsable de la resistencia a meticilina se había introducido en estas cepas sensibles dentro de los propios cerdos, posiblemente debido a la presión selectiva de los antibióticos. Es decir, *S. aureus* sensibles al antibiótico, procedentes de humanos, van a parar a los cerdos, en los que, debido a la presencia de antibióticos en masa, adquieren un elemento genético de resistencia, y pasan otra vez a infectar a humanos, pero ahora siendo ya resistentes a la meticilina. Se completaba el círculo.

La transmisión de las bacterias en granjas puede ocurrir, dependiendo del tipo de animal, a través del contacto directo (con los propios animales o con sus excrementos), a través de aerosoles (pequeñas microgotas), por respirar el polvo en las granjas o a través del aire.

Algunos estudios realizados entre los años 1983 y 2005 llegaron a medir en el aire de instalaciones CAFO —sumando bacterias, hongos y levaduras— hasta 10.000.000 microorganismos por metro cúbico. El último de 2005 evidenció hasta 40.000 bacterias por metro cúbico de aire. El que no enfermen más a menudo los granjeros, o el que no tengan más infecciones respiratorias, entra casi en la definición de milagro. Quizás comienzan a inmunizarse desde pequeños, cuando sus padres empiezan a enseñarles el negocio; de hecho, también los propios veterinarios pueden correr riesgo al acercarse a estos animales que tienen tantas bacterias resistentes alrededor. Esto lo sabe bien Tara Smith, una prestigiosa investigadora de la Universidad de Iowa en Estados Unidos. En uno de sus estudios, publicado en *PloS One* a principios de 2013, se reclutó a 30 estudiantes de Veterinaria, que visitaron 40 granjas de cerdos en ese mismo Estado de Iowa, una región con gran tradición en la cría de ganado porcino. Se estudió la población de *Staphylococcus aureus* resistentes a meticilina asociados al ganado (de sus siglas en inglés LA-MRSA). Tras sus prácticas, todos los estudiantes salieron de las granjas con estas bacterias en sus fosas nasales. Lo único tranquilizante de este estudio es que esas bacterias en muchos casos desaparecían tras 24 horas de pasearse en las narices de los estudiantes de Veterinaria.

¿QUÉ OCURRE HOY EN DÍA?

Incluso en la actualidad, la base de la actividad *promotora del crecimiento* realizada por los antibióticos que se añaden al pienso de los animales no se conoce totalmente. Se especula con que podrían estar modificando de alguna manera las propiedades del epitelio intestinal, produciendo algún tipo de actividad antiinflamatoria, reduciendo la producción de metabolitos perjudiciales o incluso inhibiendo infecciones subclínicas. Lo que está claro es que influyen mucho sobre el microbioma intestinal de esos animales, lo que podría perfectamente influir sobre la captación de energía de algunos componentes de los alimentos o incluso influir en cómo esa energía es almacenada por el tejido adiposo, como ocurría con los ratones obesos de Martin Blaser. Algunos investigadores prefieren hablar de que los antibióticos *permiten* un mejor crecimiento en lugar de que *promueven* el crecimiento.

Se han tomado varias medidas importantes para controlar el aumento y la dispersión de bacterias resistentes a los antibióticos en los animales criados para consumo humano. Por un lado, en Europa, el uso de antibióticos como promotores del crecimiento en la alimentación de animales de granja o de pequeñas explotaciones familiares se ha ido prohibiendo desde 1997 hasta 2006. Desde entonces, su uso terapéutico o profiláctico se ha reducido, pero no mucho a la vista de los datos de consumo de antibióticos en medicina veterinaria. Pero sí que se han incrementado las medidas higiénicas en las granjas y se han aumentado enorme-

Una granja avícola con los comederos que le suministran
el alimento a los animales [Branislavpudar].

mente las medidas de control para que ni los residuos de antibióticos ni las bacterias resistentes lleguen al consumidor. Se ha desarrollado programas educativos tanto para los veterinarios encargados de administrar los antibióticos a los animales como a los propios granjeros y a los manipuladores de alimentos. Se ha incrementado también la vigilancia epidemiológica para detectar la resistencia a los antibióticos y para vigilar y controlar los brotes causados por patógenos alimentarios. La Autoridad Europea de Seguridad Alimentaria (EFSA) se encarga de estos asuntos. Pero, por otro lado, los animales siguen recibiendo tratamientos profilácticos, metafilácticos o terapéuticos. Esto es inevitable, ya que, al igual que en medicina humana, los granjeros quieren tener individuos sanos. Sin embargo, los datos de estas prácticas suelen estar bastante ocultos o, simplemente, el granjero no los facilita de buena gana. Si se trata de una cooperativa o de una gran empresa también hay mucho recelo en hablar del tema. Es lógico, si hay antibióticos es que hay alguna enfermedad. Enfermedad y consumo humano no casan muy bien de cara al consumidor.

Afortunadamente hoy en día el tratamiento antibiótico de animales de granja está en manos de veterinarios bien cualificados. Sin embargo, muchas veces estos veterinarios trabajan para grandes empresas y conglomerados de cooperativas que, evidentemente, buscan beneficios económicos. Si le preguntamos a un granjero en España —tanto de una granja perteneciente a una cooperativa o a una gran empresa como de una pequeña explotación familiar— sobre el uso de antibióticos en sus animales, nos dirá que el tema «lo lleva el veterinario de la cooperativa» o que él solo se encarga de hacer lo que le indica el veterinario correspondiente. Está bien.

Pregunta: Si un animal enferma, ¿qué hacemos?

Respuesta: Tratar a ese animal o sacrificarlo.

Pregunta: ¿Y si unos cuantos animales enferman?

Respuesta: Se trata con antibióticos a toda la granja, es decir, se da un tratamiento metafiláctico, a lo bestia.

Si las personas nos guardamos antibióticos en casa, «por si acaso» o «para la próxima», esto también lo hacen los granjeros de pequeñas explotaciones, en algunas ocasiones con la complicidad del veterinario.

Hace falta mucha educación en este campo todavía. Si un animal está enfermo, el granjero lo quiere curar, su sustento depende de ese animal. Hay que darle antibióticos. ¿Quién vende los antibióticos? El veterinario. ¿A quién le interesa que el veterinario venda antibióticos? Al comercial de turno de la farmacéutica. A la farmacéutica le interesa que su comercial de zona venda muchos antibióticos, etc.

El informe de la Academia Nacional de Ciencias de Estados Unidos realizado en 1980 ya explicaba en su resumen que la eliminación de algunos antibióticos como la penicilina o la tetraciclina del pienso de los animales —cerdos— no deberían tener ningún impacto sobre la productividad o la eficiencia. También indicaba que otras medidas profilácticas como la vacunación serían preferibles a la administración continuada de antibióticos. Además, hacía hincapié en que, para evitar enfermedades, en lugar de utilizar tanta cantidad de antibióticos lo ideal sería mejorar aspectos como la higiene en las granjas o reducir la masificación en estas.

Cuando Dinamarca prohibió la utilización de avoparcina y la virginiamicina no pasó nada. A los animales, en lugar de ponerles antibióticos en el pienso para que engordaran, simplemente se les echó un poco más de pienso. Así de sencillo. El coste del pienso extra compensó el coste de añadir antibióticos. Se mejoró la higiene de las granjas en lugar de tratar profilácticamente a los animales y estos enfermaron igual o menos que con antibióticos. ¿Por qué no siguen este ejemplo en EE. UU. 30 años después? El *lobby* de la carne en EE. UU. es muy poderoso. ¿No deberían los productores de carne etiquetar sus productos indicando si sus animales están alimentados con pienso que contiene antibióticos? Pues parece que la cosa está cambiando. Según un editorial de la revista Nature, ya en el año 2010 al menos 300 hospitales en EE. UU. dejaron de servir carne proveniente de animales alimentados con antibióticos, para prevenir la potencial transferencia de genes de resistencia a los pacientes. No me extraña. Además, desde el año 2014, gracias a la presión de los consumidores, empresas de comida rápida tan importantes como Taco Bell, McDonald's, Subway o Kentucky Fried Chicken han comenzado a anunciar que ya no utilizan carne de pollos alimentados con antibióticos en sus productos. ¿Será cierto? Más vale tarde que nunca.

El camino que va desde la granja hasta la hamburguesa *fast food* es largo pero seguro. Los principales interesados en que sea seguro son las propias cadenas de alimentación y luego, evidentemente, las autoridades sanitarias que velan por nuestra salud. Sin embargo, el origen de cualquier bacteria o gen de resistencia que llega a una hamburguesa es difícilmente trazable, porque algunos productos que se venden en estas cadenas de comida rápida pueden proceder tranquilamente de hasta 100 vacas distintas.

Contrariamente a lo que se creía, solo era cuestión de tiempo que los análisis de costes-beneficios de la utilización de antibióticos en animales de granja se optimizasen y se hicieran absolutamente rigurosos y robustos. Por ejemplo, en 2007 se demostró claramente que la utilización de antibióticos en la producción de aves de corral en todo EE. UU. no aportaba ningún impacto económico importante. Un estudio realizado por investigadores de la Universidad Johns Hopkins (Baltimore, EE. UU.) puso incluso números a las pérdidas por pollo (−0,0093 dólares). Es decir, la adición de antibióticos al pienso suponía incluso pérdidas, o lo que, visto desde otro punto de vista, no daba beneficios. Las gallinas que entran por las que salen. A buenas horas. Después de 57 años se demuestra que seleccionar todas esas bacterias resistentes a los antibióticos ha sido incluso perjudicial desde el punto de vista económico a los criadores de pollos. Pero el *lobby* de la carne en EE. UU. es tan potente que puede contrarrestar cualquier estudio o noticia que vaya en su contra.

¿Y EN ASIA?

Asia es otro mundo. No sé si es primer mundo, el segundo, tercero o cuarto, pero es otro mundo. El Centro para la Ciencia y el Ambiente (por sus siglas en inglés, CSE) de Nueva Delhi ha publicado recientemente un informe sobre la situación de la resistencia a los antibióticos en 4 de las zonas de criaderos de pollos más importantes de ese enorme país. El número de pajaritos por granja en esta zona puede llegar a los 21.000… La lectura de este informe es, como mínimo, preocupante. Más del 90 % de las bacterias *malas* aisladas en esas granjas —conviviendo con las gallinas—, como *Klebsiella pneumoniae* y *Escherichia coli*, son resistentes a 3 o más familias de antibióticos. El 30 % de las Klebsiellas son resistentes a 10 o más antibióticos. Como este centro atiende también a cuestiones ambientales, el informe refleja también qué pasa cuando la *cama* de las aves es utilizada para uso agrícola como fertilizante. La cama es el substrato sobre el que pasean las aves en la granja. Puede estar formada por paja o virutas de madera, o cualquier otro material barato que mantenga el suelo de la granja relativamente seco. Para que nos entendamos, las aves en una granja no pasean directamente sobre el cemento. Como es lógico, los excrementos de las aves se mezclan con la cama, y esta pasta se acumula cada cierto tiempo, se saca fuera de la granja y se vende para ser utilizada como fertilizante en agricultura. El informe del CSE revela que a 20 kilómetros de distancia de las granjas a donde se ha llevado esta cama para su utilización como fertilizante también se encuentran las mismas bacterias resistentes a los antibióticos. En la India, la regulación sobre la utilización de antibióticos en el pienso de las aves es inexistente.[2]

Para colmo de males, a los inquietos investigadores de Hyderabad (India) se les ha ocurrido colaborar en un trabajo

---

2   Según el último informe de la Agencia Europea del Medicamento, España es el país de la Unión Europea donde más antibióticos para uso veterinario se venden. Este informe —de 182 páginas— ha sido publicado en 2017 y analiza la tendencia de la venta de antibióticos en 30 países de Europa desde 2010 hasta 2015. Solo en 2015, en España se vendieron 3.030 toneladas de antibióticos para tratar al ganado (incluidos caballos) y a las mascotas —las mascotas representan un minúsculo porcentaje—. Se le puso de todo a los animales: tetraciclinas, penicilinas, cefalosporinas de 1ª, 2ª, 3ª y 4ª generación, sulfonamidas, trimetroprima, macrólidos, fluoroquinolonas, aminoglicósidos, polimixinas, etc. Los antibióticos que más se utilizaron fueron las tetraciclinas seguidas de las penicilinas; y luego las polimixinas, esos antibióticos que se usan «como último recurso en casos de extrema gravedad en humanos» cuando los demás antibióticos no funcionan. En la mayoría de gráficos que muestra este informe, España está a la cabeza. No importa el parámetro que se mida, al final, las barras que indican «utilización» o «consumo» o «ventas» o kg/peso etc., casi siempre tienen a España a la cabeza. Por lo tanto, algo pasa en las granjas españolas. Dado que la suplementación con antibióticos del pienso para la alimentación de animales está prohibida en Europa desde el año 2006, ¿por qué se utilizan tantos antibióticos en España?

con investigadores del Instituto Robert Koch de Berlín, para ver cómo andan de bacterias no solo los pollos de engorde alimentados en granjas, sino también los pollos de corral que normalmente andan sueltos por el campo o por las inmediaciones de los núcleos urbanos. En concreto, buscaban caracterizar las poblaciones de una bacteria típica de aves, el *Helicobacter pullorum*, pariente de nuestro habitante gástrico *Helicobacter pylori*. No voy a extenderme mucho en el asunto. El resultado fue que los pollos de corral tenían *H. pullorum* tan resistentes como los de granja, simplemente porque picaban para buscar comida en sitios muy distintos, algunos de ellos muy posiblemente contaminados con bacterias resistentes.

INFECCIONES ALIMENTARIAS

En verano de 2017 escribí un tuit que fue muy popular. Decía algo así como: *Hola, somos Salmonella y Listeria, seguid consumiendo leche sin pasteurizar. Muchas gracias.*

Esta ocurrencia surgió a raíz de la lectura de un artículo publicado ese mismo verano en la revista *Emerging Infectious Diseases* por investigadores de la empresa EpiX Analytics de Colorado (EE. UU,). Básicamente, hacían una revisión de los casos de brotes de infecciones alimentarias durante 5 años (2009 a 2014). Las primeras frases del artículo dicen así:

> La demanda de productos orgánicos por los consumidores ha aumentado. Sin embargo, en contraste con algunas percepciones, los productos naturales no son necesariamente más seguros que los convencionales, como se evidencia por las altas tasas de enfermedades transmitidas por los alimentos asociadas con productos lácteos no pasteurizados.

La leche y los productos lácteos son una fuente muy buena de nutrientes, pero muchos pueden contener bacterias patógenas

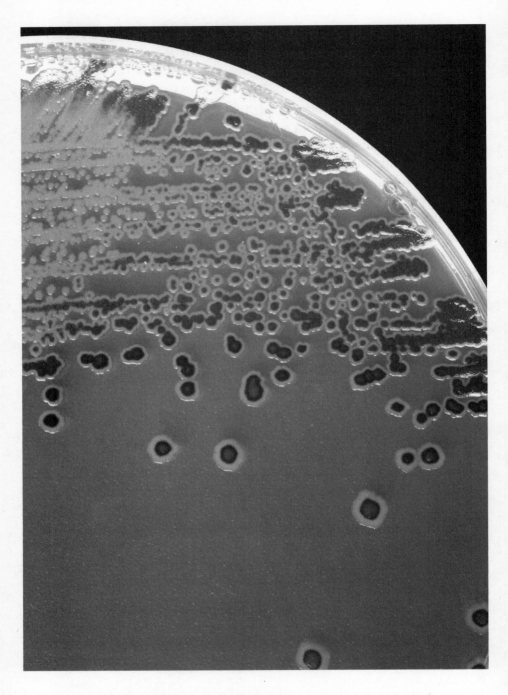

Colonias bacterianas negras de *Salmonella spp.* creciendo en el medio
selectivo y diferencial «agar salmonella-shigella» [Chansom Pantip].

o pueden ser contaminados directa o indirectamente con estas durante la producción, el procesado o la manipulación. Según ese estudio, aunque los productos sin pasteurizar son consumidos por una pequeña parte de la población, son responsables del 95 % de las enfermedades. El riesgo de enfermedad que tienen los consumidores de leche o queso no pasteurizados es 800 veces mayor que el de los consumidores de productos pasteurizados. Según los investigadores, ese riesgo proviene de contaminaciones que se producen directamente en las granjas. Cuatro de los principales patógenos con los que podremos intimar si consumimos productos lácteos sin pasteurizar son *Salmonella*, *Campylobacter*, *Listeria* y *Escherichia coli* productoras de la toxina Shiga. Otros que también se pueden encontrar en estos alimentos son *Brucella*, *Coxiella*, *Staphylococcus* o *Streptococcus*.

Algunas salmonelas resistentes a múltiples antibióticos se han encargado ellas solas de causar algunos de los brotes de infecciones alimentarias más importantes, como en Francia en 2010, Heidelberg (Alemania) en 2013-2014, España en 2005 o Nepal en 2002. Estos brotes causaron 554, 634, 1.983 y 5.963 infectados, respectivamente. Pero uno de los brotes más grandes de la historia ocurrió en el Estado americano de Illinois en 1985, donde se vieron afectadas entre 168.000 y 197.000 personas. Estos los casos de personas que fueron atendidas. Muchas otras —de carácter más leve— posiblemente no necesitaron asistencia médica o pasaron el apuro —o la diarrea— en sus casas. Un paradigma de esto es la cepa denominada DT104 de la bacteria *Salmonella typhimurium*, que posee una encomiable resistencia a los antibióticos. Fue aislada por primera vez en vacas del Reino Unido a principios de los años 80. Esta cepa, que se propagó por Europa rápidamente y fue aislada de distintos animales, ha causado importantes infecciones alimentarias en el hombre.

Lo de *Salmonella* es muy curioso. El cuerpo de los animales utiliza mucha energía para luchar contra las infecciones, por ejemplo para activar el sistema inmunitario; millones de células que comienzan a perseguir y a matar patógenos durante una infección consumen mucha energía. Otro ejemplo es la fiebre, que casi siempre está ligada a una infección e implica desequilibrios de la temperatura corporal. Ese aumento para calentar nuestro cuerpo o el de los animales consume mucha energía. En otras ocasiones, cuando tenemos una infección dejamos de tener apetito y por lo tanto tenemos menos energía y estamos más débiles. Pero menos energía en nuestro cuerpo implica también menos energía para la bacteria que nos está causando la infección, que básicamente utiliza recursos de nuestro cuerpo para multiplicarse. Las bacterias son muy simples, pero su evolución al lado de los animales ha querido que sus artimañas para multiplicarse e infectar parezcan de ciencia ficción. *Salmonella* es un patógeno que puede transmitirse a través de alimentos contaminados. Cuando un animal la ingiere, esta va a parar a sus intestinos. Según investigadores del Instituto Salk de California, *Salmonella* quiere que tengamos más apetito cuando ella nos infecta. Cuando está en el intestino, esta bacteria secreta una molécula llamada SlrP que por mecanismos indirectos estimula el apetito. Si un animal infectado come más *irá más al baño*, y si va más al baño *Salmonella* tiene más opciones de salir del cuerpo para infectar a otro animal y seguir multiplicándose en otra parte. Entonces, esta bacteria sería incluso más inteligente que otras bacterias más peligrosas que utilizan toxinas sofisticadas y que matan muy rápido a sus víctimas animales, porque si las matan rápido, no podrán diseminarse a otros animales como hace esta *Salmonella*.

El mejor ejemplo de la amplia diseminación de los genes de resistencia entre las poblaciones de bacterias es el grupo de las tetraciclinas. Esta clase de antibióticos ha sido ampliamente utilizada para todos los propósitos imaginables.

JULIAN DAVIES, profesor emérito en la Universidad de British Columbia, Vancouver, Canadá.
News and views. *Nature*. 1996.

Dos jóvenes bosquimanos en el desierto de Kalahari en Namibia [Gregorioa].

13. El ambiente

La exposición continuada a pequeñas cantidades de antibióticos ha provocado una presión selectiva favorable a las bacterias resistentes, que ha hecho aumentar su número en zonas muy distantes y diferentes del mundo. Hay otras zonas que permanecen relativamente a salvo. Esto se ha comprobado mediante diferentes estudios. Aquí le presento 3 muy interesantes.

El 7 de diciembre de 1968, la revista *Nature* publicó un artículo firmado por un profesor del Departamento de Microbiología de la Universidad de Pretoria, I. J. Maré, sobre sus investigaciones con bacterias procedentes de animales y humanos alejados de la civilización. Ese investigador tomó muestras de heces de 47 bosquimanos del desierto del Kalahari —sur de África—. Además, tomó muestras de los intestinos de 334 animales salvajes del parque nacional Kruger en Sudáfrica —una de las reservas de caza más grandes del mundo—, principalmente impalas —un animal similar a las gacelas— y de ñus —especie de antílope conocido por sus migraciones en manadas y por sus huidas de leones y cocodrilos filmadas por los reporteros de *National Geographic*—. Su paciencia le animó también a tomar muestras de intestinos de otros 201 animales salvajes como jabalíes y kudus —otro tipo de antílope—, principalmente del valle del río Pohwe en Rhodesia —situado entre los ríos Pekungwe y Masebe, todos ellos difíciles de encontrar en el mapa—. Como el autor señala, los bosquimanos no habían estado en contacto con otros humanos durante al menos 10 años y los animales tampoco eran sospechosos de haber estado en contacto con antibióticos. De las 582 muestras solo un 10 % contenían bacterias resistentes a los antibióticos ensayados.

La revista *Nature* publicó en 2001 otro estudio realizado por investigadores finlandeses sobre la presencia de enterobacterias —bacterias que son comunes en el intestino— resistentes a los antibióticos en alces, ciervos y topillos que vivían en zonas remotas de Finlandia. Las enterobacterias presentes en estos animales no son muy diferentes a las de otros mamíferos, incluido el ser humano. Este estudio demostró que prácticamente ninguna de las bacterias aisladas de las heces de esos animales —que teóricamente no han tenido contacto con el ser humano— era resistente a alguno de los 7 antibióticos utilizados más comúnmente en medicina humana. Aquí no estudiaron el microbioma, cogieron directamente las bacterias y vieron si eran o no resistentes a los antibióticos; la gran mayoría eran sensibles.

En 1985, investigadores de las Universidades americanas de Tufts (Boston, Massachusetts) y de Cornell (Ithaca, New York) se fueron hasta el parque nacional Amboseli de Kenya para realizar un experimento más que interesante. Querían saber cómo afectaban la presencia o la actividad humana a las bacterias que tenían los primates de la zona, para saber cuántas de ellas era resistentes a los antibióticos. Se centraron en estudiar poblaciones de babuinos salvajes (*Papio cynocephalus*). Los individuos de varios grupos separados de babuinos bajaban de los árboles todos los días entre las 7 y las 9 de la mañana para realizar sus tareas en la sabana o para buscar comida cerca de áreas frecuentadas por el hombre —dependiendo del grupo—, momento en el que los investigadores aprovechaban para coger muestras de sus heces. Rápidamente llevaban las muestras de caca al laboratorio para estudiar las bacterias gram negativas —entre ellas *Escherichia coli*, *Salmonella* y *Shigella*— y comprobar si eran o no resistentes a los antibióticos. Los resultados mostraron que los babuinos que buscaban comida en la basura generada por los visitantes del parque contenían muchas más bacterias resistentes a los antibióticos que los babuinos que solo realizaban su actividad en zonas totalmente salvajes, sin presencia de personas o restos de detritos procedentes de la acción humana. Además, estudiaron los genes que conferían resistencia a esos antibióticos —tetraciclina, kanamicina, ampicilina y cefalotina— y vieron que muchos de ellos estaban presentes en plásmidos que podían pasar de unas bacterias a otras y por lo tanto de unos animales a otros.

Un porcentaje muy alto de los antibióticos que se administran a personas y animales —hasta un 90 %— no son metabolizados por estos y pueden volver al ambiente sin ninguna modificación, es decir, con sus moléculas prácticamente intactas. Enteritos. Como nuevos. Que solo entre un 10 % y un 30 % de estos compuestos se quede en los cuerpos de estas personas o animales, se desnaturalicen —es decir, que pierdan sus estructuras activas— o se destruyan no es nada alentador para el ambiente. Por supuesto, los casos en los que el 90 % de los compuestos se expulsan enteros al ambiente son pocos, si no seríamos ya mutantes con tres ojos como el pez de los Simpson, o algo peor. Pero el problema es que las bacterias y otros microorganismos son capaces de detectar y por lo tanto reaccionar a la presencia de concentraciones mínimas de fármacos en el ambiente. De hecho, las cantidades de estos compuestos con las que estos microorganismos interaccionan son muchas veces tan solo trazas de esos compuestos. Aun así, concentraciones muy pequeñas pueden tener efectos desastrosos. Y el problema no es tanto la concentración, sino la exposición continuada. Recordemos que hay antibióticos en el ambiente desde hace millones de años, pero la concentración de estos es muy pequeña. Un hongo no necesita tres gramos de penicilina para cargarse a las bacterias gram positivas que tiene alrededor. Solo necesita unas trazas de antibiótico. Posiblemente esas cantidades autóctonas que utilizan los microorganismos del campo para luchar unos contra otros hubieran pasado desapercibidas debido a su baja concentración. Pero resulta que en el ambiente ya hay muchos genes de resistencia a antibióticos, y cada vez más, porque cada vez también dejamos más residuos de antibióticos por ahí tirados.

¿De dónde provienen los residuos de antibióticos que se encuentran en el ambiente? Pues muy sencillo, van a parar al ambiente cuando hacemos pis o cuando hacemos pas. Pero no solo millones y millones de personas en sus casas o en los hospitales, sino, como hemos visto, millones y millones de animales de granjas por todo el mundo.

Bueno, uno puede pensar: «Yo no orino mucho» o «Solo voy al baño una vez al día. Y además no estoy tomando antibióticos». Muy bien. Si usted no toma antibióticos es claramente imposible que los elimine cuando va al baño. Pero cuando estamos bajo tratamiento antibiótico en nuestra casa —después de la consulta con el médico de cabecera— o cuando estamos en un hospital y nos han administrado uno o varios antibióticos, ahí sí. De los desagües de los hospitales salen todos los días enormes cantidades de antibióticos hacia las alcantarillas. Esos antibióticos son eliminados por los pacientes que los han tomado por distintas vías.

Lo mismo ocurre con los animales de granja. Sus orines y sus purines van al campo o a los ríos. Al administrar antibióticos a estos animales en el pienso o en el agua de bebida, inexorablemente serán eliminados con sus productos de desecho. Párese a pensar en las montañas de excrementos que produce una granja de 200 vacas todos los días. Piense ahora en los orines que produce una granja de 500 o 1.000 cerdos durante una semana. Ahora piense en las grandes cooperativas de granjas de vacas y de cerdos. Piense luego en el todas las cooperativas de granjeros en un país como España. Multiplíquelo por 10 en un país como EE. UU., por 20 en un país como China. Como dicen en el mundillo del teatro: «Mucha mierda».

Para intentar que el lector se haga una idea del problema, citaré un trabajo que un grupo de investigadores de distintos países ha publicado este mismo año en la revista *Environmental Research Letters*. Unos 359.000 km^2 de tierras de cultivo en el mundo dependen del riego con aguas residuales. El 80 % de esas aguas no recibe prácticamente ningún tratamiento para su purificación. Esas aguas residuales llevan bacterias llenas de genes de resistencia a los antibióticos que van a parar directamente a los cultivos agrícolas, a nuestras lechugas.

Recientemente, una magnífica investigadora de la Universidad de Yale, Jo Handelsman, descubrió junto con investigadores suizos y croatas que los suelos donde se utilizan fertilizantes orgánicos ya pueden albergar una población nada despreciable de bacterias con genes de resistencia. Quisieron saber qué pasaba con las poblaciones de bacterias que había en el suelo antes de añadir fertilizantes orgánicos (procedentes de granjas de vacas) o inorgánicos. El simple hecho de fertilizar el suelo con fertilizantes procedentes de granjas de vacas —incluso sin que estas hubieran sido alimentadas con antibióticos— ya induce un aumento en la cantidad de bacterias con genes de resistencia a antibióticos beta-lactámicos que podemos recuperar de esos suelos. Este descubrimiento nos ha abierto más los ojos al hecho de que las prácticas agrícolas humanas modifican las poblaciones de bacterias residentes del ambiente. En suelos fertilizados con purines de vacas o cerdos tratados con antibióticos, el número de esas bacterias resistentes es muchísimo mayor; tranquilamente hay 4 veces más.

Ahora pensemos también en los ríos que recogen las aguas residuales de las ciudades; de hecho, el título de un estudio publicado en *Nature Microbiology* en enero de 2017: «Contaminación a escala continental de estuarios con genes de resistencia a antibióticos» nos lo pone bastante claro —o, nos lo pone bastante negro—. Investigadores de la Academia China de Ciencias han estudiado los sedimentos de 18 estuarios a lo largo de 4.000 km de la costa de China. Estos estuarios recogen el agua de ríos que bajan recogiendo a su vez los genes de resistencia que encuentran por el camino y que provienen de las ciudades por las que pasan. El resultado del estudio: todos los estuarios contaminados, con más variedad de genes de resistencia incluso que en las granjas de cerdos.

Un estudio similar llevado a cabo en Uruguay ofreció datos de genes de resistencia presentes en las áreas costeras de Montevideo. Hasta 108 genes de resistencia navegaban tranquilamente por esas aguas. Según los autores del estudio, «eso es una pequeña parte de lo que sucede en los intestinos de los montevideanos, que a su vez es una consecuencia de lo que recetan sus médicos».

No hay más preguntas, Señoría.

Los hospitales y las granjas de animales vierten muchos residuos de antibióticos al ambiente. Pero hay un tercer elemento que vierte, si no tanto volumen de antibióticos, mucha mayor concentración, principalmente en los ríos: las industrias farmacéuticas.

Por supuesto, en países como España, en donde la industria farmacéutica no es muy grande, los ríos sufren una menor descarga de ingredientes farmacéuticos activos conocidos como API (del inglés *active pharmaceutical ingredients*). En la Unión Europea y en EE. UU. se exigen unos niveles de descargas muy reducidos, con lo que la legislación vigente impide que los residuos de este tipo de industrias se viertan sin control a las aguas de ríos y lagos, especialmente en los de pequeño tamaño. El tamaño de los ríos y lagos importa. Aunque los grandes ríos tienen mayor capacidad

Una impresionante vista del meandro que forma el río Huangpu, desde
la Torre de Shanghai, el edificio más alto de China [Natalie IW].

de dilución y de absorción —a través de material en suspensión—, en ellos se han encontrado concentraciones significativas de antibióticos por todo el mundo. Por otra parte, en algunos lagos se ha calculado que su potencial de dilución es prácticamente cero, porque no reciben aportes de agua nuevos durante la práctica totalidad del año.

Existen sitios en el mundo donde la concentración de empresas farmacéuticas es brutal. China e India son el paradigma de núcleos de producción farmacéutica a gran escala, los denominados *clusters*. Un *cluster* de empresas es un área geográfica con una densidad de empresas muy alta, que en su mayoría producen productos similares. En nuestro caso, fármacos. Entre los fármacos, los antibióticos. Un ejemplo es el *cluster* de empresas que hay en la zona de Hyderabad, en el centro sur de la India. En él se fabrican la mayoría de drogas genéricas del mundo —incluidos los antibióticos—, y desde ahí se abastecen países de todo el mundo, incluido EE. UU. Si se pregunta usted dónde se fabrican todos los objetos de las tiendas de chinos que se venden en el mundo, pues en China. Si se pregunta usted dónde se fabrican los medicamentos genéricos que se venden en las farmacias de todo el mundo, pues en China y en Hyderabad —India—.

La planta de tratamiento de residuos que intenta depurar las aguas residuales procedentes del cluster de empresas de Hyderabad procesaba en 2007 unos 1500 m^3 al día, procedentes de unas 90 empresas farmacéuticas. Un grupo de científicos suecos investigó qué pasaba después de que esa planta de tratamiento procesara los residuos. Pues bien, estos investigadores descubrieron con estupor la presencia de hasta 21 medicamentos en las aguas que salían de la planta. Por supuesto, varios antibióticos de la familia de las fluoroquinolonas, principalmente ciprofloxacino. La concentración de ciprofloxacino que midieron en agua era mayor que la que se inyecta a un paciente en vena para su tratamiento en un hospital. Pero además, las concentraciones de lomefloxacino, norfloxacino, ofloxacino, enrofloxacino y enoxacina superaban todos los niveles tóxicos para plantas y microalgas acuáticas. Para poner otro ejemplo más demoledor, la cantidad de ciprofloxacino que calcularon que salía de la planta de tratamiento de residuos equivalía aproximadamente a 45 kg de este antibiótico por día o, lo que es lo mismo, a la cantidad de este antibiótico que se consume en toda Suecia en 5 días —con una población de 9 millones de habitantes—. Ese estudio no tiene desperdicio. Los autores hasta realizan una estimación de los medicamentos que hay en el agua y calculan lo que costarían en una farmacia. Los 11 medicamentos más abundantes que van a parar a los ríos durante 24 horas en esa planta de residuos costarían en una farmacia europea unos 100.000 €; en un solo día, incluso aunque fueran genéricos. Las aguas *tratadas* por esta planta de la India van a parar a los ríos Nakkavagu y Manjira. Por lo tanto, los ríos cercanos a estos clusters empresariales reciben una descarga de residuos farmacéuticos enorme. Los altos niveles de antibióticos presentes en las aguas vertidas a ríos y lagos contribuyen a la selección y acumulación de bacterias resistentes. Finalmente, todas estas bacterias que se seleccionan como resistentes a los antibióticos terminan formando un reservorio enorme de genes de resistencia a esos antibióticos. Como una parte nada despreciable de los residuos vertidos por esas industrias farmacéuticas provienen de la producción de antibióticos de amplio espectro, la selección de bacterias resistentes a múltiples antibióticos es mucho mayor. Pues bien, las aguas bajan muy contaminadas, pero lo peor es que esto ocurre en un país donde la gente tiene especial afición a bañarse en los ríos. Al final del trabajo, estos científicos concluyen que por cada bacteria normal que se acerca a este río salen al menos 4 resistentes a los antibióticos; bacterias que naturalmente van corriente abajo.

Para cerrar el círculo vicioso, se da la paradoja de que en ese complejo de empresas hay alguna —como Vitas Pharma— que se dedica a la búsqueda de nuevos fármacos que funcionen contra las bacterias resistentes.

Recomiendo especialmente a los interesados en el mundo de los antibióticos la lectura del libro de Martin Blaser titulado *Missing Microbes: how killing bacteria creates modern plagues*. Este libro contiene un pasaje que viene a cuento: la India es un país de turistas, y hace calor. Y cuando se juntan turistas con altas temperaturas, apetece tomar algo fresco; bien líquidos fríos o bien fruta fresca de los puestos callejeros. Cuenta Martin Blaser en su libro que la picaresca de los vendedores ambulantes no tiene límites. Como venden la fruta al peso —por ejemplo sandías—

inyectan agua en su interior para ganar unos gramos más y por lo tanto unas rupias más. ¿De dónde sacan el agua? Lo dejo a su imaginación.

¿Qué pasa con la legislación que controla el vertido de residuos API en la India? No me la he leído, pero distintos trabajos indican que o no existe o es demasiado blanda. Parece que solo desde hace un par de años la administración del país, a través de la agencia responsable del control de la polución, ha decidido endurecer los estándares para los vertidos de las industrias farmacéuticas. Una vez más, llegamos tarde, ya que, como hemos indicado en otro capítulo, muchos de los genes de resistencia que han aparecido en las bacterias tras una exposición a los antibióticos se han fijado en sus cromosomas, por lo que permanecerán activos mucho tiempo.

Por si no tuviéramos bastante, los ríos van a parar a los lagos, y en estos termina acumulándose una gran cantidad de antibióticos. Existe una ecuación matemática que determina el cociente de peligrosidad (en inglés HQ o *hazard quotient*) de un compuesto y nos da una idea del riesgo que tiene la presencia de ese compuesto en el ambiente. Si sus valores están próximos a la unidad o por encima (≥ 1), el compuesto está presente en unos valores inaceptables que implican un riesgo claro asociado a su exposición. Pues bien, los índices HQ de antibióticos en algunos lagos en la India indican, literalmente, que esos lagos «no son aptos para el mantenimiento de la vida acuática». Las plantas, las algas, los invertebrados y los peces de esos lagos presentan niveles alarmantes de antibióticos. Imaginemos lo bien que se lo están pasando en esta situación las bacterias resistentes a esos antibióticos.

Éramos pocos y parió la abuela. A los tozudos científicos se les ha ocurrido también tomar muestras de aguas subterráneas cercanas a estos clusters farmacéuticos en la India. En países en vías de desarrollo, este tipo de fuentes de agua potable son imprescindibles para las poblaciones de amplias regiones geográficas. Los índices de contaminación HQ en estas aguas dieron, como no, positivo. Así que, sintiéndolo mucho, la gente que depende de este tipo de aguas está consumiendo diariamente pequeñas dosis mínimas de antibióticos como el ciprofloxacino. Dosis mínimas, bien, no pasa nada. Pero dosis mínimas durante muchos años = exposición crónica. Y por supuesto, no olvidemos que las concen-

Multitudes se bañan en el Ganges, río sagrado y buen caldo de cultivo para infinidad de microrganismos patógenos. Varanasi, India [JeremyRichards].

traciones —aunque sean bajas— de antibióticos en los ambientes acuáticos se encargan de mantener los niveles de poblaciones bacterianas resistentes. Por supuesto, los índices HQ más altos en la India se han encontrado en las aguas residuales procedentes de las industrias farmacéuticas. El ciprofloxacino es la estrella.

En diciembre de 2015, el informe O´Neill emitió un resumen llamado «Antimicrobianos en agricultura y el ambiente: reduciendo el uso innecesario y los residuos», dejando caer que «los principales compradores de antibióticos genéricos podrían considerar una gestión adecuada de las cuestiones ambientales —incluida la cantidad de API y antibióticos que la empresa o sus proveedores generan como desecho— en sus decisiones de compra».

Durante este capítulo hemos visto cómo es más necesario que nunca cuantificar y monitorizar periódicamente los niveles de fármacos en ecosistemas acuáticos. En cuanto a las industrias farmacéuticas, deberían ser más transparentes en cuanto a la eliminación de sus residuos y optar por tecnologías que reduzcan la producción de estos.

Tristemente, todo este problema es un concepto abstracto o desconocido para la población en general. Si usted está en una cafetería leyendo este libro, en el salón de su casa, en una biblioteca o en el metro, pregúntese a sí mismo si cree que las personas que tiene alrededor son conscientes de este problema. Ya le contesto yo. No. Al menos hasta 2019 que yo sepa.

Hemos dicho que en las aguas residuales de los hospitales podemos buscar y encontrar residuos de antibióticos y también bacterias resistentes. No solo en cantidad, sino también en variedad. No hay muchos estudios al respecto y la inmensa mayoría han sido realizados en países occidentales, donde hay científicos con ganas, tiempo y dinero para llevarlos a cabo. Estos estudios han investigado a la vez la cantidad de antibióticos utilizados por un hospital durante un determinado periodo de tiempo, los niveles de antibióticos presentes en sus aguas residuales y la cantidad de bacterias resistentes a esos antibióticos en esas aguas.

¿Qué han concluido estos estudios? Varias cosas. La primera es que hay una correlación entre los tipos de antibióticos que se administran en los hospitales y los que se encuentran en sus aguas residuales. También se ha encontrado una relación entre la canti-

Tanques para el tratamiento de aguas residuales [John Kasawa].

dad que se prescribe y la cantidad que se detecta en esas aguas. Un dato curioso es que se ha encontrado también correlación temporal entre lo que entra y lo que sale. Es decir, a los ociosos investigadores se les ha ocurrido comprobar si la hora de administración de los antibióticos a los pacientes —por ejemplo, si en un hospital se administran los antibióticos por la mañana y en otro por la tarde— guarda algún tipo de correlación con la aparición de los residuos de esos antibióticos en las aguas residuales a una hora determinada. *Et voilà*. Las gallinas que entran por las que salen, y si entran a una hora, sabemos más o menos a qué hora salen. Si los pacientes no van al baño durante la hora de la comida, pero sí después, a partir de ese momento es cuando empiezan a detectarse mayores niveles de antibióticos en las aguas residuales. Parece que muchas veces estamos sincronizados hasta para ir al baño.

Claro, uno puede pensar: «Pero bueno, ¿no se tratan de alguna manera esas aguas residuales?». Sí. Las aguas residuales en países occidentales se tratan. Normalmente en depuradoras, que se encargan de eliminar eficazmente bacterias patógenas, incluidas evidentemente las que portan genes de resistencias a antibióticos. Lo malo es que algunos estudios ya apuntan a que en algunas de estas depuradoras la concentración de bacterias resistentes es tan alta que la posibilidad de que algunas de ellas o sus genes de resistencia escapen a los tratamientos es real.

Por otro lado, en muchas zonas de países en vías de desarrollo sencillamente no existe tratamiento alguno de las aguas residuales, por lo que los antibióticos llegan tarde o temprano a ríos, lagos, etc. Y, como hemos visto, da igual la concentración, alta o baja, porque incluso concentraciones traza pueden influir sobre la selección o el mantenimiento de bacterias resistentes a los antibióticos o de sus genes de resistencia.

Lo más intrigante de todo es que, cuando realizamos estudios sobre bacterias resistentes a los antibióticos en aguas de ríos, lagos o aguas residuales de ciudades, al final todos los investigadores terminamos buscando bacterias que conocemos y que guardan algún tipo de relación con el ser humano —por ejemplo *E. coli*—, la mayoría de las veces porque son fáciles de cultivar o porque ya las conocemos muy bien. Es decir, la mayoría de estudios se centran en saber qué pasa con la resistencia antimicrobiana en unos pocos patógenos humanos ya conocidos. Pero nos estamos dejando algo muy importante por el camino. ¿Y las otras bacterias que hay en esos ambientes? Esas que *de momento* no afectan al ser humano. ¿Cuáles son? ¿Cuántas hay? Y sobre todo, ¿podrían afectarnos en el futuro cuando ya estén armadas hasta los dientes de genes de resistencia? Mucho ojo.

En un estudio hercúleo —para la época— realizado por investigadores daneses con 2.027 cepas de estafilococos aislados de 1.935 pacientes entre 1957 y 1966, se demostró ya por aquel entonces que los antibióticos presentes en el ambiente en bajas concentraciones eran los encargados de crear multitud de estafilococos resistentes distintos; esos estafilococos resistentes de muchos clones diferentes al llegar a los hospitales eran seleccionados posteriormente debido al uso masivo de estos fármacos en los pacientes. Es decir, cuantas más bacterias diferentes se hacen resistentes a los antibióticos en el ambiente, más posibilidades hay de que algunas de ellas terminen seleccionadas. De entre estas, alguna terminará dominando los hospitales.

Hace tiempo pregunté con unos compañeros de Ingeniería Química de la Universidad de Cantabria si era posible minimizar el efecto de los antibióticos en las aguas mediante alguna técnica ingenieril de filtración o inactivación. Me contestaron que separar o eliminar los antibióticos u otros fármacos de las aguas era difícil pero no imposible, aunque, eso sí, enormemente caro y no 100 % eficaz —dependiendo del tipo de antibiótico o de fármaco—.

[Si seguimos aumentando el efecto invernadero]
*vamos a empezar un proceso que va a estar
totalmente fuera de control.*

James Hansen. *TED Talk*. California. 2012.

Un enorme trozo de hielo se desprende de un glaciar antártico [Bernhard Staehli].

14. Cambio climático y enfermedades infecciosas. Peligro (al cuadrado)

Los términos cambio climático y calentamiento global están relacionados. Quizás uno de los primeros científicos en hablar de calentamiento global fue Wallace Smith Broecker en su artículo titulado: «Cambio climático: ¿estamos al borde de un calentamiento global pronunciado?, publicado en la revista *Science* cuando yo tenía 2 años, en 1975.

El cambio climático es algo que me interesa. Como he dicho en otra parte de este libro, es uno de los fenómenos que la gente corriente no percibe. Necesitamos que la población tome conciencia del problema para que pueda actuar contra él, y para ello, una vez más, la educación es clave. No estoy hablando de enseñar modelos matemáticos predictivos que poca gente entiende, estoy hablando de mostrar de forma clara algunas cosas, como por ejemplo la velocidad a la que los polos se están derritiendo, cómo las enfermedades respiratorias y las alergias están aumentando o cómo los fenómenos climáticos extremos son cada vez más frecuentes y devastadores.

La población mundial ha crecido tanto en las últimas décadas que la acción del ser humano afecta prácticamente a todos los rincones del planeta, directa o indirectamente. El cambio climático —a pesar de sus negacionistas— parece inexorable a la vista de los datos que manejan los científicos (que son los que saben). Cada vez escucharemos conjuntamente los términos *cambio climático* y *salud planetaria*. Seguro.

Si usted, querido lector, tiene dudas sobre eso del cambio climático, le invito a que lea una publicación del año 2014 que redactaron conjuntamente la Real Sociedad Británica (una de las sociedades científicas más antiguas del mundo) y la Academia Nacional de Ciencias de EE. UU. Solo tiene 36 páginas en su versión *online*. Si se ha leído este documento, podrá debatir tranquilamente con cualquier persona exaltada que crea que el cambio climático es un invento tras intereses extraños u oscuros. Como bien se indica en ese texto, la evidencia del cambio climático es clara, pero, debido a la propia naturaleza de la ciencia, no podemos defender absolutamente todos los detalles que este fenómeno implica —al menos de momento—. Así, el cambio climático actual está causado por la actividad del hombre y está ocurriendo de manera más rápida que otros eventos similares ocurridos en el pasado, de manera que nos será más difícil adaptarnos a él.

El calentamiento global es una tendencia a largo plazo. Esto implica que, aunque las temperaturas en algún momento —por ejemplo un año— sean inferiores al precedente, esto no significa que deje de existir esa tendencia.

El calentamiento global, en definitiva, significa atmósfera más caliente. Por dar un dato sobre temperaturas en la península ibérica, hablemos de Córdoba, una de las maravillosas ciudades del sur de España, donde suele hacer bastante calor en verano. En 2017 en esa ciudad, los termómetros —oficiales— han registrado durante 8 días consecutivos más de 41 ºC (3 días seguidos por encima de los 45 ºC). Imagine el lector que se encuentra en Córdoba, en Ourense o en Sevilla durante el día más caluroso de verano. Imagine ahora que no es un solo día, ni 7, sino que es todo el mes. Eso podría pasar perfectamente a medio o largo plazo.

Una atmósfera más caliente hace que se evapore más agua tanto de los océanos como de las plataformas de agua dulce de los continentes, como ríos y lagos. Ese vapor de agua elevado a la atmósfera tendrá una energía intrínseca muy elevada que le hará caer de forma más frecuente y más potente con el tiempo, lo que provocará tormentas e inundaciones.

El ser humano, a través del llamado efecto invernadero, está llenando la atmósfera de dióxido de carbono (CO_2). Añadir más CO_2 a la atmósfera solo puede empeorar la situación. Aunque no tengamos ni idea de lo que es el dióxido de carbono, pensemos en el tubo de escape de un coche. Eso negro que sale a todas horas de todos los coches y camiones sería una mezcla de gases producto de la combustión del motor y uno de ellos es el CO_2. Ese CO_2 no se escapa al espacio exterior, sino que se queda como una capa marrón flotando en atmósfera terrestre. Piense en la boina de contaminación de Madrid, pero a escala planetaria. Esa boina de CO_2 no deja escapar la energía en forma de calor de la tierra, y actúa literalmente como si fuera una manta con la que nos abrigamos cuando estamos en la cama. Esencialmente estamos más calentitos. Por supuesto, el planeta lleva toda su existencia soportando cambios de temperatura, desde olas de calor hasta glaciaciones. Podemos extrapolar esto a cuando tenemos gripe y estamos en la cama. Hay momentos en los que sudamos y retiramos las sábanas y la manta ya que tenemos mucho calor por la fiebre. Pero en otros momentos, sin embargo, tiritamos de frío y nos tenemos que poner varias mantas encima. Imaginemos ahora que nuestro planeta tiene gripe, pero que cuando tiene fiebre y calor, en lugar de destaparlo para que no sude, le ponemos otra manta encima. Más calor. Eso es lo que hace la capa de gases invernadero sobre la Tierra, hacen el papel de una manta extra. Cuanto más tardemos en frenar la salida de CO_2 a la atmósfera, más esfuerzo nos costará arreglarlo todo —retirar esa manta extra—, y también peores serán las consecuencias.

Personalmente, tengo el recuerdo de nevadas copiosas en Ourense, donde nací. Recuerdo amasar con mis hermanos grandes bolas de nieve para hacer muñecos. Mis sobrinos de edades comprendidas entre los 11 y los 18 años nunca han visto nevadas similares. Pero esto es una anécdota personal y no nos sirve como buen ejemplo, ya que todos los años vemos en los telediarios las noticias de grandes nevadas en Europa o en EE. UU., y posteriormente vemos los chistes que se vierten en las redes sociales sobre el calentamiento global. ¿Cómo va a haber calentamiento global si en Chicago siguen cayendo nevadas con un metro de altura?

El público en general, y sobre todo las personas de edad avanzada, no están concienciados seriamente sobre el cambio climático. Muchos ni lo conocen, ni lo comprenden, o simplemente no les preocupa porque no van a llegar a verlo. Otras personas no

El huracán Katrina visto desde el espacio. Se dirigió hacia
Nueva Orleans en 2005, causando estragos [NASA].

tienen tiempo para reflexionar sobre ello y siguen sin reciclar sus basuras y sus periódicos o comprándose coches de alta potencia sin pensar en el medio ambiente. Una gran mayoría piensa que la culpa de todo la tienen los coches, los aviones o los transportes de motor en general. Pero se ha comprobado que buena parte de la polución sale de nuestros hogares, principalmente porque son unas moles de hormigón que consumen energía y recursos, y engendran polución. Hay algunas calculadoras de emisión de CO_2 en internet donde usted mismo puede comprobar su huella de carbono, es decir, qué cantidad de este gas produce su actividad diaria —aunque no utilice el coche—. Por ejemplo, en uno de mis últimos viajes a las islas Canarias descubrí que en mi billete de avión la compañía me indicaba la cantidad de CO_2 emitía durante el viaje. De Madrid a Gran Canaria, 163 kg. Me imagino que todo depende de la distancia, tipo de avión, número de pasajeros, carga, etc. Pero en todo el mundo hay la friolera de unos 100.000 vuelos al día.

A otras personas no les gusta la idea del cambio climático simplemente para llevar la contraria a los pesados de los ecologistas. ¿Y las grandes potencias? Muchas de las grandes potencias firman tratados por el qué dirán, pero no toman medidas serias y contundentes por miedo a lobbistas de grandes empresas o porque la economía global no se puede frenar en seco como pretenden algunos. Véase el reciente ejemplo de Donald Trump sacando a EE. UU. del acuerdo de París contra el cambio climático. Pero, por otro lado, ya hemos tenido muchas cumbres sobre el cambio climático y la tasa de emisión de CO_2 a la atmósfera no se ha reducido. Quizás en algunos países sí, pero, o son muy pequeños y pueden hacerlo fácilmente, o les está costando unos esfuerzos terribles.

Los científicos, aunque cada vez están saliendo más a la calle a divulgar su ciencia, no tienen voz ni voto y no pueden explicar a la población la verdad del asunto de una manera eficaz. Así que la cosa no pinta bien para este planeta que Carl Sagan denominó «un punto azul pálido».

Los negacionistas se oponen a la idea del cambio climático argumentando principalmente que es imposible que todo el planeta se vaya a colapsar en una especie de noche atmosférica aterradora debido a los gases de efecto invernadero. Pero el cambio climático que estamos experimentando muy lentamente hay que enfocarlo desde un punto de vista de cambio *glocal*, esto es, un fenómeno global, pero que se expresa de manera diferente según las distintas localidades donde hay y habrá eventos climáticos extremos —o, dicho de otra manera, desastres climáticos—: lluvias torrenciales, sequías persistentes, ciclones, huracanes, grandes incendios, etc.

Vamos al tema.

Los cambios ambientales y su efecto en los distintos ecosistemas terrestres —incluidos los urbanos— pueden traer consigo un importante aumento cualitativo o cuantitativo de las enfermedades infecciosas. Los modelos que predicen el calentamiento global ya señalan claramente que los vectores de enfermedades de países tropicales —como los mosquitos— pueden aumentar su radio de acción más allá de los trópicos. No es muy complicado de entender. Cuanto más calor en zonas subtropicales, más bichos a los que les gusta el calor podrán desplazarse a esos lugares para pasar sus vacaciones, con lo cual poblaciones humanas que ahora están a salvo gracias a tan solo unos grados menos de temperatura media pasarán a ser las zonas de turismo de estos vectores. El aumento de temperatura no solo afectará a los vectores, sino también a los patógenos, por ejemplo, acelerando sus ciclos de vida o aumentando su concentración en algunos ecosistemas acuáticos.

El Panel Intergubernamental sobre el Cambio Climático, conocido por sus siglas en inglés (IPCC) ha reconocido la importancia de los desastres naturales como una fuente de riesgos diversos para las comunidades en muchos lugares del mundo. Entre esos riesgos, cómo no, las enfermedades infecciosas. Por su parte, los centros para el control y la prevención de enfermedades (conocidos en su conjunto como CDC, una agencia del Departamento de Salud y Servicios Humanos de los EE. UU.) publicaron en 2012 una lista de enfermedades infecciosas que pueden ocurrir tras un desastre natural. Esta lista contiene algunas de las infecciones que aparecieron tras desastres, como el huracán Katrina de 2005 o las inundaciones de Pakistán de 2010, donde las infecciones gastrointestinales, de la piel y respiratorias camparon a sus anchas entre los damnificados. Las enfermedades infecciosas más comunes que aparecen después de un desastre de este tipo también incluyen malaria, tuberculosis, meningitis y sarampión. La revista PLOS Currents Disasters publicó en 2013 algunos datos sobre el desastre de Pakistán. Entre el 29 de julio de 2010 y el 21 de julio de 2011 (el año después del desastre) se registraron más de 37.300.000 consultas médicas en las zonas afectadas. No, no he puesto ningún cero de más. Y de estas, más de la mitad correspondían a enfermedades infecciosas. Como el lector puede imaginar, se prescribieron *unas cuantas* dosis de antibióticos en la región durante ese año.

Mientras repasaba este capítulo llegó a tierra el huracán Harvey. A primera vista parecía uno de los muchos huracanes que azotan el golfo de México entre verano y otoño. Pero no solo ha sido uno de los que más agua ha descargado desde que existen mediciones, sino que su comportamiento girando sin parar sobre el sur de Texas durante días ha sido muy probablemente favorecido por el cambio climático. Con más experiencia tras el Katrina, los científicos americanos comenzaron a identificar nuevos problemas causados por estos fenómenos extremos. Houston, unas de las mayores ciudades de EE. UU., permaneció inundada durante días. La gente no solo estaba expuesta al agua —piense en niños, ancianos, mujeres embarazadas con agua hasta la cintura—, sino también a patógenos. Las mediciones realizadas detectaron en las aguas cantidades exorbitadas de coliformes fecales —bacterias pertenecientes a la microbiota intestinal de hombres y animales—. Si hay coliformes fecales hay aguas residuales. Si hay aguas residuales, o hay mucha gente que hace sus necesidades en la calle, o es que el alcantarillado y las plantas de tratamiento de aguas residuales se han colapsado; que es precisamente lo que ocurrió, dejando a la población expuesta a una sopa de bacterias potencialmente dañinas. Por si fuera poco, en cuanto hay inundaciones, los roedores que se ven expulsados de sus hogares —o de los hogares de personas— campan a sus anchas tratando de buscar nuevas casas y alimento, y esto puede aumentar el riesgo de epidemias.

Por supuesto y de manera obvia, los fenómenos meteorológicos causados por el cambio climático pueden afectar directamente a las infraestructuras sanitarias perturbando el normal funcionamiento de los programas de control de enfermedades, allí donde los haya.

El huracán Harvey visto desde la Estación Espacial Internacional [NASA].

Eso ocurrió tanto en New Orleans y Houston como en Pakistán. En un país rico y en un país pobre. Si se interrumpen o se retrasan los tratamientos para las enfermedades infecciosas, esto puede tener consecuencias epidémicas en las zonas afectadas.

Además, el cambio climático va a contribuir al desplazamiento forzoso de poblaciones enteras de un sitio para otro. Hoy en día las migraciones están a la orden del día. Y en las noticias. Los factores de migración que conocemos son principalmente los socioeconómicos y los políticos, pero en el futuro el cambio climático agravará estos e introducirá otros nuevos. El problema de la emigración forzosa no está precisamente lejos del problema de las enfermedades infecciosas, ya que el desplazamiento masivo de personas altera la incidencia y la distribución de estas. Las poblaciones del sitio A que se desplacen en masa tras un desastre ambiental pueden llevar sus agentes infecciosos nativos hacia el lugar B al que se dirigen, con lo que las poblaciones de destino recibirán esos nuevos agentes. Y al revés, las poblaciones de un lugar A que se desplacen a un lugar B estarán expuestos a patógenos que predominaban en B o con otros que se encuentren por el camino, con los que no han estado en contacto anteriormente. Parece claro que el calorcito que se avecina debido al ligero pero continuado aumento de temperaturas no es lo único de lo que debemos preocuparnos. Si el cambio climático desplaza poblaciones humanas, también va a desplazar las enfermedades que tienen un origen zoonótico. Esto lo podemos certificar porque este tipo de enfermedades ligadas a animales ya ocurren donde ha habido cambios socioeconómicos rápidos debidos a la acción humana, como la deforestación.

Las investigaciones en distintos campos que se han llevado hasta ahora para determinar la relación entre el cambio climático y enfermedades infecciosas, sean estas emergentes, reemergentes o nuevas, muestran que las tasas de morbilidad y mortalidad están aumentando y que subirán más en el futuro. Así que podemos concluir que, debido al cambio climático, debemos prepararnos para cambios sustanciales en la distribución e incidencia de las enfermedades infecciosas. Usted puede decir: «Yo no lo veré», pero ¿y sus hijos o sus nietos?

Eso es a escala más o menos *glocal*, pero incluso centrándonos en lo fisiológico casi podríamos simplificar el asunto diciendo que, cuanto más estrés, malnutrición o cambios hacia temperaturas más extremas, peor para nuestro sistema inmunitario, y mejor para los patógenos en general y para las bacterias en particular. Me gustaría hacer alguna predicción general sobre qué patógenos aumentarán en número con el cambio climático, pero posiblemente se producirá un aumento de unos y una disminución de otros, dependiendo de cómo afecte el cambio climático a los ecosistemas donde habiten y a sus vectores u hospedadores, incluido el hombre.

¿CÓMO PODEMOS HACER FRENTE A LAS ENFERMEDADES INFECCIOSAS QUE SE AVECINAN?

Habrá zonas del planeta más o menos vulnerables al cambio climático, pero tarde o temprano nos afectará a todos directa o indirectamente. Está claro que necesitamos pensar qué va a suceder a medio-largo plazo, pero hay que empezar a pensarlo ya. Desde luego debemos aumentar la vigilancia epidemiológica, campo en el que va a haber una cantidad enorme de puestos de trabajo de aquí a unos años. Debemos desarrollar sistemas de alerta de epidemias, especialmente en casos en los que se produzcan fenómenos atmosféricos radicales. Debemos proteger las instalaciones sanitarias y diseñar planes para que sufran los menores daños posibles o vuelvan a estar operativas cuanto antes tras un fenómeno climático extremo, como inundaciones o huracanes. Debemos tratar de reducir o vigilar los principales vectores de enfermedades en zonas en las que las temperaturas medias van a aumentar de lo lindo en las próximas décadas, que por desgracia parece que ya coinciden con zonas pobres o subdesarrolladas. El impulso del desarrollo económico y sanitario de estas zonas facilitaría una actuación más rápida y más útil en caso de desastres naturales. Solo así podremos reducir el riesgo de propagación de las infecciones y controlar rápidamente los posibles brotes.

*Los microbios resistentes a los antibióticos son uno de los
beneficios de los pasajeros frecuentes [de vuelos].*

Julian Davies, profesor emérito en la Universidad de British
Columbia, Vancouver, Canadá. En *Resistencia antibiótica: orígenes,
evolución selección y dispersión*. Fundación Ciba. 1996.

Puerta del aseo de un avión [David Prado Perucha].

15. A las bacterias les gusta ver mundo

Debido a la naturaleza de mi trabajo tengo que viajar bastante en avión. Los científicos no solo tienen que realizar estancias en centros de investigación de distintos lugares del mundo, también asisten a congresos nacionales e internacionales, tienen reuniones con grupos de investigación de otras ciudades, otros países, etc. La ciencia no tiene fronteras y muchas de las investigaciones se realizan en todo el mundo.

Las personas se mueven alrededor del planeta a una velocidad sin precedentes gracias a los trenes de alta velocidad y a los aviones. Los que viajamos en avión experimentamos lo rápido que se puede llegar de una parte del mundo a otra en pocas horas. Las bacterias también lo saben. Una persona que se infecta o que es colonizada por una bacteria en la India, puede estar en pocas horas en EE. UU. o en Europa.

Un equipo de investigadores del Hospital Universitario de Múnich publicó en 2016 un intrigante estudio sobre las bacterias que se pueden encontrar los viajeros en los aeropuertos. Cada vez que un miembro del grupo de investigación tenía que viajar, tomaba una muestra de las manecillas interiores de las puertas de los servicios de los aeropuertos por los que pasaba. En total, se tomaron muestras de 400 manecillas en 136 aeropuertos de 59 países de los 5 continentes. El 60 % de las muestras procedían de servicios de caballeros y el 40 % de las puertas de servicios de señoras. Encontraron bacterias en muchos aeropuertos, incluyendo algunas especies de las más malas como S. aureus o

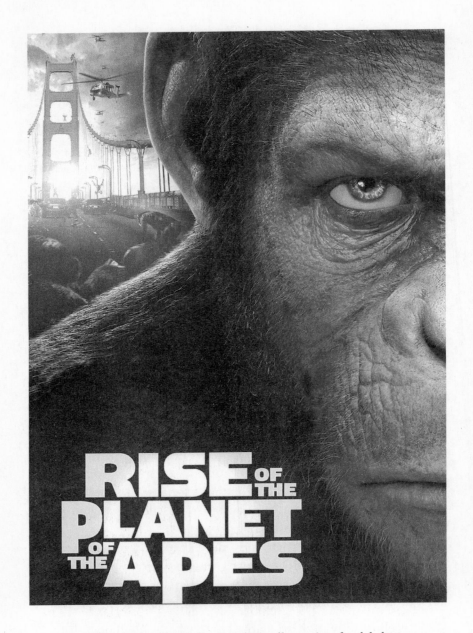

En muchas de las películas donde se desarrollan catástrofes globales por microorganismos patógenos, los aeropuertos son un escenario común de propagación de estos supervirus y superbacterias ficticios. En la última escena de la cinta *Rise of the Planet of the Apes* (*El origen del planeta de los simios*), de Rupert Wyatt, muestra a un piloto infectado que se dirige hacia el avión mientras estornuda sangre... y la posterior expansión del patógeno por todo el orbe.

Acinetobacter. La mala noticia viene paradójicamente de las limitaciones del estudio. Al realizar de este modo la toma de muestras —cuando estaban de paso por los aeropuertos— no había manera de saber si las manillas de las puertas habían sido limpiadas o no, ni con qué tipo de agente limpiador. Si habían sido limpiadas antes de la toma de muestras, las bacterias podrían haber sido mucho más numerosas de las que aparecieron al tomar las muestras. Sea como fuere, encontrar una sola de estas bacterias en un aeropuerto es signo de que puede haber muchas más. En el mundo hay más de 40.000 aeropuertos. Ahí lo dejo.

No es de extrañar que cada vez se encuentren más genes de resistencia a antibióticos en más países del mundo y con más frecuencia. Un caso especial es el gen de resistencia a la colistina, que, como ya he explicado, es un antiguo antibiótico del grupo de las polimixinas que se dejó de utilizar en los años 70 y 80 debido a su alta toxicidad. Simplemente, como había otras opciones terapéuticas menos tóxicas, se dejó de utilizar. En la actualidad, se necesita echar mano de antibióticos antiguos, porque los nuevos ya no funcionan, y aunque este en concreto se dejó de utilizar, en muchos casos ya no hay otra opción terapéutica disponible y hay que asumir el riesgo de su toxicidad. La mayoría de antibióticos solo afectan a las bacterias. Recordemos que están fabricados de forma natural por otras bacterias o por hongos, no por organismos superiores como animales. Por eso son tan buenos, porque la mayoría los podemos tomar sin que nos hagan daño. Al menos en las dosis adecuadas.

En las bacterias el gen que se encarga de resistir a este antibiótico se denomina mcr-1. Hasta hace un par de años solamente, la resistencia a este tipo de antibióticos solo implicaba la aparición de este gen en el cromosoma de las bacterias. Desde 2015, se ha descubierto que las bacterias pueden utilizar este mecanismo de resistencia y pasarlo a otras bacterias mediante plásmidos. A finales de ese mismo año, se encontró este gen en bacterias de 15 países: Argelia, Bolivia, Perú, Laos, Portugal, Países Bajos, Francia, Tailandia, Malasia Vietnam, Camboya, China, Túnez, Dinamarca e Inglaterra. Y la lista por supuesto, ha ido aumentando. Pero es que ahora ya tenemos el mcr-2, el mcr-3, hasta el mcr-9. Los servicios de microbiología de los hospitales ya pueden ir preparando sus termocicladores para detectarlos.

Investigadores suizos realizaron un experimento curioso. Reclutaron a un grupo de personas que vivían en Suiza, pero que iban a viajar a la India durante 2015. Muy amablemente, estas personas donaron sus caquitas antes de irse de viaje y los científicos investigaron si esas personas tenían en sus intestinos bacterias resistentes a los antibióticos. Pues bien, estas personas se fueron de viaje y a su regreso se le pidió otra vez una muestra de heces. El 76 % de los viajeros ya tenían bacterias resistentes a los antibióticos simplemente con haber estado una media de 18 días en la India. Es decir, 7 de cada 10 personas estaban colonizadas por estas malas bestias, lo que nos da una idea de lo fácil que resulta para las bacterias conocer mundo.

Otro equipo, en este caso de investigadores suecos, realizó un experimento similar entre 2010 y 2013. Esta vez reclutaron a estudiantes que se iban de intercambio a la India o a África. A pesar de que ninguno tomó antibióticos durante el viaje o la estancia, un gran número de ellos volvieron con genes de resistencia a los antibióticos más comunes, sobre todo los que regresaron de la India. El título del trabajo deja el tema bien claro: «El microbioma intestinal humano como transportista de genes de resistencia entre continentes».

*En esencia, estamos envueltos en una carrera armamentística
contra bacterias patógenas y estamos perdiendo.*

Editorial. Nature, Marzo, 2013.

*La penicilina sigue siendo el antibiótico más utilizado
y hoy en día no es común encontrar a alguien que
no la haya recibido en algún momento.*

Today´s drugs. *British Medical Journal*. 1961.

[Superior] Estudiando las bacterias de las enfermedades de las trincheras y experimentando con nuevas soluciones antisépticas en el laboratorio del Hospital Militar de la Cruz Roja Americana, n.º 5. Auteuil, septiembre de 1918 [Lewis Wickes Hine]. [Inferior] Ralph P. Tittsler, de la Associate Bacteriologist Bureau of Dairy Industry, experimenta con las bacterias para conservar mejor los productos lácteos, enero de 1936 [Harris & Ewing].

16. ¿Nos ha pillado por sorpresa el aumento de la resistencia a los antibióticos?

No. La resistencia a los antibióticos no es nueva ni ha pillado por sorpresa a los científicos. Cada vez que se descubría un nuevo antibiótico desde 1945, tarde o temprano aparecían bacterias resistentes a ese antibiótico. El problema es que, en los últimos 25 años, estas bacterias y los genes que confieren resistencia han ido acumulándose vertiginosamente en distintos ambientes, sin control. Si a esto le añadimos que unas bacterias pueden acumular en sus genomas genes de resistencia a múltiples antibióticos, y que por si fuera poco pueden pasar esas resistencias a muchas otras bacterias, ya tenemos la receta para el desastre.

Alexander Fleming ya observó fenómenos de resistencia mientras hacía experimentos con el primer antibiótico, la penicilina. De hecho, lanzó una advertencia durante la lectura del discurso de su premio Nobel —en referencia a la concentración de penicilina necesaria para conseguir matar a las bacterias— a la que poca gente hizo caso: «No es difícil conseguir microbios resistentes a la penicilina en el laboratorio, al exponerlos a concentraciones insuficientes para matarlos, y lo mismo ha sucedido ocasionalmente en el cuerpo».

Pero incluso algunos años antes, los investigadores comenzaron a descubrir cosas interesantes sobre cómo las bacterias resistían a los antibióticos. En una carta a los editores de la revista *Nature* publicada en diciembre de 1940, Edward Penley Abraham

Mrs. Mary Schwarz preparando el medio donde las bacterias crecerán tras su siembra, para ser luego debidamente estudiadas. Departamento de Agricultura, Estados Unidos de América, 1922 [Harris & Ewing].

y Ernst Boris Chain, que trabajaban en la escuela de Patología Sir William Dunn de Oxford, describían algo inverso a lo observado por Alexander Fleming pocos años atrás. En el trabajo de Fleming, un hongo había contaminado una placa de la bacteria *Staphylococcus aureus*; en el caso de Abraham y Chain, se describía cómo una bacteria había contaminado la placa de un hongo *Penicillium* y resistía a la penicilina producida por este. La responsable de la resistencia era una enzima que nombraron como *penicilinasa*. El título de la carta era: «Una enzima bacteriana capaz de destruir penicilina». Me imagino la cara que se les quedó al descubrir este alarmante peligro.

En 1955, los editores de una de las mejores revistas de medicina del mundo, *The New England Journal of Medicine*, escribían: «En los últimos años, el aumento de la toxicidad de las drogas utilizadas en exceso y el aumento de las infecciones por organismos resistentes sugiere que todo el tema necesita una reevaluación. En otra editorial de la misma revista en ese año los editores escribieron:

> El aspecto hospitalario de la resistencia a los antibióticos, como ilustra la propagación de los estafilococos resistentes y el aumento de la aparición de especies tan resistentes como *Proteus*, *Pseudomonas*, *Aerobacter* y posiblemente *Candida* no implica que este problema vaya a mantenerse necesariamente confinado en los hospitales. El aumento del número de personas que reciben tratamiento hospitalario y que luego son dados de alta y el alto número de pacientes que reciben antibióticos en casa o en los ambulatorios va a tener un efecto en la comunidad, y esto puede constituir un problema de salud.

Parece que durante esa década numerosos casos de bacterias resistentes ya asomaban por los hospitales; y eso que aún no se habían descubierto muchos antibióticos.

Dos años más tarde, en 1957, ya se habían descubierto una docena de antibióticos. De ellos, la mitad se estaba utilizando masivamente en los hospitales. Ese año, ante la avalancha de artículos sobre bacterias resistentes, los editores volvían a escribir:

La administración profiláctica de drogas antimicrobianas ha dado lugar al reemplazo de la flora respiratoria original por organismos que eran resistentes no solo a los agentes utilizados en la profilaxis, sino también a todos o casi todos los antibióticos que utilizamos en el hospital. Además, la profilaxis de las infecciones del tracto urinario ha dado lugar a un reemplazo de las bacterias sensibles por bacterias resistentes.

En un artículo publicado en 1958 por el comité de la revista *The New England Journal of Medicine* titulado «Combinaciones de antibióticos, conceptos actuales en terapia», se hace referencia a que en esa época existía una tendencia entre los médicos a utilizar varios antibióticos a la vez, con la creencia de que, si un antibiótico era bueno, pues irían mejor dos, o tres, o incluso cuatro. Esto hacía que las farmacéuticas vendieran directamente combinaciones de antibióticos. El artículo hace hincapié en las posibles desventajas de estas combinaciones: «Debido a su promesa implícita de un espectro más amplio y una mayor eficiencia, engendran una falsa sensación de seguridad, desalientan el diagnóstico etiológico específico y fomentan la dosificación inadecuada de antibióticos». Por supuesto, los autores también advertían:

La administración simultánea de varios agentes antimicrobianos aumenta la probabilidad y la variedad de efectos secundarios. El uso generalizado de cualquier combinación de antibióticos en un hospital no solo no evita la aparición de cepas resistentes en esa población, sino que también produce bacterias resistentes a todos los componentes de la combinación.

Otra advertencia más. ¡De hace 60 años! En esa época, los cirujanos utilizaban antibióticos rutinariamente en cada operación, pero un artículo en esa misma revista les despertó del sueño. La administración rutinaria de penicilina y estreptomicina dejaba de evitar las infecciones postoperatorias. No se evitaban las infecciones ni siquiera en los casos de operaciones limpias en las que el problema parecía más improbable.

Necesitamos aceptar la idea de que la resistencia a los antibióticos es un fenómeno que amenaza con enviarnos de vuelta a las décadas oscuras de la salud y la medicina.

Brad Spellberg. *Rising Plague*. 2009.

Portada del cómic *Superbug. La menace miniature*, de Aelement Comics, por
Laurent Arthaud y Marti. Aunque «*bug*» es un término que engloba a casi cualquier
«bicho», suele estar relacionado con pequeños reptiles, insectos, protozoos, virus y
bacterias; y si ya dan miedo a su tamaño normal, imagínelos con superpoderes.

17. Superbacterias

Si buscamos en PubMed —el motor de búsqueda de la base de datos MEDLINE de artículos de investigación biomédica en todo el mundo— la palabra *superbug* veremos que antes de 1989 no se utilizaba en publicaciones científicas. Entre 1989 y 2001 —12 años— se utilizó una media de 0,6 veces por año. Solo en 2018 se citó 30 veces.

Las superbacterias son principalmente cepas de especies bacterianas resistentes a muchos antibióticos. Siempre había querido saber de dónde venía este término y quién lo había puesto en circulación. Después de buscar por la red me encontré de frente con la portada de la revista americana *Look* —que poco tenía que ver con la ciencia—. Esta revista se publicó en EE. UU. entre los años 1937 y 1971, aproximadamente la época dorada del descubrimiento de los antibióticos. El número de la revista en concreto era el del 18 de octubre de 1966 y costaba 25 centavos. La portada anunciaba la colección de coches del año siguiente —1967—. Pues bien, quería conseguir físicamente esa revista, así que hablé con mi amigo José Antonio Fernández Robledo, del Laboratorio Bigelow de Ciencias Oceánicas de Maine —en la costa Este de EE. UU.—. La consiguió en la página americana de eBay por unos 8 dólares y me la envió por correo. Ahí estaba, en las páginas 140 y 141, entre un anuncio de champagne EDEN ROC de California y uno de pantalones vaqueros LEE. El reportaje está firmado por el periodista John A. Osmundsen y no tiene desperdicio. Se titula: «*¿Están los gérmenes ganan*do la guerra contra las personas?». Recordemos que es un artículo de hace más de 50 años.

El mensaje central del presente libro es muy parecido al de ese artículo de dos páginas de 1966. En el segundo párrafo aparece una frase esclarecedora: «Las bacterias pueden diseminar sus resistencias no solo a uno, sino a varios antibióticos al mismo tiempo, y la mayor ironía es que la utilización de esos antibióticos está empeorando la situación». La siguiente frase tampoco tiene desperdicio: «Los médicos no pueden permitirse recetar antibióticos tan libremente como muchos de ellos han estado haciendo durante demasiado tiempo». Y solo estábamos en 1966.

La historia de cómo los científicos clínicos descubrieron el problema se remonta a los años 50, cuando bacteriólogos japoneses estaban estudiando la resistencia a los antibióticos de la bacteria Shigella. En 1955, estos científicos descubrieron que algunas Shigellas eran resistentes no solo a una, sino a 3 o 4 drogas distintas: sulfonamidas, estreptomicina, tetraciclina y cloranfenicol. La primera cepa de este tipo parece ser que fue aislada a partir de una persona con disentería, un trastorno inflamatorio del intestino que produce diarrea grave.

Lo que había pasado es que, al final de la segunda guerra mundial, se introdujo en Japón la sulfonamida para el tratamiento de la disentería. Funcionó perfectamente unos pocos años, pero después de 1949 los casos aumentaron debido a que las *Shigellas* se habían vuelto resistentes a la sulfonamida. Se decidió entonces tratar a los enfermos con tres antibióticos nuevos, la estreptomicina, la tetraciclina y el cloranfenicol. Pocos años después ya sabemos lo que pasó: aparecieron primero *Shigellas* resistentes a cada uno de ellos por separado y luego comenzaron a aislarse cepas resistentes a combinaciones de dos antibióticos y luego a combinaciones de estos 3 nuevos antibióticos. Al final había *Shigellas* con resistencia a los cuatro, incluida la sulfonamida.

La teoría de aquella época por la cual las bacterias solo adquirían resistencia a los antibióticos por mutaciones puntuales en su cromosoma ya no era válida. Como también dice el artículo de *Look*, la tasa de mutación de las bacterias es de 1 entre 100 millones, por lo que esta teoría difícilmente explicaría que las bacterias se hicieran resistentes a 2 o más antibióticos a la vez; simplemente, la probabilidad de que dos o más mutaciones simultáneas o en dos mecanismos de resistencia distintos coincidan a la vez es demasiado baja.

Por si fuera poco, esos científicos japoneses habían encontrado no solo *Shigellas* resistentes a varios antibióticos, sino también *Escherichia coli* resistentes a esos mismos antibióticos. Comenzaron a pensar que lo que pasaba era que estas resistencias a 3 o 4 antibióticos pasaban de unas bacterias a otras en grupo, no de una en una. Los japoneses probarían esta teoría en 1959. Los plásmidos eran los culpables. El término *plásmido* fue acuñado en 1952 por el premio nobel de Fisiología-Medicina Joshua Lederberg, descubridor del intercambio de información genética entre bacterias.

En la siguiente página de la revista aparece por primera vez el término *superbug*. El texto dice así:

> El Dr. E. S. Anderson, del servicio de salud pública británico, incluso ha encontrado una superbacteria que lleva resistencia a más de siete poderosos agentes antibacterianos: estreptomicina, tetraciclina, cloranfenicol, sulfonamida, neomicina, kanamicina y a las penicilinas. Estudios en Japón e Inglaterra han mostrado inequívocamente que el uso de antibióticos fomenta la propagación de factores de resistencia a múltiples drogas en las bacterias.

Continúa más adelante —recordemos que este artículo periodístico es de 1966— con aseveraciones que podrá usted leer a lo largo de este libro:

> No hay duda entre las autoridades de que el aumento del número de bacterias multirresistentes se debe en gran medida al uso imprudente de los antibióticos en medicina y a su uso generalizado para tratar y prevenir las infecciones en la cría de ganado y aves de corral… El Dr. Anderson, que ha estudiado la resistencia de las bacterias a las drogas en el ganado alimentado con pienso tratado con antibióticos, ha declarado que «ha llegado el momento de volver a examinar toda la cuestión del uso de antibióticos y otras drogas en la cría de ganado». Y la Dra. Naomi Datta, de la Escuela Médica de Posgrado de Londres, quien ha estudiado el problema en humanos, insiste en que «los antibióticos deben ser

reservados para cuando sea realmente necesario». Mientras tanto, la industria farmacéutica está trabajando más duro que nunca para desarrollar nuevos antibióticos para que al menos podamos resistir en la guerra contra nuestros enemigos bacterianos.

En los últimos años ya sí que se han visto brotes de superbacterias superresistentes a múltiples antibióticos —no solo a 7 clases—. Por ejemplo, entre 2003 y 2006 apareció en EE. UU. una cepa de estreptococo del serotipo 19A —muy raro— que causaba otitis media aguda en niños pequeños. Esta cepa era resistente a todos los antibióticos aprobados por la FDA para el tratamiento de la otitis media en niños, por lo que en algunos casos hubo que recurrir incluso a cirugía en el oído de los pequeños.

Otro caso —que describiré más adelante— es el de la mujer que murió en 2016 a causa de una *Klebsiella pneumoniae* resistente a los 26 tipos de antibióticos de los que disponía el hospital en el que había ingresado; es decir, esta bacteria podía ser resistente tranquilamente a más de 100 antibióticos distintos. Ese caso llamó mucho la atención de la prensa —quizás por el sensacionalismo del país—. En realidad, otros casos de superbacterias ya habían sido evidenciados en otros países como Australia, donde un hombre de 56 años había muerto ese mismo año por una infección producida también por una *Klebsiella pneumoniae*. Durante 5 meses, los médicos lucharon por mantenerlo con vida, pero no lo consiguieron, porque la bacteria era súperresistente y además había tenido mucho tiempo para infectar su sangre y destrozar su páncreas.

*El potencial que tiene la NDM-1 para ser un problema
de salud pública mundial es grande y se necesita
una vigilancia coordinada internacional.*

KUMARASAMY y colaboradores en *Lancet Infectious Diseases*, 2010.

*Hay unos 100 países en el mundo sin legislación.
Los antibióticos se venden como chuches.*

BERNARD VALLAT, director general de la Organización Mundial
de la Salud Animal, en «In focus», *Nature*, enero de 2012.

[Las enterobacterias resistentes a los
carbapenémicos] *son bacterias de pesadilla.*

THOMAS FRIEDEN, director de los Centros para el Control y la
Prevención de las Enfermedades de EE. UU. (CDC).
Varias noticias periodísticas. 2013.

Maputo, Mozambique, mayo de 2004. En primer plano, un niño que recolecta en la basura para poder alimentarse [Africa924].

18. Focos de pobreza, focos de infecciones, focos de superbacterias

Mi comprensión de los problemas sanitarios de países pobre es limitada, pero tengo claro que estos son los que más sufrirán el problema. Las cifras de mortalidad más elevadas tendrán lugar en Asia y África. El informe O´Neill nos indica que, simplemente con que el crecimiento económico de los países de estos continentes —o de Sudamérica— fuera acompañado de inversión en saneamiento e infraestructuras sanitarias básicas, ya se protegería mucho mejor a la población de las altas tasas de infección que ahora mismo ya tienen.

La combinación de pobreza y falta de educación es el caldo de cultivo ideal para conseguir que la resistencia a los antibióticos avance de manera alarmante en países subdesarrollados o en vías de desarrollo. A esto hay que unir que muchos países no tienen un acceso fácil a viejos antibióticos —la mayoría ya genéricos— que vuelven a ser necesarios hoy en día. Básicamente, los médicos en muchas zonas de países pobres tienen que recetar lo que pueden, que en muchos casos son antibióticos de amplio espectro —lo que favorece la aparición de resistencias en más tipos de bacterias— porque no tienen acceso a antibióticos de espectro reducido. En algunos casos también las alternativas terapéuticas que tienen son menos eficaces y producen peores efectos secundarios. Además, la calidad de muchos antibióticos que se venden en países pobres es cuestionable, porque pueden estar incluso falsificados, degradados, caducados o no haber pasado los controles de calidad necesarios para medicamentos tan importantes.

Por si fuera poco, la calidad de los datos de laboratorio en esos países es en muchos casos dudosa, porque la utilización de métodos y técnicas moleculares que permiten la detección y cuantificación rápida de bacterias o de sus resistencias a antibióticos en la práctica clínica es muy escasa.

En algunos hospitales de países en vías de desarrollo, las calamidades económicas y las restricciones presupuestarias solo permiten dar a los enfermos la mitad del tratamiento al darles de alta. Los pacientes deben comprar el resto en las farmacias locales, lo que inevitablemente conduce a tratamientos erróneos o incompletos, favoreciendo la aparición de resistencias por una disminución de la eficacia de estos fármacos.

ÁFRICA

En febrero de 2017 tuve la oportunidad de confirmar lo que había leído en un número no pequeño de libros y artículos científicos sobre la mala situación de la sanidad y de las enfermedades infecciosas en algunos países de África. Un amigo de mi mujer que trabaja en este continente fue diagnosticado —tras unas sencillas pruebas sanguíneas que incluían frotis de sangre— de leucemia, un tipo de cáncer que se inicia en la médula ósea y produce células sanguíneas sin control. Me imagino la cara que se le quedó. A los pocos días regresó a España y pidió una segunda opinión en un hospital local. Tenía una infección por un virus denominado *citomegalovirus*. Una infección no excesivamente complicada en pacientes adultos sanos. Se curó y volvió a sus tareas en pocos días. España tiene uno de los mejores sistemas de sanidad públicos del mundo.

A principios de 2017 me invitaron a revisar un artículo sobre el efecto de la crisis económica en la transmisión y el aumento de las enfermedades infecciosas en África. En artículos científicos sobre el estado de las instituciones sanitarias en África, a menudo se hace hincapié en que la población —en especial los niños— no tiene acceso a muchas necesidades básicas como la educación, alimentos, servicios sanitarios, ropa adecuada, etc. En este contexto, no es de extrañar que las enfermedades infecciosas campen a sus anchas. En muchos niños no se llega a conseguir que los antibióticos actúen eficazmente. Esto es debido a algunas variables dependientes directamente del paciente, como la malnutrición, que puede producir una mala absorción del antibiótico y a un tratamiento subterapéutico peligroso.

Me quedé absorto tras leer que, en pequeñas aldeas bastante alejadas de la civilización, cuando un niño tiene fiebre y convulsiones, esto se asocia con la presencia de un espíritu maligno, por lo que el niño es llevado a la presencia de un exorcista —que normalmente se encuentra en la *cabaña espiritual*— en lugar de ser llevado al hospital más cercano. O lo que es peor, se le lleva a una casa grande en el centro del pueblo para que todo el mundo se ponga a rezar a su alrededor, lo que puede favorecer el contagio de enfermedades como la tuberculosis.

En algunos países como Uganda, muchos enfermos compran sus medicamentos en las farmacias sin haber consultado antes a un profesional de la salud. Eso no es lo peor. Como no tienen dinero suficiente para un tratamiento completo (pongamos por ejemplo: 10 días a 3 dosis/día de amoxicilina), compran solo las pastillas que pueden pagar en ese momento, lo que inevitablemente conduce a no cumplir con la prescripción médica. Estos y otros relatos similares se recogen en un artículo publicado por la voluntaria y escritora freelance Sue Campbell, en la revista *Nursing Standard* en 2007. La autora relata cómo muchas familias llevan a sus hijos pequeños al médico por una infección viral del tracto respiratorio superior y salen de la consulta del médico con recetas para comprar aspirinas, vitaminas y antibióticos. Además, muchos médicos deciden recetar antibióticos de amplio espectro para evitar posibles complicaciones, o incluso varios a la vez...

Por si la falta de educación, higiene y alimentos no fuera suficiente problema, según un reportaje de agosto de 2016 del diario inglés *The Guardian*, la pobreza extrema está causando además un efecto colateral grave en África: el aumento de la tasa de enfermedades mentales.

Nueva Delhi, India, julio de 2018. Un niño recolecta residuos de basura en un vertedero. Cientos de ellos trabajan en estos sitios para ganarse la vida [Clicksabh].

La India es un país maravilloso. Pero aquí hablamos de resistencia a los antibióticos. Las enfermedades infecciosas en la India se encargan actualmente del 30 % de los fallecimientos. Si algún lugar del mundo va a tener el *privilegio* de regresar el primero a la era preantibiótica, ese va a ser la India.

Aunque las vacunas no son el objetivo de este libro, hay que decir que la India tiene el triste dato de que menos de un 50 % de sus niños están vacunados. Si pudiéramos juntar a todos los niños de mundo menores de 5 años que no están vacunados, un tercio vivirían en la India. Por si esto no fuera suficiente desgracia, una gran parte de la población no tiene acceso a agua potable, lo que aliviaría en gran medida las penosas condiciones higiénicas entre las que se desenvuelve gran parte de la población en ese país. Una mala higiene favorece enormemente la aparición de enfermedades infecciosas.

Para colmo de males, recientemente se publicó un artículo en la prestigiosa revista *Lancet Infectious Diseases* en la que se investigadores de la Universidad de Cardiff (Reino Unido) habían descubierto 11 especies de bacterias en el agua potable de Nueva Delhi que tenían el gen NDM-1. Este gen, que debe su nombre precisamente a esta ciudad, ya que fue descubierto ahí por primera vez (en inglés *New Delhi Metallo-beta-lactamase*) hace que las bacterias produzcan una proteína que destruye los antibióticos beta-lactámicos. Otra beta-lactamasa no menos peligrosa es la CTX-M-15, que parece que también campa a sus anchas en la India. Pues bien, lo más preocupante de ese artículo no es solo que una parte de la población de la India pueda llevar estos genes bacterianos de resistencia en sus intestinos, sino que muchas de ellas parece que están en plásmidos dentro de las bacterias. Los plásmidos, como ya he explicado, pueden pasar de unas bacterias a otras, con lo que la transmisión de estas resistencias es rápida. El estudio realizado por los investigadores ingleses mostraba además que estos plásmidos se transmiten muy bien a 30 °C de temperatura, que casualmente es la temperatura que hay en algunas zonas de la India en época de lluvias monzónicas. Ya tenemos todos los ingredientes para el desastre: un montón de bacterias en el agua, muchas de ellas con plásmidos que llevan estos genes de resistencia a antibióticos, esos plásmidos que se transmiten mejor de unas bacterias a otras en épocas de lluvia monzónica y un número enorme de personas expuestas a esas aguas.

Como los antibióticos normales ya no funcionan en muchos casos, hay que recurrir a la colistina para tratar enfermedades que antes se trataban con esos antibióticos menos potentes pero también menos tóxicos. Cada vez es más frecuente entrar en las bases de datos para buscar información sobre resistencia a los antibióticos en la India y encontrarse con el término *salvage therapy*. Estas palabras se refieren a un tratamiento *in extremis* como última tentativa en pacientes con mal pronóstico que no han respondido a las posibilidades terapéuticas con los antibióticos habituales. Ese tratamiento en muchos casos es la colistina. Para colmo de males, ya en 2011 se observaban en la India tasas de resistencia a la colistina en *Acinetobacter baumannii* del 3,5 %. En 2014 el porcentaje era del 4-5 %. Terrible. Y la situación no tiene pinta de ir a mejor.

Investigadores de la Universidad de Delhi, del hospital Sir Ganga Ram de Nueva Delhi y de la Organización Mundial de la Salud en el sureste asiático, publicaron en 2012 un informe sobre la prescripción y venta de antibióticos en 5 áreas residenciales de Nueva Delhi. Por aquel entonces, la tasa de analfabetismo en la zona era superior al 80 %. El estudio es demoledor. La conclusión que podríamos sacar en una primera lectura es que los antibióticos en la India se dispensan a lo loco. Los pacientes se guardan las recetas, con lo que pueden volver en el futuro para pedir los mismos antibióticos con esas viejas recetas ya sin pasar antes por el médico. La gente más pobre no se puede costear los medicamentos, por lo que muchos solo compran parte de las dosis necesarias. Los farmacéuticos tienen sus propios hábitos para prescribir antibióticos, algunas veces siguiendo alguna moda que implantan los médicos de la zona, otras veces acuciados por los pacientes. Los farmacéuticos de las instituciones públicas pueden dispensar solo una parte del tratamiento si se están quedando sin existencias. Además, resulta que en la India puedes obtener un diploma en farmacia tras un curso de dos años, seguido de otro curso de 3 meses en un hospital. Y así les va. Con este título ya no tienes ninguna obligación de seguir formándote. De este modo, el conocimiento sobre el uso prudente de los antibióticos y el aumento de las resistencias es inexistente entre la mayoría de farmacéuticos, que están más preocupados de la subsistencia familiar que de este importante tema que les supera ampliamente. Por supuesto, todo esto trufado de corruptelas de las industrias farmacéuticas con intereses comerciales que ven la barra libre para la venta de antibióticos como algo tan suculento como natural en este país. Tras la lectura de artículos de este tipo, los médicos locales tampoco es que parezcan unas eminencias.

El Gobierno indio, a través de su Ministerio de Salud y Bienestar Familiar, comenzó a percatarse de la gravedad del panorama que se cernía sobre el país en 2011. En 2012, una serie de iniciativas como el simposio nacional «*A Roadmap to Tackle the Challenges of Antimicrobial Resistance*» culminaron en la Declaración de Chennai, que se encargaría de dirigir la política antirresistencias en la India durante los siguientes 5 años. La lista de medidas propuestas fue bastante larga. Al leerla, a uno le da la impresión de que hasta 2012 la sanidad y las medidas para luchar contra las enfermedades infecciosas en la India eran de chiste. A partir de ese momento, parece que se han puesto las pilas para crear medidas de control de las infecciones e incluso no escatimar en la utilización masiva de desinfectantes de manos en los hospitales. Llama también la atención que solo desde ese momento se atisba un plan para regular o eliminar los antibióticos utilizados como promotores del crecimiento en animales, principalmente en pollos; y en la India se consumen muchos pollos. Pero que muchos pollos. Pensemos en el pollo tandoori o en el pollo tikka.

En 2011 se dieron cuenta del problema y en 2012 diseñaron medidas para contrarrestarlo; las han comenzado a implantar en 2013. Pero entre que se implantan todas esas medidas, se producen resultados tangibles y se analizan, nos plantamos en 2025 tranquilamente. En esos 10 años no se espera ningún antibiótico rompedor en el mercado, por lo que, o estas medidas dan un resultado mejor de lo esperado, o el panorama se va a poner muy pero que muy negro en la India.

Bien, ya estamos en 2019. ¿Qué ha pasado? Que la economía del país ha mejorado, con lo que los antibióticos han sido más asequibles y esto ha llevado a un mayor número de compras —y ventas— de antibióticos, con el consiguiente aumento de las resistencias. La necesidad de reducir el consumo de antibióticos sigue estando ahí, pero los expertos aún se preguntan por qué los médicos en la India siguen recetando antibióticos inadecuados. Vamos, que en la India tienen unos problemas similares a muchos países de occidente, pero con 1.350 millones de habitantes.

Esto me hace pensar en lo que veo a menudo en los hospitales españoles. A pesar de que tenemos uno de los mejores sistemas sanitarios del mundo —entre los 12 primeros de la Unión Europea en 2017, aunque últimamente ha bajado unos cuantos puestos—, mucha gente se queja de las largas esperas en urgencias, de que hay que compartir habitación, de la comida del hospital, de que tu compañero de habitación se tira ventosidades o que es del Madrid o del Barça, de lo incómoda que es la silla de los acompañantes que se tienen que quedar a dormir, o de que las enfermeras no te dejan tranquilo porque están todo el rato midiéndote la tensión o la temperatura —cuidando de ti—. La queja es un deporte nacional en nuestro país. La próxima vez que se queje de un hospital español piense cómo estaría en un hospital de un país como la India.

No lo piense, se lo voy a contar yo.

A principios del mes de agosto de 2016, una mujer residente en el condado de Whasoe —al oeste de Nevada, en EE. UU.— llegó procedente de la India después de realizar una larga visita a ese país. Había estado otras veces allí. Incluso dos años antes se había roto el fémur y había sido atendida en un hospital de la India. Dos meses antes de regresar a EE. UU. estuvo de nuevo ingresada en un hospital por problemas también en la cadera. Al regresar a su país y después de unos días en su casa, el día 18 de agosto ingresó en el hospital debido a una infección grave en esa misma cadera. La mujer ya contaba con 70 años. Falleció a principios de septiembre. La causa de su muerte fue una infección por la bacteria *Klebsiella pneumoniae* que invadió su sangre y causó un *shock* séptico, el cual disminuye la tensión arterial y termina por afectar al funcionamiento de los órganos vitales. Los médicos no pudieron hacer nada por salvar su vida, porque esta bacteria en concreto era resistente a 26 tipos de antibióticos, a todos los que había en el hospital. Es decir, a prácticamente todas las familias de antibióticos utilizadas normalmente para combatir bacterias de este tipo. Si sumamos los antibióticos que componen esas familias, la bacteria sería en realidad resistente a más de 100 antibióticos. El mundo se enteró de esta noticia en enero de 2017, cuatro meses después.

CHINA

El caso de China va parejo al de la India, quizás porque son dos países de los más poblados del mundo, con regulaciones no muy transparentes. Algunos de sus ríos, incluidos el gran Yangtze, el Huangpu o el Jiulong van hasta las cejas de genes de resistencia a antibióticos. Una de las grandes compañías que realizaba vertidos ilegales de medicamentos, la Shandong Lukang Pharmaceutical, ya ha pedido perdón, según un artículo publicado en *Science* en 2015.

Quizás el peor problema del país es que tiene una población tan grande que cuesta mucho alimentarla. Pero para eso están las granjas de cerdos. China produce el 30 % de toda la carne de cerdo del planeta. Según la revista *Nature*, eso no sería un problema si sus granjeros no utilizaran —por ejemplo— cuatro veces más antibióticos que los EE. UU. para producir la misma cantidad de carne. En EE. UU. utilizan muchos antibióticos en el pienso, pero parece que China es medalla de oro en esto.

COLISTINA

Con el aumento de la resistencia a los antibióticos estamos llegando a un punto en el que una de cada cinco bacterias será insensible a estos fármacos. En los hospitales de todo el mundo, si elegimos un día cualquiera al azar, casi la mitad de los pacientes que se encuentren ingresados por cualquier motivo están recibiendo un tratamiento con antibióticos, ya sea profiláctico o terapéutico. El aumento de bacterias resistentes está haciendo ya que tengamos que echar mano de antibióticos que son más tóxicos o más caros, y posiblemente menos efectivos. Si los antibióticos son menos efectivos, entonces los pacientes tardarán más tiempo en recuperarse y permanecerán más tiempo en los hospitales, aumentando el riesgo de que sean infectados por nuevas bacterias resistentes a esos antibióticos y también aumentando el coste económico.

El descubrimiento de que el mecanismo de resistencia a la colistina denominado MCR-1 (gen mcr-1) podía moverse de unas bacterias a otras mediante un plásmido causó bastante revuelo a principios de 2016. Un equipo de investigadores chinos que se dedicaba a tomar muestras de ganado porcino para vigilar las tasas de resistencia a los antibióticos en cepas de *Escherichia coli* notó que la resistencia a colistina estaba aumentando rápidamente por todo el país; de hecho, antes del año 2000, en muchos lugares de China lo que se añadía al pienso del ganado no eran antibióticos purificados, sino directamente el micelio de los hongos productores de esos antibióticos. Es decir, el microorganismo entero, en bruto.

Como las mutaciones que permiten a las bacterias resistir a la colistina se dan normalmente en el cromosoma y son por lo tanto poco frecuentes, sospecharon que el alto número de resistencias podría deberse a la existencia de un plásmido que transportara el gen de unas bacterias a otras. Y efectivamente, así era. El artículo, publicado en *Lancet Infectious Diseases* recibió enseguida numerosos comentarios. Tan solo unas semanas después, distintos investigadores en los cinco continentes descubrieron este mismo mecanismo de resistencia. Parece que simplemente no se había buscado bien, pero ya estaba ahí.

Que una bacteria tenga este gen y por lo tanto sea resistente a la colistina puede no ser un problema si esa misma bacteria es sensible a otros antibióticos, por ejemplo a los carbapenémicos. Es decir, esa bacteria es resistente a la colistina, pero si al paciente lo tratas por ejemplo con imipenem o meropenem —carbapenémicos—, este se cura. Así que la transferencia mediada por plásmidos de esta resistencia al antibiótico que prácticamente es de último recurso podría no suponer una amenaza, a no ser que la misma bacteria que lleva esta resistencia sea también resistente a otros antibióticos de penúltimo recurso. Por desgracia esto ya ha ocurrido. También en China. En 2017 ya se detectaron cepas resistentes a la colistina y a las cefalosporinas de tercera generación en pacientes hospitalizados. Como dicen en la serie de elevisión juego de tronos, *winter is coming.*

MÁS ABAJO DE EE. UU.

Me cuenta Kino, un primo de mi mujer que vive en Chicago, que hace unos 10 años, cuando viajaba por países de Centroamérica como México, Guatemala o Nicaragua, se encontraba habitualmente con tiendas o farmacias que ofrecían antibióticos a los turistas libremente, sin receta y sin tener que dar ninguna explicación. De hecho, en los años 80 y 90 los antibióticos eran los medicamentos más vendidos en las farmacias mexicanas —con o sin receta—. En ese tiempo, no se requería a las farmacias contar con un profesional de la salud para dispensar medicamentos, con lo que cualquier persona sin un título universitario podía dispensarlos. Y así en muchos países sudamericanos. Mi amiga Silvina, argentina de nacimiento, pero que lleva unos cuantos años en España, me ha dicho también que en su país los antibióticos —la amoxicilina por ejemplo— se vendían como los chicles.

En el año 2012, un grupo de miembros del Consorcio Internacional para el Control de Infecciones Nosocomiales (por sus siglas en inglés INICC), pertenecientes a 37 instituciones sanitarias y centros de investigación, publicó un macroestudio en la revista *American Journal of Infection Control* sobre algunos aspectos relacionados con las enfermedades infecciosas en las unidades de cuidados intensivos (UCI) de 36 países, 14 de ellos centroamericanos y sudamericanos. En total, el consorcio ofreció datos de 422 de estas UCI, repartidas por países de América (123), Asia (241), África (6) y Europa (52). El estudio ofrece un montón de datos, pero destacaré uno que parece bastante obvio: las tasas de infección nosocomial asociada a la «contaminación de aparatos médicos» es mucho mayor en las UCI de países con recursos limitados. En la mayoría de ellos no hay una regulación oficial que haga referencia expresa a la implementación de programas de control de enfermedades o al cumplimiento de las normas de higiene (lavarse las manos por ejemplo). La falta de presupuesto no solo impide la implantación de estos programas, sino que también influye en la baja tasa de enfermeras por paciente o en la falta de enfermeras y personal sanitario suficientemente experimentados; y por supuesto en la masificación, en la falta de suministros médicos, etc.

En México, el boletín de la Comisión Nacional de Arbitraje Médico (CONAMED), en su número especial de 2018, mostraba porcentajes de resistencia de *E. coli* mayores del 50 % para varios antibióticos, porcentajes mayores del 25 % de resistencia en *K. pneumoniae*, *P. aeruginosa* y *S. aureus*, y mayores del 75 % en *A. baumannii*.

Pero la resistencia a los antibióticos no es un problema solo de países denominados pobres, ni mucho menos. Según expertos de la fundación Bill y Melinda Gates de Seattle (EE. UU.), los BRICS —acrónimo de una asociación económica-comercial de las cinco economías nacionales emergentes más importantes del mundo: Brasil, Rusia, India, China y Sudáfrica— ya presentan problemas graves de resistencia a algunos antibióticos fundamentales como la meticilina.

Los líderes mundiales y los economistas ya están de acuerdo
con los investigadores en que no hacer nada sería un desastre.

Nature Microbiology, noviembre de 2016.

La gente tendrá dolor de garganta el martes
y estará muerta el viernes.

GEORGE POSTE, *The Australian*, 2000.

El economista británico, Terence James O'Neill, «Jim O'Neill» [*Janela na web*, 2012].

19. El informe O'Neill

En julio de 2014, el primer ministro británico —por aquel entonces David Cameron— encargó al prestigioso economista Terence James O'Neill (Manchester, 1957) —famoso entre otras cosas por haber acuñado el término BRICS—, un informe que analizara el problema del aumento de las resistencias a los antibióticos en todo el mundo y que propusiera acciones internacionales para combatirlo. Para realizar este informe, O'Neill contó con el apoyo del Gobierno británico y de la Wellcome Trust —una organización de investigación biomédica sin ánimo de lucro con sede en Londres—. Durante dos años, equipos multidisciplinares de dos empresas de consultoría, RAND Europe y KPMG, se encargaron de realizar evaluaciones de alto nivel sobre el impacto de la resistencia a los antibióticos basándose en posibles escenarios de crecimiento económico y a su vez de aumento de las resistencias. El informe finalizó en el verano de 2016, dos años después. Son 84 páginas muy útiles. El informe pretendía inicialmente explorar cinco apartados:

1. Evaluar el impacto de la resistencia antimicrobiana sobre la economía mundial si no se aborda este problema.
2. Cómo podemos cambiar el uso de las drogas antimicrobianas para reducir el aumento de las resistencias, incluyendo la utilización de los últimos avances tecnológicos.
3. Cómo podemos impulsar el desarrollo de nuevos fármacos antimicrobianos.
4. Qué alternativas potenciales hay a los antibióticos para frenar el aumento de las resistencias.
5. La necesidad de acciones internacionales coherentes que abarquen desde la regulación de los fármacos hasta el uso de esas drogas en el hombre, los animales y el ambiente.

Lo primero que me gustaría resaltar es que el primer punto ya deja claro que el equipo de colaboradores encargados del proyecto estaba bastante enfocado hacia el tema económico. De hecho, en el peor de los escenarios, con tasas de resistencia a los antibióticos aumentando y muchos millones de personas falleciendo por esta causa —cifras que algunos científicos califican de poco realista—, el informe —en su primera versión de diciembre de 2014— estimaba ya que el producto interior bruto mundial se reduciría entre un 2 y un 3,5 %. Solo por este problema.

El coste de una acción global para frenarlo tendría que ser de 40.000.000.000 de dólares en un periodo de 10 años. Es decir, de tres a cuatro mil millones al año de inversión. Pero eso no todo: a cambio, el informe estima que «para no gastar más de eso», en una década habría que tener 15 antibióticos nuevos, siendo cuatro de ellos realmente rompedores.

No hacer nada parece que costará más. Yo entiendo poco de macroeconomía, especialidad del principal autor del informe. No voy tan lejos con las predicciones, pero me gusta leer. El 5 de octubre de 2017 se publicó en la revista *Scientific Reports* un estudio sobre un brote *Klebsiella pneumoniae* en Londres. La bacteria afectó a 40 pacientes de dos hospitales. Solo pudo frenarse con colistina y tigeciclina, y costó más de un millón de euros a las arcas públicas. 40 enfermos = 1.000.000 euros. A 25.000 euros por paciente. Nada barato. ¿Cree usted que la gente de la calle sabe lo que cuesta salvar la vida a las personas infectadas por superbacterias?

Según el informe, si la resistencia a los antibióticos sigue aumentando, más de 300 millones de personas morirían en los próximos 33 años, a razón de unos 10 millones al año. Esto significa una mayor mortalidad que el cáncer. Lo que me tranquiliza un poco es que todos estos datos se barajan para un posible escenario que ocurriría, en el peor de los casos, con tasas de crecimiento de las resistencias entre un 40 % y un 100 % tras 15 años, siendo el número de infectados constante. Esto contando los casos de infecciones por bacterias y por el VIH, pero sin contar los casos de malaria.

Revistas no científicas del mundo de los negocios como *Forbes*, *Fortune* o *The Economist* se hicieron inmediatamente eco de este problema con artículos titulados: «El nuevo informe de resistencia a los antibióticos es algo de pesadilla», «Las infecciones resistentes a los medicamentos podrían costar a la economía mundial 100 trillones de dólares en 2050» o «Los medicamentos no funcionan».

Dejando la economía y las cifras astronómicas, otra parte del informe habla sobre los efectos secundarios en los sistemas sanitarios debido a la resistencia a los antibióticos. Los sistemas sanitarios modernos descansan tranquilos sobre un colchón de antibióticos. Por lo tanto, habría unas cuantas cosas que irían mal si los antibióticos fallan. El informe hace referencia a algunas de ellas: 1) La cirugía, donde a los pacientes se les trata con antibióticos de forma profiláctica para prevenir infecciones durante o después de las operaciones. Digamos que, por ejemplo:

1. La cirugía, donde a los pacientes se les trata con antibióticos de forma profiláctica para prevenir infecciones durante o después de las operaciones. Digamos que, por ejemplo, una simple operación de cadera, el implante de prótesis articulares o la cirugía intestinal peligrarían.
2. La quimioterapia en los pacientes de cáncer no sería posible debido a la inmunosupresión que muchos de estos tratamientos ejercen sobre los pacientes. Sin un sistema inmunitario fuerte, el cuerpo está a merced de las bacterias, y si no hay antibióticos que funcionen, no hay escapatoria posible.
3. Las operaciones de cesárea y los partos correrían serio peligro.
4. Los trasplantes de órganos —por ejemplo los de médula ósea, pulmón, corazón, hígado, etc.— no podrían ser exitosos.
5. En las unidades de cuidados intensivos sería difícil proporcionar algunos cuidados vitales a los enfermos debido a las altas tasas de infección.

Lo que me despista un poco es que el informe preliminar de diciembre de 2014 realizaba sus predicciones basándose en solo 6 patógenos (4 bacterias más el virus del sida y el parásito de la malaria). Las bacterias eran *Klebsiella*, *Staphylococcus*, *Escherichia coli* y *Mycobacterium tuberculosis*. Parece que no habían incluido a otros tan peligrosos (o incluso más) como *Acinetobacter*, *Pseudomonas*, *Clostridium* u otras especies de enterobacterias.

El informe O´Neill nos deja algunos mensajes clave:

1. Se necesita una campaña masiva de concienciación pública sobre el problema.
2. Hay que mejorar la higiene, sobre todo en países pobres. En los países ricos hay que seguir con las campañas para reducir las infecciones hospitalarias —por ejemplo, mejorando la higiene de manos en el personal sanitario—.
3. Hay que reducir el uso de antibióticos en agricultura para proteger el ambiente.
4. Hay que mejorar la vigilancia de la resistencia a los antibióticos y el consumo de estos fármacos por el hombre y los animales.
5. Se deben promover test rápidos de diagnóstico para evitar el uso innecesario de antibióticos.
6. Se debe promover y desarrollar el uso de vacunas y otras alternativas.
7. Hay que aumentar el número de especialistas en enfermedades infecciosas y mejorar su salario y su reconocimiento.[3]
8. Hay que establecer un fondo de innovación global para investigación.
9. Hay que mejorar los incentivos que promuevan inversiones en nuevos medicamentos o para mejorar los ya existentes.
10. Hay que construir una coalición global mediante el G20 y las Naciones Unidas.

---

3   El punto 7 es especialmente importante en España. ¿Por qué? Porque, al contrario que en la gran mayoría de países europeos, en España no existen médicos especialistas en enfermedades infecciosas. A pesar de que importantes asociaciones científicas e incluso de pacientes reclaman esta especialidad, aún en 2019 no tenemos claro si los políticos españoles terminarán por concretar su creación. La necesidad de instaurar en los hospitales medidas de prevención y control de las enfermedades infecciosas sigue creciendo. Cada vez hay nuevos procedimientos quirúrgicos y nuevas tecnologías, y las patologías se han vuelto más complejas. El número y la variedad de bacterias infecciosas junto con su resistencia a los antibióticos va en aumento. Esto va en paralelo a la creciente necesidad de las gerencias hospitalarias de optimizar los tratamientos para reducir costes. Todo ello induce a considerar a los expertos en enfermedades infecciosas como piezas clave para implementar las estrategias de control de los brotes, implantar y mantener las medidas de prevención y salvaguardar los recursos disponibles contra las bacterias. Los especialistas en enfermedades infecciosas, junto con las personas que trabajan en microbiología clínica, en las farmacias y en medicina preventiva, deberían formar y liderar los equipos de trabajo para luchar contra el problema de las resistencias en los hospitales y también fuera de ellos. De hecho, muchas de las personas que han colaborado en la elaboración de este informe son médicos especialistas en enfermedades infecciosas.

El informe O'Neill me plantea dos dudas razonables, una para mal y otra para bien.

La negativa es que los principales miembros del equipo que han participado en su elaboración no son científicos expertos en microbiología clínica y enfermedades infecciosas sino economistas.

Además, las tasas de aumento de resistencias (entre el 40 % y el 100 %), que son la base para realizar las predicciones a medio plazo, me resultan excesivas. Si estas tasas de crecimiento fueran tan altas, apaga y vámonos, porque el informe solo ha trabajado con cuatro patógenos bacterianos humanos, más el virus del sida y *Plasmodium* —el parásito causante de la malaria—; pero hay muchos más. Por supuesto, calcular la mortalidad de las enfermedades infecciosas es complicado, porque muchos fallecimientos se producen en enfermos ya golpeados por otras patologías como el cáncer. Los mismos autores del informe especifican que este corresponde a estimaciones brutas y que es la comunidad científica la que debe modelar estos datos con estudios más detallados. A decir verdad, no conozco las técnicas de *Big Data* ni los algoritmos utilizados por RAND Europe y KPMG para sus conclusiones, pero me resulta difícil pensar que, con las complicaciones que tiene España para medir, o llevar un seguimiento de las enfermedades infecciosas, patógenos relevantes, resistencias a los antibióticos en hospitales públicos y privados, etc., pueda salir algo aproximado a la realidad estudiando 200 países a la vez. Además, las bacterias multirresistentes, de extrema resistencia o las panresistentes no afectan a todos los países por igual. Solo en África, realizar o encontrar estudios representativos que puedan dar una idea del estado de la resistencia a los antibióticos de esos distintos tipos de bacterias resistentes podría ser una odisea.

La parte positiva de este informe es que el problema que describe se ha conocido en todo el mundo. El dato de que a partir del año 2050 morirán 10 millones de personas cada año —más que de cáncer— a causa de las superbacterias ha corrido como la pólvora por todos los diarios del planeta. Es un número demasiado redondo, pero ya no hay documental en televisión o noticia en la prensa —o incluso en revistas científicas— sobre antibióticos o bacterias patógenas que no haga alusión a estas cifras. Hasta el G20 parece que se ha puesto las pilas. Además, leer en los agradecimientos del informe que unos 90 científicos —entre ellos más de 25 microbiólogos clínicos, veterinarios y expertos en enfermedades infecciosas— han participado en su redacción final, me tranquiliza. Me tranquiliza la elaboración del informe, pero no el panorama, que pinta bastante mal.

Según un estudio apoyado por la Sociedad Española de Enfermedades Infecciosas y Microbiología Clínica en 82 hospitales españoles de 15 comunidades autónomas en 2018, durante la semana del 12 al 18 de marzo se registraron 903 pacientes infectados por bacterias multirresistentes. Los tres tipos de infección más comunes fueron las infecciones urinarias, las infecciones intraabdominales y las neumonías, casi todas producidas por bacterias gram negativas. El número de pacientes que falleció durante el mes de seguimiento fue de 177 (el 19,6 % de los infectados). Esta cifra, si la extrapolamos a un año entero, y a todos los hospitales españoles, podría suponer más de 35.000 fallecimientos. Para que nos hagamos una idea de la magnitud, en España mueren al año por accidentes de tráfico unas 1.200 personas o lo que es lo mismo, unas 23 personas a la semana. Pues bien, si esa cifra de infecciones por superbacterias fuera cercana a la realidad, cuando escuchamos un lunes en el telediario algo así como: «Este fin de semana han fallecido en las carreteras españolas 23 personas», el periodista de turno podría añadir: «Y esta misma semana han fallecido en todos los hospitales españoles 673 personas por infecciones». Unas 30 veces más. Pero esas cifras nunca aparecen en el telediario.

Es una paradoja trágica y una lección de humildad para la especie humana que en la cima de su capacidad científico-técnica esté siendo derrotada por seres tan primarios.

Editorial de la Sociedad Española de Enfermedades
Infecciosas y Microbiología Clínica. 2017.

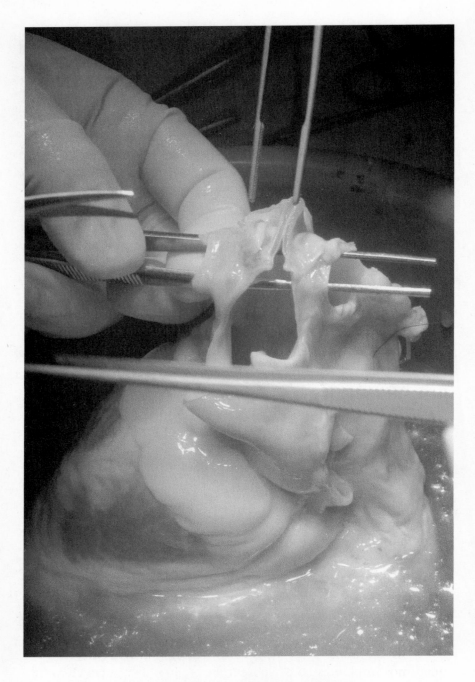

Preparando un corazón para un trasplante [Kalewa].

20. El mundo sin antibióticos

¿LLEGAREMOS A CIFRAS TAN ALTAS DE MORTALIDAD?

Los antibióticos —solo estos fármacos— han aumentado la esperanza de vida del ser humano al menos en 10 o 15 años; de hecho, el autor de este libro y gran la mayoría de sus lectores no estarían vivos si no fuera por los antibióticos. Usted o sus progenitores, y yo, hemos recibido en alguna ocasión un tratamiento con antibióticos y ese tratamiento nos ha salvado la vida.

Por ejemplo, España es un lugar maravilloso, y sus habitantes también, lleva más de 25 años siendo líder mundial en trasplantes. Es también el país del mundo con el mejor índice de trasplantes por millón de habitantes, muy por encima de la media europea y de EE. UU. Pero cualquier trasplante de órganos sería inviable sin la aplicación de inmunosupresores que evitan que la respuesta inmunitaria del receptor lleve rápidamente al rechazo del órgano del donante. Para el trasplante, se busca que haya una compatibilidad entre el donante y el receptor. Obviamente, si no hay compatibilidad no se puede realizar el trasplante. Pero, incluso aunque haya una perfecta compatibilidad, el sistema inmunitario del paciente receptor siempre puede encontrar algo extraño en el órgano que se le implanta. Todo es muy complejo a nivel molecular y nuestro cuerpo reacciona contra cualquier cosa extraña que queramos implantar en él, sobre todo si contiene células vivas. El sistema inmunitario reacciona más o menos virulentamente contra ese órgano extraño. Si es compatible la respuesta será menor, pero aun así, habrá respuesta. Debemos tranquilizar al sistema

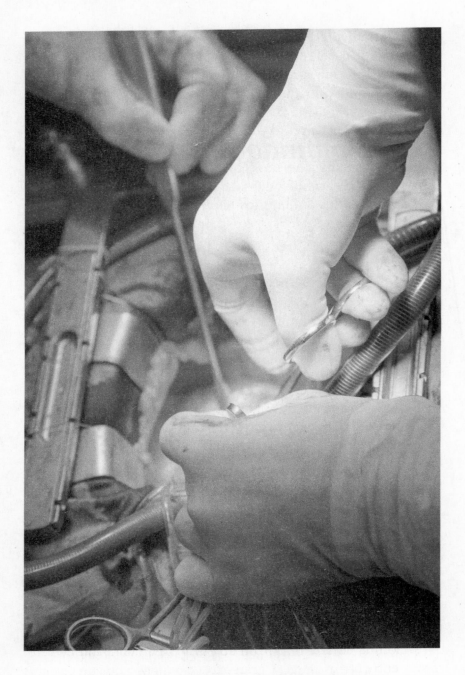

Cirugía cardíaca con *bypass* cardiopulmonar [Beerkoff].

inmunitario del receptor para que este permita al nuevo órgano integrarse bien en su nuevo cuerpo. Si el sistema inmunitario reacciona de forma agresiva contra el nuevo órgano se produce el rechazo. ¿Cómo calmamos al sistema inmunitario para que no se produzca rechazo? Con fármacos inmunosupresores. Estos inmunosupresores son imprescindibles, pero con un sistema inmunitario calmado podemos ser presa fácil para las infecciones, por lo que todos los individuos trasplantados reciben además una cantidad importante de antibióticos. Los inmunosupresores evitan que haya rechazo y los antibióticos hacen que las infecciones disminuyan. Sin estos antibióticos, los trasplantes de órganos no serían posibles.

Sin antibióticos, la aplicación de la quimioterapia en pacientes de cáncer tampoco sería posible. Tras las sesiones de quimioterapia o radioterapia, estos pacientes acaban muy debilitados y son presa fácil de cualquier infección si no son tratados con antibióticos de manera preventiva. Los tratamientos contra el cáncer pueden conducir fácilmente a infecciones de la piel, del aparato respiratorio o del tracto digestivo, que podrían causar fácilmente sinusitis, neumonía, meningitis o sepsis si no se utilizan antibióticos antes o después del tratamiento antitumoral. El simple hecho de introducir la aguja de un catéter en vena para iniciar el tratamiento con quimioterapia podría introducir bacterias de la piel en el torrente sanguíneo. A pesar de la excelente calidad de los profesionales sanitarios que tenemos, esto puede ocurrir en cualquier momento, y para prevenirlo es necesario administrar antibióticos.

Las UCI de los hospitales se encargan del tratamiento y cuidado de pacientes que necesitan una vigilancia especial e intensiva. Los médicos están monitorizando la salud de estos pacientes durante 24 horas al día. Esto incluye a los heridos de accidentes de tráfico con politraumatismos, a los pacientes cuya enfermedad de base ha empeorado tanto que se teme por su vida o a los pacientes que han pasado por quirófano para una operación seria —como una cirugía a corazón abierto o una operación de cerebro— entre otros. Durante gran parte del tiempo que un paciente está en la UCI, recibe antibióticos normalmente por vía intravenosa y principalmente para prevenir infecciones. Sin los antibióticos, las UCI serían inútiles, unas trampas mortales. Un ejemplo lo tenemos en algunas máquinas que literalmente mantienen vivo al paciente como los pulmones artificiales, también conocidos como máquinas de terapia de oxigenación por membrana extracorpórea (o ECMO, del inglés *extracorporeal membrane oxygenation*). Cuanto más tiempo pasa el paciente conectado a esta máquina, más posibilidad hay de una infección en sus vías respiratorias. Estas máquinas salvan la vida del paciente, pero sin los antibióticos no celebraríamos ese éxito.

Sin antibióticos, el número de muertos durante una tragedia humanitaria o durante los conflictos bélicos sería mucho mayor. El primer ejemplo lo tuvimos en la segunda guerra mundial. La penicilina fue responsable de que muchos soldados pudieran regresar al frente a luchar, o a sus casas para ver a sus mujeres y a sus hijos.

Sin antibióticos tampoco sería fácil cultivar células humanas, porque estarían expuestas en todos los ensayos a la posibilidad de contaminaciones con bacterias. De los cultivos de células dependen muchas investigaciones científicas en laboratorios de todo el mundo. Por ejemplo, las células en cultivo se utilizan como sistemas modelo para estudiar la biología básica y la bioquímica de las células. También se utilizan para estudiar la biología celular del cáncer —por ejemplo comparando células normales con tumorales—. No se podrían estudiar las enfermedades producidas por virus, ya que estos organismos necesitan células para poder multiplicarse; sin cultivos de células no podríamos conocer la biología de los virus y tampoco podríamos elaborar vacunas víricas. Tampoco podríamos realizar test sencillos de toxicidad con cosméticos, compuestos químicos o fármacos. No podríamos utilizar células para producir proteínas, hormonas o anticuerpos, ni sería posible la terapia génica.

La solución es sencilla, encontrar nuevos antibióticos.

Superbugs, rogues diseases of the twenty-first century, de PETE MOORE, 2001

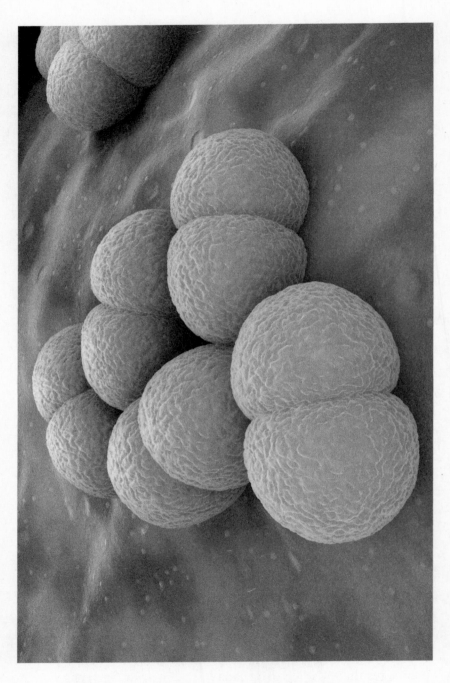

Ilustración de la temida *Neisseria meningitidis* [Tatiana Shepeleva].

21. Necesitamos nuevos antibióticos e inhibidores

En febrero de 2017 leí una carta publicada por tres investigadores ingleses en la revista *The Lancet*. En ella se hacía mención a un análisis sobre nuevas moléculas con actividad antimicrobiana, que se espera que lleguen al mercado en los próximos años.

Hay una cifra: 28 compuestos. Este número parece muy alentador. 28 compuestos estarán disponibles por primera vez para tratar algunas enfermedades causadas por bacterias patógenas. Pero los propios autores de la carta advierten que 17 de ellos no son totalmente nuevos, y los otros 11 solo podrán ser aplicados en infecciones menores, como por ejemplo las cutáneas. Una cifra muy interesante pero de poco calado.

La búsqueda empírica y el consecuente descubrimiento de numerosos antibióticos entre 1940 y 1962 hicieron que esas fechas se denominaran «la edad de oro del descubrimiento de antibióticos». Los antibióticos descubiertos en esa época sirvieron como modelos para los químicos, que a partir de ellos desarrollaron numerosos compuestos, algunos con actividad muy mejorada respecto a los originales. Durante esta época, las cepas candidatas a ser productoras de antibióticos —hongos o bacterias— se enfrentaban con bacterias patógenas conocidas de manera similar a la que Fleming había observado para descubrir la penicilina. El mecanismo de acción no importaba, por lo que el estudio de ese mecanismo se dejaba para más tarde —en algunos casos décadas enteras—. Por desgracia, los escrutinios en busca de bacterias y hongos productores de antibióticos se fueron abandonando con el tiempo, ya que cada vez había menos resultados positivos y cada vez se encontraban más sustancias repetidas. Algunas compañías emplearon millones de dólares en los *screenings*, por lo que me imagino la frustración de sus investigadores al no encontrar nada nuevo.

Todos los antibióticos que ha utilizado la humanidad se han descubierto durante el tiempo que lleva mi padre en el planeta. Tiene 86 años. Está claro que una de las formas de aguantar el pulso que nos están echando las bacterias sería extender la vida útil de los antibióticos que ya hemos descubierto. Pero eso parece que no va a ser suficiente. Tenemos que encontrar otros nuevos.

Es muy fácil encontrar bacterias que produzcan sustancias que inhiban o maten a otras bacterias, es decir, es fácil encontrar sustancias antibióticas. También encontramos fácilmente hongos que producen antibióticos, o incluso invertebrados o esponjas marinas que producen compuestos con actividad bactericida o bacteriostática —los que detienen el crecimiento de las bacterias—. Hay metales que inhiben el crecimiento de las bacterias —como el cobre de algunas monedas de céntimos de Euro—, hay productos alimenticios que tienen poder bacteriostático —como el ajo común— y otras sustancias naturales que también pueden actuar contra las bacterias, como la miel, algunas especias, productos derivados de plantas, alcoholes, etc. Quizás los productos más comunes con propiedades antibacterianas sean las bacteriocinas, compuestos fabricados por unas bacterias presentes en muchos productos lácteos e incluso en la microbiota intestinal, las denominadas *bacterias del ácido láctico* o *bacterias lácticas*, un grupo heterogéneo de microorganismos cuya característica común es la producción de ácido láctico a partir de la fermentación de algunos azúcares. Hay algunas cepas de estas especies —como *Lactobacillus parafarraginis*— que producen compuestos que inhiben incluso a algunas bacterias de las más resistentes a los antibióticos.

Se podría decir que, si le damos una patada a una piedra, debajo seguro que hay un compuesto con alguna propiedad antimicrobiana. Microorganismos que inhiben a otros microorganismos. En el discurso que Alexander Fleming ofreció al recibir el Premio Nobel dijo lo siguiente:

Para mi generación de bacteriólogos, la inhibición de un microbio por otro era algo común. Todos aprendimos acerca de estas inhibiciones, y de hecho rara vez un bacteriólogo clínico observador podía pasar una semana sin ver en el curso de su trabajo ordinario casos claros de antagonismo bacteriano.

Además de buscar nuevos antibióticos, tampoco estaría de más fomentar el descubrimiento o la investigación para obtener nuevos inhibidores de enzimas bacterianas que destruyen esos antibióticos. Tras el éxito mundial del ácido clavulánico han surgido solo unos pocos inhibidores eficaces de beta-lactamasas —como el tazobactam o el avibactam—. Pero hay muchas más enzimas que degradan antibióticos o que bloquean su acción. Nuevos adyuvantes que permitan a los antibióticos realizar mejor su función ayudarían también al sistema inmunitario a actuar de forma más eficaz para controlar las infecciones.

¿CÓMO PUEDE SER ENTONCES QUE NO HAYA MÁS ANTIBIÓTICOS DISPONIBLES PARA LUCHAR CONTRA LAS SUPERBACTERIAS?

La respuesta es sencilla y compleja a la vez. Un antibiótico debe tener unas características especiales. La primera es, evidentemente, que debe poder ser administrado a los seres humanos para curarlos. De nada vale que encontremos una bacteria que produce un compuesto antimicrobiano potentísimo si cuando se lo administramos a una persona la matamos, desarrolla una enfermedad peor, o ese compuesto deteriora alguna de sus funciones vitales como la renal o la pulmonar. Tampoco vale que encontremos un nuevo antibiótico si, cuando una persona lo ingiere, este se destruye en su estómago; debe ser químicamente estable. De poco sirve que un nuevo compuesto sea activo contra muchas bacterias malas si su actividad dura tan solo unos pocos minutos dentro de nuestro cuerpo, sin que tenga la posibilidad de llegar a sitios donde pueda ejercer su actividad de forma eficiente. De poco sirve también que veamos un efecto bactericida muy evidente en un tubo de ensayo o una placa de cultivo microbiológico, si no tenemos forma de introducir esa molécula en nuestra sangre por vía intravenosa, o en nuestro estómago en forma de pastilla.

Cualquier compuesto que pretendamos que sea efectivo en el cuerpo humano debe cumplir unos requisitos de seguridad. El primero por supuesto es que no sea tóxico para el hombre, o al menos, que su toxicidad no sea peligrosa, y para eso ha de probarse primero en animales de experimentación, antes de ser probado en un ensayo clínico con pacientes. Los animales de experimentación como los mamíferos —ratones, ratas, conejos, etc.— son necesarios, ya que, por suerte o por desgracia, nadie se queda muy tranquilo si sabe que los medicamentos que le tienen que inyectar por vía intravenosa han sido probados en hormigas o en saltamontes.

La segunda es que sea *drogable*, esto es, «que se pueda administrar al paciente» como una droga —aquí no me refiero a los estupefacientes, con los que mucha gente confunde las drogas— o que se pueda unir a algún excipiente para que se pueda introducir en el cuerpo humano, por ejemplo, en solución salina o en una cápsula o comprimido.

La tercera es que su concentración debe mantenerse durante el tiempo necesario en la sangre o en los tejidos del cuerpo para que tenga efecto, o que sea capaz de llegar a algún órgano en concreto para realizar su función. De poco sirve tener un antibiótico que en el laboratorio mate muy bien a *Listeria monocytogenes, Neisseria meningitidis* o *Streptococcus pneumoniae* —bacterias implicadas en meningitis infantil— si luego no podemos hacer que llegue a las meninges o al espacio subaracnoideo —que contiene el líquido localizado entre las meninges— para ejercer su función.

La cuerta es que se necesite la menor cantidad posible para que produzca su efecto; de poco sirve un compuesto que para matar las bacterias que haya en el riñón tengamos que tomar medio kilogramo; cuanta menor dosis y mayor efecto, mejor. Y luego ya, si nos ponemos exquisitos, es mejor que un antibiótico pueda administrarse por vía oral antes que por vía intravenosa, ya que esto supone un menor coste y una mayor seguridad.

En los primeros años en los que se comenzaron a descubrir antibióticos, se buscaba desesperadamente que pudieran administrarse por vía oral, ya que no había los catéteres y las medidas de higiene que existen hoy en día al utilizar las vías intravenosas. Para rizar el rizo, sería deseable que el proceso de producción del antibiótico fuera barato. A lo mejor tener gran cantidad de un compuesto con un 85 % de pureza es fácil, pero eliminar ese 15 % de impurezas restante puede ser un proceso muy complicado y costoso. Y eliminar las impurezas es muy importante de cara a vender algo seguro; no solo en las farmacias —que también— sino de cara a que las agencias de medicamentos te permitan que lo vendas. Ese porcentaje de impurezas, que no sabemos lo que son, podría ser muy peligroso para algún determinado tipo de pacientes.

Por si fuera poco, la investigación básica sobre el descubrimiento de nuevas moléculas que se realiza en los centros públicos o en las universidades ha visto reducida su financiación a causa de la crisis económica. Por lo tanto, conseguir un antibiótico BBB (bueno, bonito y barato) es muy difícil, y esa es una de las causas por las que muchas empresas farmacéuticas han dejado de lado sus programas de I+D sobre antibióticos; pero eso lo explicaré más adelante.

Necesitamos nuevos antibióticos de verdad. Hasta ahora, muchas empresas se han dedicado a modificar de alguna manera los que ellas mismas habían descubierto. Y ya no hay mucho de donde rascar. Los antibióticos son moléculas y ya las conocemos. Tratar de quitar un átomo de aquí y poner uno allá es pan para hoy y hambre para mañana. Necesitamos moléculas totalmente nuevas. Cuando se diseñó la meticilina —una molécula semisintética—, se creyó que, como las bacterias no habían visto nunca esa nueva molécula creada por el hombre, no habría previamente genes en la naturaleza que la neutralizaran, y por lo tanto se pensó que nunca aparecerían resistencias contra ella. Pero ya sabemos lo que pasó. Con la penicilina y la meticilina pasó igual que con la ovoparcina y la vancomicina. Con modificar ligeramente la molécula del antibiótico solo conseguimos engañar a las bacterias durante un tiempo.

Algunos de los antibióticos que han comenzado a utilizarse en los últimos años son:

1. La combinación de dalfopristina y la quinupristina, que son miembros de un grupo de antibióticos conocidos como estreptograminas, que se aíslan del *Streptomyces pristinaespiralis*.
2. El linezolid, del grupo de las oxazolidinionas, que fue testado por primera vez por científicos de la empresa DuPont, aunque su desarrollo fue realizado por la compañía Upjohn (actualmente Pharmacia).

3. La daptomicina, producida por *Streptomyces roseosporus*, descubierta en los años 80 por investigadores de la empresa Eli Lilly a partir de una muestra de suelo proveniente del monte Ararat (Turquía). Este compuesto fue casi abandonado debido a su toxicidad, pero se ha recuperado gracias a una mejora de sus características.
4. La tigeciclina, derivada de la minocyclina, que a su vez deriva de las tetraciclinas.
5. Las nuevas fluoroquinolonas como el moxifloxacino y el gemifloxacino.
6. Los nuevos carbapenémicos como el ertapenem y doripenem y las nuevas cefalosporinas de tercera generación como el cefditoren.

Recientemente se realizó un esfuerzo titánico recolectando muestras de más de 2.000 suelos de todo EE. UU. para realizar estudios de metagenómica en busca de nuevos compuestos. Investigadores americanos —principalmente de la Universidad Rockefeller de Nueva York— han descubierto las malacidinas, un tipo de lipopéptidos cíclicos que tienen buena actividad contra *Staphylococcus aureus*.

Por desgracia, todas estas moléculas nuevas son modificaciones de unas precedentes y la mayoría de ellas, aunque se han introducido en el mercado en los últimos 20 años, tienen en el punto de mira principalmente a patógenos gram positivos, cuando el mayor problema lo tenemos con los gram negativos. Algunos de estos compuestos han vuelto a la práctica clínica gracias a la reevaluación de sus propiedades y a un mejor conocimiento de su farmacocinética y su farmacodinámica; otras veces, se ha echado mano de ellos por la necesidad imperiosa de curar, cuando los antibióticos normales ya no son eficaces. Un ejemplo claro es la polimixina E, también conocida como colistina, de la que he hablado anteriormente.

La clofazimina, desarrollada en los años 70 para luchar contra *Mycobacterium leprae* —causante de la temida lepra—, ha rejuvenecido como tratamiento para algunas cepas de *M. tuberculosis*. Otro ejemplo es la utilización incluso de antivíricos como la zidovudina —también conocida como AZT—, utilizada en los primeros enfermos de sida. Aunque bastante tóxica, parece es de ayuda —al menos *in vitro*—, combinada con otros viejos antibióticos.

Hay que preservar los antibióticos actuales y aprender a manejarlos mejor con la colaboración de los profesionales y los pacientes.

RAFAEL CANTÓN, expresidente de la Sociedad Española de Enfermedades Infecciosas y Microbiología Clínica (SEIMC) y jefe del servicio de Microbiología del Hospital Universitario Ramón y Cajal. Seminario en la Universidad Internacional Menéndez Pelayo. 2017.

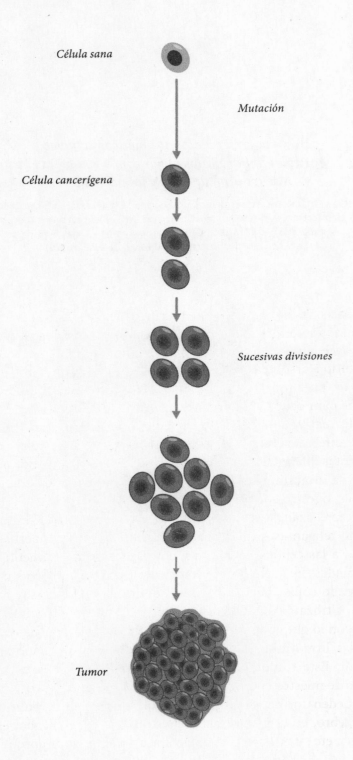

Célula sana

Mutación

Célula cancerígena

Sucesivas divisiones

Tumor

22. Las empresas farmacéuticas

EL CÁNCER

El cáncer es un conjunto de enfermedades que tienen un origen común. Ese origen es un defecto en alguna de nuestras células, que hace que esta se divida sin parar, indefinidamente. Al crecer y multiplicarse, esas células ocupan un espacio que no deberían ocupar, pues todas las estructuras de nuestro cuerpo están diseñadas para ocupar una única y determinada posición en él. Estas células extrañas al dividirse pueden cometer errores y pasar a tener diferencias en su superficie con respecto a las células normales. Estas diferencias son identificadas y neutralizadas por nuestro sistema inmunitario. Como son distintas y aparentemente defectuosas, nuestro cuerpo las ataca.

Pero el azar quiere en muchos casos que algunas de estas células no tengan esas diferencias significativas en su superficie respecto a las células normales y entonces pasan totalmente desapercibidas. Es decir, parecen normales, pero se dividen sin parar haciendo copias de sí mismas. Al dividirse sin parar son inmortales. Utilizan los nutrientes del cuerpo para dividirse una y otra vez, con lo que cada vez hay más. Cuando ya hay muchas de estas células inmortales suelen formar un grupo que denominamos tumor. Este tumor —digamos un bulto— se forma en alguna parte de nuestro cuerpo, la mayoría de las veces al azar.

Pueden formarse grupos de estas células en el pulmón, en el cerebro, en el páncreas, en el estómago, en el hígado, en una mama, etc., y nuestro cuerpo no ataca a esos grupos porque están formados por células aparentemente normales en su superficie. Entonces, no notamos que ese grupo de células está ahí, porque, o es muy pequeño o no nos causa molestias, ya que, al fin y al cabo, es una parte de nuestro cuerpo. En algunas ocasiones el tumor para de crecer porque se queda confinado en una especie de cápsula que impide que las células que quieren seguir dividiéndose salgan de él y, por ejemplo, forman una verruga. Una verruga no es más que un tumor de células de nuestra piel que ha parado de crecer y se ha quedado encapsulado. Es benigno porque no proliferará en la mayoría de los casos y nos acompañará toda la vida, sin cambiar cualitativa o cuantitativamente de forma o de tamaño.

Pero en otras partes de nuestro cuerpo un grupo de células tumorales puede crecer mucho y muy rápido. Si crece mucho, lógicamente comienza a ocupar un espacio que no le corresponde y es cuando notamos algo, un dolor, un bulto sólido que antes no estaba, o nos empieza a fallar algún órgano, orinamos más, digerimos peor los alimentos, etc. Es una parte de nuestro cuerpo pero que ha crecido de forma descontrolada y ha pasado a ocupar un espacio que no le corresponde y molestando al resto de órganos o tejidos con los que entra en contacto. En ese momento es cuando comenzamos a notar algo extraño. A veces, no notamos absolutamente nada hasta que el grupo de células —el tumor— está muy crecido. A veces podemos ocuparnos de él y extirparlo o tratarlo para que se reduzca si lo detectamos a tiempo, pero otras veces no.

Ese tumor está compuesto por células y algunas de estas células pueden separarse de él y viajar por el cuerpo a través de la sangre hacia otro lugar, donde siguen multiplicándose para formar otro tumor, en otro sitio, dentro de nosotros; en la cabeza, en un pecho, en el páncreas, en el estómago. Es la metástasis, en muchos casos una sentencia de muerte cuyo nombre nos provoca escalofríos. Cuando hay metástasis, las células de un tumor han emigrado a otras zonas del cuerpo para formar otros tumores.

La posibilidad de desarrollar cáncer aumenta con la edad. A medida que nuestras células son más viejas funcionan peor, ya que la maquinaria de su interior se desgasta y comienza a producir errores. Cuando se acumulan los errores, una célula normal puede convertirse en tumoral o maligna. Sabemos que muchos tipos de cáncer están favorecidos por cuestiones ambientales como el tabaco, la contaminación, el sol o la dieta; algunos tipos de cáncer los llevamos en los genes, son hereditarios; y otros son producidos por algunos microorganismos, como virus o bacterias; pero la mayoría se producen porque nuestro cuerpo envejece. El ser humano no está preparado para vivir muchos años, pero hemos aprendido a esquivar esta regla común en la naturaleza mejorando nuestra calidad de vida y, sobre todo, nuestra sanidad y nuestros medicamentos.

Los antibióticos y las vacunas han contribuido notablemente al aumento de nuestra esperanza de vida. Pero, al vivir más años, estamos más expuestos al desgaste celular y al cáncer. Hay que asumirlo.

Todos —o casi todos— queremos vivir una vida lo más larga y feliz posible, y cuando estamos enfermos solo queremos curarnos. Cuando tenemos cáncer también. Sobre todo cuando tenemos cáncer. Un médico nos puede diagnosticar muchas enfermedades diferentes, muchas patologías, pero cuando nos diagnostica cáncer, es otra historia. El cáncer es una enfermedad que ha causado y que causa tanto sufrimiento al paciente y a su familia que una gran parte de la humanidad haría lo que fuera por evitarlo. Haría lo que fuera por curarlo. Pagaría lo que hiciera falta.

El cáncer, desde el punto de vista molecular, es un asunto complejo. Encontrar un fármaco que cure el cáncer es algo bastante utópico, en parte porque, como he dicho, no es una enfermedad, sino un conjunto bastante amplio de enfermedades. Investigar para curar tan solo un tipo de cáncer en concreto es ya por lo tanto bastante complejo. Complejo y caro. Conozco bastantes centros de investigación y puedo asegurar que hay muchos y muy buenos grupos de científicos por todo el mundo tratando de encontrar fármacos contra el cáncer. Y llevan muchos años haciéndolo. Decenas de años. Es la investigación básica. Avanzar en el conocimiento de la biología celular y molecular del cáncer. Miles de estudiantes realizan su tesis doctoral sobre algún aspecto del cáncer y miles de millones de euros son invertidos en sus investigaciones. Se ha experimentado con millones de moléculas, con millones de células, con tejidos, con animales, con voluntarios. Se han realizado innumerables ensayos clínicos para conseguir nuevos tratamientos. Y por supuesto se han conseguido muchos avances. Algunos tipos de tumores son totalmente destruidos. Pero es complicado. El cáncer es muy complicado y caro. Y al final, las empresas farmacéuticas lo saben.

Una de las razones por las que los tratamientos contra el cáncer interesan a las empresas farmacéuticas es porque esos tratamientos son caros. El número de tipos de cáncer es muy grande y el número de personas que padecerán algún tipo de cáncer a lo largo de su vida es muy alto. Cada vez nos parece que hay más cáncer y cada vez parece que la gente le tiene más miedo. Si tienes cáncer quieres curarte y si puedes curarte con un medicamento pagas lo que sea por conseguirlo. Y eso también lo saben las empresas farmacéuticas. El cáncer es una maldición para algunos y un negocio para otros.

Pero resulta que la Organización Mundial de la Salud ha dicho que en el año 2050, es decir, dentro de 31 años, morirá más gente por culpa de bacterias resistentes a los antibióticos que por culpa del cáncer. En concreto, cada 3 segundos morirá una persona por culpa de una superbacteria y cada 4 segundos morirá una persona de cáncer. La diferencia es escasa, la verdad. *Grosso modo*, morirán por cáncer 8,2 millones de personas al año. Por enfermedades infecciosas causadas por bacterias resistentes morirán 10 millones de personas al año. Bastantes más. Demasiadas. Entonces, ¿invertir en investigar en nuevos antibióticos para curar a toda esa gente sería un buen negocio? Pues parece que no. Las empresas farmacéuticas han abandonado muchos de sus programas de investigación y desarrollo sobre nuevos antibióticos. Y lo peor es que la gran mayoría de la población no es consciente de esto. Incluso muchos médicos de familia tampoco saben que hace más de 30 años que no aparecen antibióticos revolucionarios en el mercado, y que tampoco aparecerán en un futuro cercano; siguen recetando los que conocen y creen que nunca se van a terminar, o simplemente desconocen que están dejando de ser efectivos. Esto es un error. Los antibióticos son los únicos medicamentos cuyo mal uso no solo puede afectar al paciente, sino que termina por afectar a toda la comunidad.

PERO ¿POR QUÉ LAS EMPRESAS FARMACÉUTICAS HAN ABANDONADO LA INVESTIGACIÓN SOBRE NUEVOS ANTIBIÓTICOS?

Buena pregunta. La población mundial no hace más que crecer y cada vez hay más viajes, más desastres naturales y más desplazamientos de grupos de gente de un sitio para otro, así que las enfermedades infecciosas tienen también por fuerza que aumentar. y por lo tanto la demanda de antibióticos parece que también debería aumentar; entonces, ¿debería ser un buen negocio, ¿no?

Parece que hay una respuesta compartida por todo el mundo que entiende sobre el tema. Ya no es rentable. Los antibióticos han muerto de éxito. Son medicamentos tan buenos y baratos, que por unos pocos euros te los tomas unos días y ya está, te curas. Sin embargo, un tratamiento contra el cáncer no solo es muy caro —puede costar incluso decenas de miles de euros— sino que suele ser largo. Muy largo. El coste de muchos fármacos contra el avance del cáncer es inasumible por la sanidad pública, por lo que tienen que ser incluso cofinanciados por los propios pacientes. Un gasto continúo para la Seguridad Social, para las familias o para los seguros privados, y un ingreso continuo para las farmacéuticas.

Las farmacéuticas no han reducido su gasto destinado a los programas de I+D, pero el dinero lo destinan ahora a drogas más rentables que los antibióticos. Según la Asociación Americana de Enfermedades Infecciosas, a finales de los años 80 había unas 30 potentes compañías farmacéuticas investigando en la búsqueda y el desarrollo de nuevos antibióticos. En el año 2011 solo quedaban cinco. En 2019 solo quedan tres, puesto que Sanofi y Novartis han cerrado sus programas sobre antibióticos hace poco —Novartis busca ahora compradores para 30 de sus proyectos a medias sobre antibióticos—. Muchas empresas realizaban costosos programas de *screening* o cribado de miles de microorganismos, pero, cansadas de encontrar una y otra vez los mismos antibióticos, abandonaron estos programas. Hoy las farmacéuticas prefieren dejar paso a pequeñas compañías y *startups* con gente creativa que intente un descubrimiento novedoso —para después comprarlas y hacer una producción masiva de sus productos—.

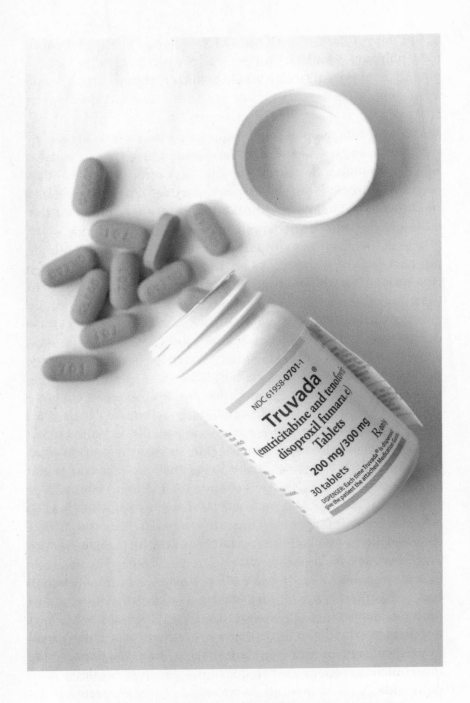

Un envase abierto de píldoras Truvada (PrEP) recetadas para ayudar a proteger a las personas contra el VIH [Michael Moloney].

Por supuesto, muchos laboratorios de todo el mundo —sobre todo públicos— realizan investigación básica para el descubrimiento de nuevos antibióticos. He estado en algunos sitios donde se testaban miles de compuestos al año en búsqueda de la nueva *bala mágica*. Tras los estudios iniciales en el laboratorio, quizás aislando, purificando y produciendo en cantidad suficiente un compuesto, se pasa a los ensayos de seguridad y toxicidad en células y en animales. Se estudia su absorción por el cuerpo, si deja residuos, si es equivalente o mejor que otro compuesto existente en el mercado, cuál es la mejor vía de administración y la mejor dosis, etc. Se realizan ensayos en voluntarios y pacientes y se comprueba si son seguros y efectivos; toda la información es revisada por la Agencia Europea del Medicamento, la FDA americana o la autoridad correspondiente, que concede los últimos permisos para que entre en el mercado. Todo este proceso lleva años. Se estima que, de cada 10.000 moléculas que entran en el laboratorio de investigación básica, tras 10 o más años de ensayos y cientos de millones de euros, solo 1 podrá verse en las farmacias o administrarse a los pacientes en los hospitales. Es un proceso que los laboratorios pequeños no se pueden costear, ni siquiera la mayoría de los Gobiernos, así que en cuanto hay una molécula realmente prometedora, muchos prefieren ganar dinero vendiendo la patente o incluso la empresa entera a otra compañía más grande, ya que saben que nunca conseguirán los medios para llevar a cabo todo el proceso. Ese esfuerzo —10 años y 800 millones de euros— solo pueden hacerlo las grandes farmacéuticas. De hecho, la gran mayoría —por no decir el 99 %— de los antibióticos que utilizamos han sido descubiertos o se han desarrollado gracias a estas grandes empresas farmacéuticas.

Pero algunas enfermedades infecciosas sí son rentables para esas compañías, como el sida, causado por un virus, no por una bacteria. Hemos sido tan buenos investigando sobre el virus VIH que hemos conseguido que deje de producir una enfermedad mortal, consiguiendo que se transforme en una enfermedad crónica. Muchos enfermos tienen que tomar antirretrovirales el resto de su vida. Y las farmacéuticas encantadas. Los antirretrovirales son un ejemplo claro de medicamentos que tienen que tomarse durante mucho tiempo, no solo porque la enfermedad sea crónica, sino porque muchas de las personas son infectadas a una edad temprana, antes de los 30 años, por lo que tendrán que consumir estos fármacos durante años.

En el año 2007, un equipo de investigadores americanos publicó en la revista *Clinical Infectious Diseases* que el número de antirretrovirales contra el HIV aprobados por la FDA Americana para su uso en humanos era ya mayor que el número de antibióticos aprobados para tratar a todas las enfermedades juntas causadas por bacterias. En julio de 2004, la Sociedad Americana de Enfermedades Infecciosas (por sus siglas en inglés IDSA) publicó un informe titulado: *Bad bugs, no Drugs* —bacterias malas, sin medicamentos—. En ese informe, la IDSA se hacía eco del problema de la falta de investigación en nuevos antibióticos.

Para las empresas farmacéuticas hay otras patologías o enfermedades más interesantes. Por ejemplo, la hipertensión, la disfunción eréctil, la diabetes, la depresión, la obesidad, la artrosis, etc. Todos estos desastres de la salud aparecen en personas no muy jóvenes, pero duran el resto de la vida. Quién no ha oído hablar del sintrom o de la viagra. Mi suegra tiene que tomar sintrom diariamente. Por muy barato que salga, tendrá que tomarlo quizás el resto de sus días. Estos fármacos contra enfermedades crónicas no curan, tan solo alivian los síntomas temporalmente, por lo que tienes que seguir tomándolos, comprándolos. Y las farmacéuticas encantadas.

Mi padre comenzó bastante tarde a tomar medicamentos. Después de trabajar durante toda su vida en una fábrica de bolsas de plástico, sus pulmones parecían los de un fumador de los de 3 cajetillas al día. Pero nunca se encontró mal hasta bien pasada su jubilación. Siempre ha estado bastante activo y sano, hasta que un día comenzó a toser y expectorar de manera escandalosa. Por supuesto erraron el diagnóstico a la primera porque nunca había fumado y Ourense no era una ciudad contaminada. Desde esas primeras visitas al médico comenzó a tomar un número elevado de pastillas: para la tensión, para el corazón, contra la tos, contra las flemas… Y las farmacéuticas encantadas.

Muchos diabéticos tienen que controlarse el azúcar o medicarse durante el resto de su vida. Y las farmacéuticas encantadas.

Los adultos que quieren seguir disfrutando del sexo deben tomar la pastilla azul, o sus grandes competidoras Levitra y Cialis. Y las farmacéuticas encantadas. Beneficios eternos. En eso sí que vale la pena invertir. Una vez que la patente de la viagra expiró, al menos 10 compañías farmacéuticas se han lanzado a producir genéricos.

Por si no hay muchos incentivos para investigar en antibióticos, otro factor que desanima actualmente a las empresas farmacéuticas a investigar en ellos son las políticas de control y reducción del uso de antibióticos.

Hay datos que indican que, por norma general, los países que menos antibióticos prescriben, o lo hacen de manera más adecuada, son los que menos antibióticos de amplio espectro usan y los que menos porcentaje de resistencias tienen. El uso prudente de los antibióticos (en inglés *antimicrobial stewarship*) es un conjunto de intervenciones dedicadas a optimizar su uso en los hospitales. Según una revisión publicada en la revista *Clinical Microbiology Reviews* en 2017 por científicos de EE. UU. y Canadá titulada «Uso de los antibióticos: cómo el laboratorio de microbiología puede enderezar el barco», el papel de los laboratorios de microbiología en los hospitales es encargarse de las 6 D: del diagnóstico, del drenaje de abscesos y de la retirada del tejido necrótico, de la droga, de la dosis, de la duración y de desescalar —reevaluando el diagnóstico rutinariamente—, y reducir la terapia a agentes orales o a antibióticos espectro más reducido. Los programas de uso prudente de los antibióticos son de lo mejorcito que se nos ha ocurrido —ya que al utilizar de forma más racional los antibióticos los utilizamos menos y entonces aparecen menos resistencias—. Pero ojo, al utilizarlos mejor, los hospitales necesitan menos y por lo tanto también compran menos; y si los hospitales compran menos antibióticos éstos dejan de ser fármacos lucrativos para estas farmacéuticas.

Otro problema añadido para la investigación en nuevos antibióticos por parte de las farmacéuticas es la pérdida de eficacia de estos medicamentos. Frente a todos, absolutamente todos los antibióticos, las bacterias han encontrado la manera de hacerse resistentes. Si hay muchas bacterias resistentes a un antibiótico, este ya no es eficaz, hay que dejar de venderlo y por lo tanto de producirlo. Hace años, cuando se descubría un nuevo antibiótico —en la época dorada—, al cabo de poco tiempo aparecían bacterias resistentes a él. Así que, cuanto más se utilizan —y los hemos utilizado mucho— más inservibles se vuelven; hasta el punto de que hay que dejar de utilizarlos, hay que cambiarlos por otros, o hay que inventar o descubrir unos nuevos. Pero, como hemos visto, descubrir un nuevo antibiótico no implica necesariamente que lo vayamos a encontrar inmediatamente en los hospitales y en las farmacias. Cuando esto ocurra, ese antibiótico no será barato. Los antibióticos nuevos son más caros. Si ya tenemos problemas para utilizar esos nuevos y caros antibióticos a diario en nuestros hospitales, imaginen los problemas que tienen los países del tercer mundo para incorporarlos a sus tratamientos.

Casi todos los antibióticos conocidos salieron al mercado gracias a los estudios de su toxicidad en animales y humanos, y de su espectro de actividad antibacteriana. Es decir, que mataban bacterias malas pero no causaban excesivo daño en los tejidos de animales y personas. También se prestó atención a su farmacodinamia y su farmacocinética, es decir, qué pasaba con esas drogas una vez dentro del cuerpo, a qué tejidos llegaban y en qué cantidad, cómo eran procesadas por el hígado o los riñones, si actuaban de manera rápida o lenta, etc. Pero no se prestó suficiente atención al hecho de que podían ser mejores o peores a la hora de fomentar la aparición de bacterias resistentes o de seleccionarlas. Se buscaba que estos antibióticos curaran rápido y bien, pero nadie se preocupó en exceso en saber si seleccionaban muchas bacterias resistentes o pocas.

Saber cómo y cuándo van a hacerse resistentes las bacterias a un nuevo antibiótico es impredecible, porque la evolución bacteriana también lo es. Pero sabemos que tarde o temprano ocurre. La penicilina se descubrió en 1928, pero no comenzó a aplicarse a la población hasta 1941. Tan solo un año después ya se aislaron cepas de *Staphylococcus aureus* resistentes a esta droga. Las tetraciclinas se descubrieron en 1945 y las primeras bacterias resistentes a este antibiótico se identificaron en 1953, ocho años después. Los macrólidos aguantaron un año, desde 1952 hasta 1953. Las quinolonas se descubrieron en 1962 y la resistencia a ellas apareció en 1966. En 1973 aparecieron cepas resistentes a fosfomocina, tan solo cuatro años después de sus primeras aplicaciones. Los antibióticos monobactámicos comenzaron a utilizarse en 1979 y las primeras resistencias aparecieron tan solo 2 años después.

Con otros antibióticos las bacterias lo han tenido más difícil, y desde que se comenzaron a utilizar masivamente o desde que se pusieron a la venta al público, pasaron muchos años antes de que las bacterias se hicieran resistentes a ellos. Las cefalosporinas se introdujeron en 1948, pero no aparecieron resistencias hasta 1966. Los glicopéptidos aguantaron desde 1953 hasta 1986 y los lipo-péptidos desde 1987 hasta 2005. Pero inexorablemente, frente a todos los antibióticos, han aparecido bacterias resistentes a ellos. Invertir 10 años para obtener un fármaco que puede dejar de ser útil en 2 no parece muy buena idea.

Las empresas farmacéuticas que ven incrementadas sus expectativas al descubrir una molécula prometedora, y tener dinero para desarrollar el fármaco que la contenga, deben saltar un último obstáculo: la burocracia. Hay que obtener permisos, muchos permisos. Cada país tiene una legislación distinta y por lo tanto unas reglas diferentes para poder autorizar la puesta en circulación de un fármaco nuevo. A medida que se avanza en la consecución de un nuevo tratamiento aumentan los problemas.

Uno de los más importantes son los ensayos clínicos con antibióticos. Hace 21 años, la FDA requería estudios de no-inferioridad de un nuevo fármaco. Esto quiere decir que las tasas de curación con ese nuevo fármaco no debían ser menores del 10 % respecto a un antibiótico similar que ya estaba en el mercado, si no ese nuevo fármaco no era autorizado. Según la revista *Nature Biotechnology*, esto hizo que empresas como Cubist o Wyeth tuvieran muchos problemas en los ensayos de la daptomicina y de la tigeciclina, respectivamente. De la noche a la mañana, la FDA cambió las reglas y comenzó a exigir ensayos controlados con placebo para algunas infecciones concretas. A partir de 2006, pasó a pedir ensayos con cohortes más grandes de pacientes —y más costosos— para estudios de no-inferioridad. Por ejemplo, que los ensayos con 4.000 pacientes debían realizarse con 8.000 pacientes, lo que hizo que algunas compañías pasaran de EE. UU. y se fueran a Europa, con una legislación sobre ensayos clínicos más asequible para algunos tratamientos con antibióticos. Esta regulación enrevesada de la FDA confunde a las inexpertas empresas biotecnológicas recién llegadas al mundo de los ensayos clínicos y hace menos atractiva la investigación y desarrollo de nuevos antibióticos.

Una de las medidas que parece que sería bien aceptada por la industria farmacéutica es la extensión de sus patentes de antibióticos prioritarios. Cuando una patente expira, ese medicamento ya puede ser producido y vendido por cualquier compañía farmacéutica como droga genérica, sin tener que poner un nombre de marca, lo que hace bajar el precio del producto. Disfrutar durante más tiempo de los beneficios económicos de la venta de estos antibióticos antes de que pasen a ser genéricos y los pueda fabricar todo el mundo —especialmente China e India— daría un poco más de aliciente a la investigación y desarrollo de antibióticos.

La buena noticia es que estamos llegando a un punto en el que la regulación va a tener que ser cambiada sí o sí para acelerar el proceso de autorización de nuevos antibióticos. No sé cómo se hará, pero los pacientes no van a poder esperar todas estas trabas burocráticas en un futuro no muy lejano.

Para la mayoría de personas, incluídos los principales círculos políticos y empresariales del mundo, la amenaza de la resistencia a los medicamentos, o les parece un riesgo lejano y abstracto, o les es del todo desconocida.

Informe O'neill, Primera aproximación. Diciembre de 2014

Solo con una mayor financiación se podrá alcanzar el nivel de competencia y los recursos necesarios para vencer la extraordinaria amenaza que representan las resistencias bacterianas.

RAFAEL CANTÓN, expresidente de la Sociedad Española de Enfermedades Infecciosas y Microbiología Clínica. SEIMC. 2017

Una vacuna eficaz reduce las tasas de infección, disminuye la utilización de antibióticos y prolonga la eficacia de los medicamentos activos.

BARBARA E. MURRAY, directora de la División de Enfermedades Infecciosas de la Universidad de Texas *Editorial.* The New England Journal of Medicine. 1994

La ciencia básica produce los mayores avances fundamentales en el conocimiento.

JEAN-PIERRE BOURGUIGNON, presidente del European Research Council. 2017

«Estudiando duro» [Everett Collection].

23. Las soluciones

Está claro que el problema de la resistencia no tiene una única solución, sino que hay que incluir otras alternativas además del descubrimiento de nuevos antibióticos. Sumando esas alternativas podremos ralentizar la propagación de las superbacterias y tendremos tiempo para encontrar nuevos antibióticos o vacunas más eficaces. Por desgracia, lo único bueno que tiene el que no se descubran rápidamente nuevos antibióticos es que tampoco aparecerán nuevas resistencias a estos.

EL CEREBRO

Algunas veces me preguntan en qué área invertiría más dinero para solucionar problemas de interés público. Lo tengo muy claro: en educación. Invirtiendo en educación se resolverían una cantidad enorme de problemas reales, simplemente con que la gente fuera más culta, más educada y más inteligente. Dedicaría durante 10 años, 10 veces más presupuesto a educación, utilizándolo con rigor, y aumentándolo año tras año. Así por lo menos los jóvenes de cada hornada saldrían con una cabeza más crítica, con más sentido común, con más espíritu de sacrificio, más ética, y podrían invertir su talento en mejorarlo todo. Gente más preparada haría un buen uso de los antibióticos, de los hospitales, del medio ambiente, cuidaría más su salud y todo esto repercutiría en el presupuesto de sanidad, un presupuesto que podría ser dedicado a mejorar los tratamientos actuales o a investigar en otros nuevos. Necesitamos mejorar la educación, desde las escuelas hasta la universidad. La gente con educación y pensamiento crítico entiende que invertir en ciencia es invertir en el ser humano y en el planeta.

Las personas tienen que aprender a no pedir antibióticos para catarros o gripes. Hay que enseñar que los antibióticos no solo tienen beneficios, sino también que pueden tener riesgos. Y los médicos —sobre todo los de atención primaria— deben decir que no y explicarlo. Algunos parece que solo si recetan antibióticos se quedan tranquilos.

Y lo malo es que muchas veces se recetan antibióticos de amplio espectro, que potencialmente generan resistencias en más tipos de bacterias distintos. Y si nos recetan un antibiótico, que sea porque realmente nos hace falta y no porque el médico haya pensado tanto en el beneficio para el paciente como en el riesgo para la comunidad. Si hay beneficio para el paciente asumiremos su coste ecológico.

Los pacientes tenemos que terminar el tratamiento que nos indica nuestro médico, aunque parezca que nos encontramos mejor antes de finalizarlo, cosa que muy probablemente va a ocurrir antes de que hayamos matado a todas las bacterias que están causando el problema. Nuestro médico es el que mejor conoce nuestra salud y nuestro historial médico, y sabrá qué antibiótico recetarnos y cuál es la dosis más adecuada a la patología que en ese momento nos afecta. Sigamos estrictamente su consejo. No hay que saltarse dosis y no hay que guardar antibióticos, aunque después de tomar el tratamiento adecuado nos sobren pastillas en la caja. Esto puede ocurrir por lo que hemos contado en otro apartado: para un mismo tratamiento —con una caja de 30 pastillas— a un paciente se le pueden recetar las 30 pastillas (durante 10 días) o 21 pastillas (durante 7 días) —o incluso menos—.

Por supuesto, no tenemos que hacer nosotros las funciones de médico ni hay que compartir esos antibióticos con otras personas. Un médico es un profesional que se ha pasado unos cuantos años estudiando para saber qué hay que tomar en cada momento, no podemos llegar nosotros con nuestra sabiduría popular a suplantar su papel y apropiarnos de sus diagnósticos.

Evidentemente, el número de pacientes por médico hace prácticamente imposible que las consultas puedan ser totalmente constructivas. Pero hay algo que todo el mundo debe saber, y es que demasiadas veces se recetan antibióticos de forma incorrecta; lo que implica que hasta un tercio del presupuesto de centros sanitarios puede irse en estos medicamentos.

Las personas tienen que aprender a preguntar por qué su médico les receta tal o cual cosa, y los médicos necesitan también aprender a explicar las patologías a gente muy diversa. Solo porque tu médico no te recete un antibiótico no quiere decir que no estés enfermo; claro que lo estás, pero un antibiótico no soluciona todos los problemas con los que acudimos al centro de salud. Hay algo que es muy importante y que los americanos llaman *self-education, self management* o *patient education*. Primero, los pacientes deben preocuparse por cuidar su salud; segundo, los médicos deben ser capaces de poder educar a los pacientes; y tercero, los pacientes deben ser capaces de corresponder aprendiendo.

Los niños pequeños son muy vulnerables a las infecciones. Un proceso catarral vírico, o una otitis o una bronquitis, es también un dolor de cabeza muy serio para los padres. Ver sufrir a la descendencia es una de las cosas más dolorosas que hay. Los padres quieren un tratamiento rápido y sus expectativas muchas veces solo se calman con antibióticos, que son totalmente inútiles contra procesos víricos, excepto por el efecto placebo-psicológico. La infección vírica seguirá su curso, pero los padres estarán más tranquilos administrando la droga milagrosa a sus hijitos. Por otro lado, un medicamento innecesario podría hacer a un niño más daño que beneficio.

Un estudio realizado por investigadores del Instituto Tecnológico de Massachusetts demostró recientemente que un simple test para estreptococos puede ser realizado en casa por los padres de niños que presenten, por ejemplo, dolor de garganta. Cuando los niños llegan a la consulta de urgencias o a su pediatra con un dolor de garganta, se les realiza normalmente un test para determinar si la infección está causada por un estreptococo, en cuyo caso hay que utilizar antibióticos para tratarla. Si la infección es vírica, el tratamiento con antibióticos no tiene sentido, y un viaje a la consulta solo hace perder tiempo tanto a los profesionales de la salud —que podrían dedicar ese tiempo a atender a otros pacientes más graves— como a los padres. El estudio, publicado en la revista de la Sociedad para la Medicina Participativa, demostró que si a los padres se les da la información suficiente, ellos mismos pueden realizar un test simple para decidir si deben o no ir al médico para una consulta sobre el problema que tienen sus niños en la garganta. El test rápido en casa ayudaría a tomar decisiones tanto a los padres como, después de una simple llamada de teléfono, a los profesionales, en caso de que sea necesaria una prescripción de antibióticos, una repetición del test u otras medidas.

Siguiendo con los test. No sé si en España estamos preparados para dar ese paso hacia los hogares, pero, sin ir tan lejos, en otro estudio publicado en la revista *Atención Primaria* —publicación de la Sociedad Española de Medicina de Familia y Comunitaria (SEMFYC)— y que lleva por título: «Recomendaciones de utilización de técnicas de diagnóstico rápido en infecciones respiratorias en atención primaria», un grupo de investigadores de distintos hospitales pertenecientes a la SEMFYC afirmó que los médicos de atención primaria reducirían la prescripción de antibióticos en un porcentaje alto si tuvieran acceso tan solo a un par de test rápidos (Strep A y proteína C reactiva).

Hay que invertir mucho más en educación sobre la salud. Si mantenemos una vida saludable —lo que escuchamos siempre, pero no hacemos caso: deporte, dieta, no fumar, menos estrés, atención a los riesgos laborales, horas de sueño necesarias...—, tendremos menos opciones de ir al hospital. La mejor manera de no infectarnos con una superbacteria en un hospital es no enfermar para no tener que ir a que nos traten en ese hospital.

Y por último están las organizaciones de consumidores y los medios de comunicación. Ambos deben actuar con rigor, amparados por verdaderos profesionales de la salud y científicos, evitando los titulares periodísticamente rentables que solo aumentan la confusión y el alarmismo sanitario.

El humo del tabaco perjudica gravemente a nuestros sistemas respiratorio e inmunitario, pero desde hace un par de años sabemos también que hace a las bacterias más resistentes a las defensas humanas. En el laboratorio, los patógenos expuestos a humo de cigarrillos sobreviven mejor al ataque de nuestras células defensivas. Por si fuera poco, el tabaco agrava enfermedades como la EPOC o la fibrosis quística, que sienten especial predilección por acoger en los pulmones a patógenos como *Haemophilus influenzae* y *Pseudomonas aeruginosa*. En estos pacientes, las bacterias se adaptan muy bien a las condiciones del epitelio pulmonar, donde hay una excesiva secreción de moco que termina siendo también esputo. El tabaco es un vicio. Un vicio muy malo y difícil de dejar. Tras un seminario en el Servicio de Microbiología del Hospital Valdecilla de Santander, estuve hablando con los adjuntos de ese Servicio. Uno de ellos me contó algo que ni me podía imaginar. Algo tan fascinante como serio. Lo primero que se hace con pacientes que tienen afectados seriamente los pulmones por culpa de alguna enfermedad es, evidentemente, prohibirles que fumen. Muchos de ellos están colonizados por estas dos bacterias, *Haemophilus* y *Pseudomonas* —y por otras—, que hacen que la enfermedad se complique, sobre todo si estas son resistentes a los antibióticos. Lo que me contó este adjunto es que había comprobado que, ante la desesperación por el vicio, algunos pacientes ingresados se escapaban y se reunían en grupos de 2 o 3 para echar un cigarrillo en algún sitio apartado del hospital. Lo malo viene cuando se comparte ese cigarrillo. Cuando fuman y comparten cigarrillo, se pasan de unos a otros las bacterias que precisamente les están haciendo más daño en los pulmones. Con el tiempo, todos esos pacientes que comparten cigarrillos aparecen colonizados o infectados por exactamente las mismas bacterias resistentes.

Al estudiar algunas especies de bacterias como *Pseudomonas* uno se da cuenta de que la evolución es tan increíble como sofisticada. Estas bacterias tienen algunas armas especiales para luchar contra otras bacterias. Una especie de aguijones con los que pinchan a sus competidoras o a las células de los pulmones y les inyectan toxinas para matarlas. No se sabe al 100 %, pero estas jeringas podrían ser virus bacteriófagos que han sido reconvertidos por sus propias víctimas en espadas mortales. Un virus bacteriófago tiene básicamente una cabeza donde se encuentra su ADN y un sistema de inyección que cuando entra en contacto con la membrana de una bacteria actúa a modo de jeringa, inyectando ese ADN en el interior de la bacteria. Pues bien, algunas bacterias han reconvertido ese aparato inyector para su propio beneficio, para situarlo en su membrana a modo de espada y así poder matar a otras competidoras o a sus presas eucariotas. Además, podría ser que estos sistemas promuevan la formación de biocapas en la mucosa pulmonar, por lo que no sería muy descabellado pensar que *Pseudomonas* utilice estas armas para imponerse a las otras bacterias en los pulmones de pacientes infectados por fibrosis quística. Por si fuera poco, las bacterias de las biocapas formadas por *P. aeruginosa* en los pulmones de los enfermos con fibrosis quística resisten mucho más a los antibióticos que las bacterias normales.

LAS MANOS

Hay que aprender a lavarse las manos correctamente, algo muy básico pero muy útil. Lavarse las manos salva vidas. Parece que solo los niños pequeños que juegan en el parque o en el jardín de casa deben lavárselas. ¿Y los mayores? No solo hay que lavarse las manos antes de comer, o cuando estamos preparando comida, también después de tocar a una mascota o a alguien que está enfermo. Los millones de dispensadores de desinfectante para manos a base de alcohol que hay en todos los hospitales del mundo no están de adorno. Los equipos de medicina preventiva y de enfermedades infecciosas de los hospitales saben que frotarse las manos con ellos es una buena manera de evitar buena parte de la transmisión de bacterias por contacto en los hospitales. Utilícelos todas las veces que sea necesario.

FORMACIÓN Y CONCIENCIACIÓN

Las sucesivas encuestas que se vienen realizando en Europa —como el propio eurobarómetro— han demostrado que las campañas para la concienciación de la población sobre el problema de las resistencias a los antibióticos no han surtido el efecto deseado. Quizás porque no han sido utilizadas masivamente campañas de radio y televisión o no han sido canalizadas a través de las redes sociales. Aun así, debemos incidir en estas campañas. Desde el año 2008, cada 18 de noviembre se celebra el Día Europeo para el Uso Prudente de los Antibióticos. Esta iniciativa de la Unión Europea pretende crear conciencia en la ciudadanía sobre la amenaza que representan las bacterias resistentes para la salud pública y sobre la importancia del uso adecuado de los antibióticos. La información más completa de cómo luchar contra las enfermedades infecciosas y la resistencia a los antibióticos aparece en la web de la Organización Mundial de la Salud. No se deje abrumar por la cantidad de información que contiene, consúltela.

Debemos ser autodidactas y aprender a buscar la información útil, correcta y rigurosa en internet. El 28 de septiembre de 2015 la Universidad de Dundee junto con la Sociedad Británica de Quimioterapia Antimicrobiana lanzó un «curso masivo abierto online» (por sus siglas en inglés MOOC) sobre implementación de programas de control de antibióticos, para ayudar a los profesionales sanitarios a conocer y afrontar el problema de las resistencias. A su vez, entre abril y junio de 2016, 30 miembros de la Sociedad Española de Microbiología lanzaron a través de Twitter un curso MOOC (#microMOOC) sobre una gran variedad de temas de microbiología, aglutinados en 28 lecciones. Ya está con su segunda edición y explica temas tan interesantes como el origen de la vida y la evolución microbiana, el microbioma humano y la microbiota intestinal, probióticos y prebióticos, microbiología de los alimentos, microbiología clínica e infección, virulencia y patogenicidad bacteriana o antibióticos y resistencia. Su creador y director, el Dr. Ignacio López Goñi, profesor de Microbiología y Virología en la Universidad de Navarra, es uno de los mejores divulgadores científicos de España sobre microbiología.

El programa e-Bug (www.e-bug.eu) es una iniciativa patrocinada por la Comisión Europea para crear complementos curriculares que se ajustan a los estándares educativos de cada país, para la educación primaria y secundaria. Su objetivo es informar a los niños acerca de los microbios, el uso adecuado de los antibióticos, la propagación de infecciones microbianas y su prevención mediante las mejoras higiénicas y el empleo de vacunas.

El Consorcio Internacional de Control de Infecciones Nosocomiales (por sus siglas en inglés INICC) es una comunidad científica internacional que trabaja en red para la reducción de las infecciones asociadas al cuidado de la salud. Entre sus objetivos directamente relacionados con el control de las enfermedades nosocomiales están los de optimizar el uso de antimicrobianos con fines de profilaxis o tratamiento, estandarizar las definiciones y metodología para la vigilancia de las infecciones asociadas al cuidado de la salud, y diseñar y coordinar estudios científicos para analizar la efectividad clínica y la relación costo-efectividad de las medidas ya probadas y de otras nuevas para el control de las infecciones. Pero también pretende jugar un papel importante en la educación, colaborando en el desarrollo, adaptación, promoción y edición de guías locales de control y prevención de las infecciones, entrenar al personal sanitario para mejorar sus habilidades a la hora de realizar actividades de investigación científica y, sobre todo, estimular, asesorar y guiar la realización de estudios y publicaciones científicas relevantes que estén apoyados en la medicina basada en evidencia para la vigilancia, prevención y control de las infecciones.

Tenemos también la Alianza para el Uso Prudente de los Antibióticos (APUA, *Alliance for the Prudent Use of Antibiotics*), una organización no gubernamental sin ánimo de lucro fundada en 1981 por el profesor Stuart B. Levy de la Universidad de Tufts. Su misión es fortalecer la alianza global contra las enfermedades infecciosas asegurando tratamientos efectivos y promoviendo el uso adecuado de los antibióticos para contener el avance de las resistencias. Ya está presente en 20 países de los 5 continentes.

Estos son ejemplos claros de que la ciencia es internacional y que hay que abordar el problema de las enfermedades infecciosas y la resistencia a los antibióticos a una escala global.

SE NECESITA MÁS INVERSIÓN EN INVESTIGACIÓN

El siguiente título, de un editorial de la revista *Enfermedades Infecciosas y Microbiología Clínica*, escrito por J. M. Cisneros y J. Rodríguez-Baño en el año 2016, deja bastante claro el panorama: ¿Por qué es tan difícil en España conseguir financiación para luchar contra la resistencia a los antimicrobianos? España no invierte lo suficiente en concienciar a la población sobre este problema, quizá por eso somos unos de los países con mayor consumo de antibióticos del mundo —y por tanto también con mayores tasas de resistencia—. Pero España no solo no invierte en combatir la resistencia a los antibióticos, tampoco en ciencia en general. Los científicos españoles están entre los mejores del mundo a pesar de las penurias económicas de muchos de sus laboratorios. ¿Qué no harían si tuvieran suficiente financiación público-privada? España está muy lejos de alcanzar la inversión pública que hacen las grandes potencias de Ciencia en Europa. Y la diferencia es más grande si hablamos de inversión privada y altruismo. Lo han dejado claro desde la Sociedad Española de Oncología y Radioterapia (SEOR): «necesitamos más Amancios Ortega» y es que este empresario gallego, a través de la Fundación Amancio Ortega ha donado recientemente a la Sanidad pública de 320 millones de euros en equipos. Hay que dar todas las facilidades posibles a que haya más inversión privada —y donaciones— a la ciencia y a la sanidad en España. Si el sector privado invierte en investigación nos irá mucho mejor a todos.

No solo lo ha dicho claramente el expresidente de la Sociedad Española de Enfermedades Infecciosas y Microbiología Clínica, Rafael Cantón, creo que lo han dicho ya todos los científicos en España. Ramón y Cajal, a principios del siglo pasado también dijo: En países más adelantados, donde se sabe harto bien que la prosperidad nacional es fruto de la ciencia, el problema económico recibió hace tiempo satisfactoria solución... Muy alejados nos hallamos todavía en España de este ideal económico». Por desgracia, presupuestos tras presupuestos, seguimos sin invertir suficiente en I+D+i. He abierto hoy la página web del nuevo Laboratorio de Biología Molecular de Cambridge. La estructura del edificio recuerda unos cromosomas emparejados. Ha costado 212 millones de libras; qué casualidad, casi la misma cantidad de millones que cuesta al año la plantilla de jugadores de algunos clubes de fútbol en España. Al año...

La investigación básica en microbiología y biología molecular es fundamental. Este tipo de investigación es la manera más eficaz para responder a cuestiones básicas sobre cómo funciona la naturaleza de los microorganismos y que, a través de la prueba de hipótesis, consigue dar respuestas a problemas muy complejos. Necesitamos más inversión en investigación porque así podríamos tener nuevos métodos más rápidos y eficaces para el diagnóstico de las enfermedades infecciosas. Es imprescindible saber rápidamente si una infección está causada por un virus o por una bacteria. Si está causada por un virus, de nada sirve aplicar un tratamiento con un antibiótico. Estas técnicas rápidas ahorrarían mucho tiempo y dinero y se evitaría la aparición de bacterias resistentes a los antibióticos. Necesitamos identificar correctamente a esas bacterias —que están causando la enfermedad que trae el paciente a la consulta— y saber a qué antibióticos son sensibles o resistentes, con exactitud; esto evitaría riesgos innecesarios de infecciones y favorecerá la pronta administración del tratamiento correcto. Muchas veces el retraso en la administración del antibiótico correcto puede ser fatal; además, se evitaría la utilización de antibióticos de amplio espectro, ya que se podría saber exactamente si un antibiótico de espectro más reducido podría ser útil y evitar así resistencias cruzadas de varias especies bacterianas a un solo antibiótico. Aquí los avances en genómica y bioinformática tienen bastante que decir. Dentro de poco tiempo, espero que cada servicio de microbiología pueda secuenciar las cepas que aíslan todos los días y desenmarañar así rápidamente a qué antibióticos podrían ser resistentes esas bacterias.

Otra de las esperanzas es sacar partido de la biología sintética y de las ómicas (genómica, proteómica, inmunómica, trascriptómica, etc.), con las que se esperan nuevos diseños de vacunas, o ayuda para descubrir nuevos grupos de genes biosintéticos que produzcan compuestos que desconocemos hasta ahora, o que solo se producen en bacterias que no crecen fácilmente o que son imposibles de cultivar.

Necesitamos comprender mejor cómo pasan las bacterias del ambiente a los animales, cómo pasan de unos animales a otros y cómo pasan de los animales al ser humano, o incluso desde el ambiente al ser humano. No solo las bacterias sino también sus genes de resistencia. El concepto de One Health —una sola salud— es una estrategia puesta en práctica en todo el mundo para aumentar la comunicación y la colaboración interdisciplinar entre investigadores para la protección de la salud de las personas, de los animales y del medio ambiente, entendiendo que todo está ligado entre sí. Esta estrategia permitirá conocer la manera en la que los distintos ecosistemas participan en el mantenimiento del *pool* de genes de resistencia y en su transmisión. Necesitamos investigar para conocer mejor cómo se realiza el intercambio de genes entre bacterias, no solo en la molécula sino también en el ambiente, no solo en el suelo, sino también en ambientes acuáticos, incluso en las propias biocapas que forman las bacterias en esos ambientes, y buscar mecanismos que inhiban el proceso de intercambio de genes en cualquiera de sus formas, principalmente por procesos de conjugación que favorecen el intercambio de plásmidos con muchos genes de resistencia. Estos mecanismos de resistencia a nivel genético son muy complejos. Algunas bacterias han barajado tanto su material genético en los cromosomas o por sus plásmidos que estos ya parecen auténticos mosaicos de genes. Y esto no es sencillo ni barato de estudiar. La ciencia básica necesita mucha inversión económica pero la ciencia aplicada también. Hay que favorecer la copulación entre ambas, básica y aplicada, por lo que la financiación que elimine ese *gap* también necesita ser revisada e incrementada. Sobre esto también se podría escribir algún libro. Y luego regalárselo a los responsables políticos.

VACUNAS

Las vacunas son el mejor método de prevenir enfermedades, sobre todo víricas —pero también bacterianas—. Necesitamos nuevas vacunas que reduzcan el uso innecesario de antibióticos.

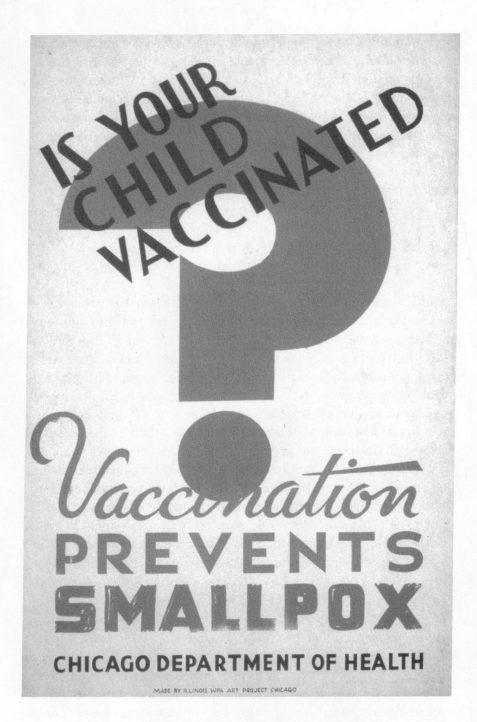

«¿Está su hijo vacunado? La vacunación previene la viruela»
[Departamento de Salud de Chicago].

Vacunándonos no solo nos protegemos nosotros, sino también a la comunidad. Las personas vacunadas —sobre todo niños— proporcionan una protección indirecta a las no vacunadas, ya que disminuyen la transmisión de los patógenos, en lo que se denomina *efecto de protección del rebaño o de grupo*. Un patógeno tiene más complicado saltar de un individuo a otro si hay muchos que están vacunados.

NECESITAMOS OPTIMIZAR EL USO
DE LOS ANTIBIÓTICOS

Nuestro país está a la cabeza del fútbol mundial. Y también estamos a la cabeza en cuanto al consumo de antibióticos y de incidencia de bacterias resistentes a estos.

Optimizar el uso de los antibióticos en los hospitales para reducir su consumo no es fácil, porque muchas veces se reduce la utilización de un antibiótico para disminuir el número de bacterias que están resistiendo a ese antibiótico, pero al dejar de utilizarlo se emplea otro u otros diferentes, con lo que termina por favorecerse otro tipo de resistencias en otras bacterias distintas. Aunque reduzcamos mucho la utilización de antibióticos optimizando los tratamientos, las resistencias no desaparecerán, pero por lo menos se ralentizará el proceso, y daremos tiempo a la industria para que ponga en el mercado otros nuevos.

En 1994, John E. McGowan, del hospital Grady Memorial de Atlanta (EE. UU.) publicó en la revista inglesa *Control de infecciones y epidemiología hospitalaria* un estudio titulado: «¿Pueden prevenir la dispersión de la resistencia a los antibióticos los programas intensivos de control en los hospitales?», en el que discutía sobre los pros y los contras —que no son pocos— respecto al control de la utilización de antibióticos en hospitales. Pero algunos de los ejemplos más claros de lo que se puede y se debe hacer respecto a los programas de optimización de uso de antibióticos —en inglés *antimicrobial stewardship program*— se publicaron ya en los años 60. Entre ellos destaca uno publicado en la revista *British Medical*

Journal por investigadores del hospital Hammersmith de Londres. Las bacterias resistentes a la penicilina y a la estreptomicina más comunes en los hospitales de Londres durante la década de los 50 eran los estafilococos. La ubicuidad de estos microorganismos traía de cabeza a las autoridades sanitarias. Por si fuera poco, el aislamiento de los pacientes era bastante deficiente y aquellas bacterias tenían especial virulencia, por lo que se diseñó un estudio encaminado a introducir una política de administración de antibióticos muy controlada. Se redujo la cantidad de penicilina administrada en el hospital, donde se realizó el estudio y se retiró totalmente su uso en 4 de los 6 quirófanos.

Un año después de tomar estas medidas, se había conseguido revertir la tendencia y las cepas aisladas mayoritariamente en el hospital a partir de ese momento mostraron sensibilidad a la penicilina y a la estreptomicina. Simplemente con dejar de utilizar a lo loco la penicilina.

Otro estudio similar se publicó más recientemente —en 1997— por el Grupo de Estudio de la Resistencia a Antibióticos de Finlandia. Estos investigadores utilizaron 39.247 estreptococos aislados por todo el país, principalmente de la garganta de los pacientes. En Finlandia, hasta 1991, la eritromicina era el único antibiótico disponible de la familia de los antibióticos macrólidos. En 1995 ya se utilizaban también la roxitromicina y la claritromicina. Cada vez había una correlación más grande entre el uso de antibióticos y la frecuencia de aparición de estreptococos resistentes en la población. Las autoridades competentes tomaron cartas muy serias en el asunto y se creó una política de información —sobre todo de médicos— para que se creara una conciencia social sobre el problema de la resistencia a estos antibióticos. El resultado no se hizo esperar: se produjo una reducción del 50 % en el aislamiento de estreptococos resistentes a los antibióticos macrólidos. Aunque el resultado no fue inmediato: se necesitaron 5 años recetando menos y tratando con menos antibióticos a la población para alcanzar este porcentaje significativo de reducción.

Si el problema de la resistencia está ligado a plásmidos —que llevan genes de resistencia a varios antibióticos—, estos podrían hacer resistentes a las bacterias no solo a una clase de antibióticos, sino a varias, por lo que dejar de recetar o administrar una sola familia de antibióticos no tendría tanta repercusión en la reducción del problema. Sea como sea, disminuir el consumo de antibióticos ayuda, y mucho.

Algo similar se ha evidenciado recientemente con el grupo de antibióticos denominado fluoroquinolonas y la bacteria *Clostridium difficile*. Esta bacteria causa unas 450.000 infecciones al año en EE. UU. Un 3 % de los humanos de todo el planeta la acogen en sus intestinos, pues es un lugar con poco tránsito de oxígeno. Esa bacteria en la mayoría de estas personas —unos 220 millones en todo el planeta— no hace ningún daño porque está totalmente rodeada de nuestras amigas las bacterias intestinales, que son muchas más y la arrinconan. De vez en cuando, esta microbiota amiga que nos acompaña es diezmada por alguna causa —como por ejemplo por un tratamiento antibiótico—, y entonces *C. difficile* puede llegar a multiplicarse bastante y a causar muchos problemas. Además, es una bacteria que tiende a crear unas variantes especialmente resistentes llamadas *esporas*, que son expulsadas del cuerpo con las heces. Estas esporas sobreviven muy bien en el ambiente incluso durante meses y pueden fácilmente volver a infectar a otras personas si a alguien se le ocurre tocar una superficie que está contaminada con ellas. Pueden pasar incluso de persona a persona, y en algún momento alguien se las puede llevar a la boca. Hay varios estudios que han medido esto. Se ha calculado que nos llevamos los dedos a las mucosas faciales —boca, ojos, nariz— un mínimo de 15 veces a la hora. Si usted se encuentra en una oficina con muchos trabajadores, en mitad de una película en el cine o en mitad de una charla durante un congreso científico, mire a su alrededor y cuente cuántas personas tienen alguna mano en contacto con la cara. Imagine que trabaja en una oficina y que uno de sus compañeros está comenzando a sufrir una diarrea causada por *Clostridium* y utiliza el servicio. Si su empresa tiene mala suerte y este trabajador libera algunas de esas esporas en el baño —por ejemplo, si no baja la tapa del inodoro después de utilizarlo—, cabe la posibilidad de que las esporas de *Clostridium* vayan a pasar a las manos de otros empleados. Se puede imaginar el resto. Que ocurra un contagio en una oficina sería muy mala suerte, pero en un hospital... Pues esto ocurre más frecuentemente de lo que podríamos pensar. En un hospital, los pacientes infectados por *C. difficile* suelen tener diarrea y utilizan frecuentemente el baño de su habitación. Este baño debe ser limpiado frecuentemente por el personal del hospital, pero podría ser utilizado por alguna visita y… Esto puede llevar a la propagación rápida de las esporas. Así ha ocurrido normalmente durante los brotes de esta bacteria en los hospitales.

Pues bien, en 2017, investigadores del Reino Unido y de EE. UU., muchos de ellos pertenecientes al consorcio denominado Grupo de Modernización de la Microbiología Médica, han publicado en la prestigiosa revista *Lancet Infectious Diseases* que la restricción en el uso de estos antibióticos —las fluoroquinolonas y en particular el ciprofloxacino— fue la causa principal de la reducción de las infecciones por *Clostridium* en los hospitales ingleses. Por supuesto, los investigadores responsables del estudio han recordado la importancia de lavarse las manos —al menos con agua y jabón— y de realizar una limpieza hospitalaria profunda para evitar la transmisión de las esporas de este patógeno, o de bacterias de otras especies también peligrosas. Otro ejemplo más de que no se deben utilizar antibióticos a lo loco y de que la limpieza e higiene en los hospitales es clave.

NECESITAMOS UNA VIGILANCIA EPIDEMIOLÓGICA EFICAZ

Debemos realizar también análisis predictivos basados en las tendencias sobre fenómenos de resistencia que observamos mediante epidemiología molecular, tanto en los hospitales como en el ambiente. Es importante saber si un tipo de bacterias en concreto está causando problemas en una determinada región, en un hospital u hospitales, o incluso en un grupo de pacientes concreto durante un periodo de tiempo determinado —pongamos por ejemplo en los últimos meses o años—. Una vez que podamos controlar esto, debemos poner en marcha la investigación necesaria para entender por qué ocurre ese brote y buscar soluciones para que no vuelva a pasar en el futuro. La vigilancia y la investigación de los brotes infecciosos proporcionan una información crítica sobre la epidemiología de los microorganismos patógenos. Muy pronto habrá que integrar todos los sistemas de vigilancia local para crear uno que abarque todo el mundo; y esto no va a ser fácil, porque, según el informe de vigilancia global de la resistencia a los antibióticos de la Organización Mundial de la Salud de 2014, de los más de 190 miembros de las Naciones Unidas solo 129 tenían algún tipo de plan nacional de vigilancia sobre resistencia a antibióticos.

NECESITAMOS TERMINAR CON LA UTILIZACIÓN INNECESARIA DE ANTIBIÓTICOS PARA ENGORDAR AL GANADO

Esto ya se ha hecho en Europa, pero no en otros países como EE. UU. o China. Según una noticia publicada en *Nature* en enero de 2012, unos 100 países del mundo —la mayoría países en vías de desarrollo— carecen de una legislación rigurosa sobre la utilización de antibióticos en medicina veterinaria.

El sentido común y no pocas evidencias científicas nos han enseñado que estas prácticas generan un *pool* de bacterias resistentes que saltan al ambiente y un *pool* de genes de resistencia que se han acumulado lenta pero inexorablemente, esperando a ser útiles a bacterias sometidas a la presión selectiva de los antibióticos. Según un artículo publicado en 2013 en la revista *The New England Journal of Medicine* por economistas de las Universidades de Calgary y Toronto, en EE. UU. se utilizaban al año unos 3,66 millones de toneladas de antibióticos para tratamientos en salud humana, tratamientos de mascotas, acuicultura y cultivos vegetales. Pero, solo en ganadería, se utilizaban anualmente 13,54 millones. Casi 4 veces más. Es decir, más de 37 toneladas al día (más de 37.000 kg/día). Da igual ponerlo en toneladas que en kilogramos, son muchos antibióticos.

Ahora, gracias a las nuevas técnicas de secuenciación masiva de genomas, sí que se ha podido demostrar que cepas bacterianas presentes en el ganado son causantes de enfermedades en humanos. Algunas de estas bacterias ya tienen nombres complejos como LA-MRSA: «*Staphylococcus aureus* resistentes a meticilina (MRSA) asociados al ganado (LA por las siglas en inglés de Livestock-Associated).

En un artículo titulado «Reducir el uso de antimicrobianos en animales destinados a la alimentación», publicado en septiembre de este año en la revista *Science*, investigadores de varios países europeos y de EE. UU. proponen una serie de soluciones para reducir la utilización masiva de antibióticos para la cría de animales destinados al consumo humano. Algunas serían por ejemplo regular finamente las cantidades de antibióticos utilizados, promover dietas bajas en proteínas entre la población —lo que disminuiría el consumo de carne— o imponer una tasa a la utilización de antibióticos en ganadería, cuyos ingresos irían directamente a parar a la investigación en nuevos antibióticos.

Por otro lado, debemos estudiar mejor las funciones del microbioma en animales de granja. Quizás aprendiendo cómo manipularlo podremos buscar una mejor eficiencia en su alimentación o una estimulación de su sistema inmunitario para que no sea necesario el uso excesivo de antibióticos, ni como promotores del crecimiento, ni como profilácticos o terapéuticos.

NECESITAMOS FRENAR LA CONTAMINACIÓN INDUSTRIAL POR ANTIBIÓTICOS

Cualquier tipo de vertido tóxico suele ser bastante dañino para el ambiente; pero el vertido de antibióticos en particular tiene consecuencias nefastas que nos afectan a todos. Da igual que el vertido se realice por industrias destinadas a la fabricación de antibióticos en China o en la India, al final las bacterias pueden llegar fácilmente a cualquier punto del planeta. Solo tienen que coger un avión.

Afortunadamente, se han tomado pasos en la buena dirección para controlar estos vertidos. En 2016, más de 100 empresas y asociaciones de comercio firmaron una declaración —la declaración de Davos— para reconducir la producción de antibióticos, vacunas y otros medicamentos hacia un mercado sostenible. Uno de los puntos del documento habla sobre la necesaria revisión de los procesos de producción y de cómo realizar buenas prácticas que permitan controlar el vertido de antibióticos al ambiente. Como muchas otras cosas, con el año 2020 en el punto de mira —el famoso horizonte 20-20 (H2020)—, que ya se nos viene encima, no estaría de más que los grandes actores del sistema, como la Agencia Europea de del Medicamento o la FDA americana, presionaran a China e India para que tomen también medidas en este sentido. Además, las empresas que venden estos productos farmacéuticos deben presionar a sus proveedores para que garanticen que los antibióticos que les suministran proceden de procesos seguros que no contaminan el ambiente, al igual que muchas cadenas de alimentación han presionado para que los granjeros que les suministran carne aseguren que los animales no han sido alimentados con antibióticos promotores del crecimiento.

NECESITAMOS INCENTIVAR LOS PROGRAMAS DE DESCUBRIMIENTO Y DESARROLLO DE ANTIBIÓTICOS POR LAS EMPRESAS FARMACÉUTICAS

Son muchos los problemas que desaniman a las empresas farmacéuticas a invertir en programas de I+D+i en nuevos antibióticos. Ya los hemos visto anteriormente. Pero aún les quedan unas pocas esperanzas. En primer lugar, el planeta Tierra es muy grande y solo hemos podido cultivar de manera relativamente sencilla un 1 % de todos los microorganismos que lo habitan. El otro 99 % de momento solo se puede explorar desde el punto de vista genómico. Solo en el mar se calcula que puede haber más de 10^{30} microorganismos. Pero debemos buscar en otros ambientes, en las plantas, en los insectos, en las aves, en los animales, en las rocas de las montañas. Hay que buscar de forma diferente y hay que innovar para que las bacterias nos revelen sus secretos. Distintas empresas, como Cubist Pharmaceuticals, aspiran a analizar millones de compuestos microbianos cada año para descubrir nuevos fármacos. Para ello cuentan con la robótica y la miniaturización de los ensayos, con lo que podrían realizar millones de minifermentaciones de microorganismos para estudiar lo que producen.

También hay que incentivar que esas farmacéuticas con capacidad para llevar a un fármaco nuevo al mercado ganen dinero. A mí personalmente no me importa que los inversores de las farmacéuticas se forren hasta las cejas mientras realicen un trabajo ético, paguen los impuestos que les corresponden y no contaminen el ambiente. Y si hace falta, habrá que flexibilizar las leyes de patentes para que las empresas obtengan más beneficios a cambio de que saquen nuevos antibióticos al mercado. Los enfermos lo agradecerán.

Es mejor prevenir que curar. Por eso creo firmemente en la vacunación como vehículo de prevención. Los movimientos antivacunas son un escándalo.

HARALD ZUR HAUSEN, premio nobel de Fisiología-Medicina en 2008. Entrevista para *Diario Médico*. 2017

24. Los científicos salen a la calle (por fin)

Muchas veces los científicos nos sentimos incomprendidos. Esto es debido en parte a que no explicamos bien las cosas; posiblemente porque tratamos de explicar todo de un modo riguroso, científico o demasiado complicado. Y la gente que no tiene formación científica —o en ciencias— no nos entiende. Tratar de comunicar la ciencia a una población que carece de conocimiento científico es un tema delicado, porque corremos el riesgo de que —evidentemente— no nos entiendan, de que resultemos aburridos —y se nos deje de prestar atención—, o incluso de que caigamos en contradicciones con otros científicos. Esto último es un motivo importante de desapego por parte de la población; en algunos temas, parece que ni los propios científicos nos ponemos de acuerdo, y eso solo redunda en beneficio de las pseudociencias o de los que sacan provecho de la confusión o de la desinformación de los ciudadanos. El cambio climático o el tiempo que hay que tomar las dosis de antibióticos que nos receta el médico son buenos ejemplos.

Por eso cada vez aparecen más divulgadores científicos, cada vez hay más blogs de ciencia e investigadores tuiteros. Por eso se inventó Ciencia en el Parlamento, para informar a los políticos sobre cómo tomar decisiones basadas en el conocimiento científico. Por eso también se creó Pint of Science, para fomentar las relaciones humanas dentro de un contexto que permita a los científicos hablar con la gente de tú a tú e intentar explicarles cómo funciona la naturaleza, alejados del pánico que le da a la gente un laboratorio o del pánico que le da a los científicos hablar de ciencia en la calle. Por eso se inventó también la Noche Europea de los Investigadores, la Semana de la Ciencia, los Cafés Científicos del Instituto de Física de Cantabria IFCA, NAUKAS, Órbita Laika, las ferias de la ciencia en los colegios y muchas otras actividades que han aflorado en los últimos 10 años, no solo en España sino en todo el mundo.

Cuando me preguntaron hace unos años si quería dar una charla en el Pint of Science de Santander —organizado por la Universidad de Cantabria— elegí un tema complicado: «Cambio climático y enfermedades infecciosas». El concepto de cambio climático es algo absolutamente abstracto para un alto porcentaje de la población. Les suena del telediario, pero eso es todo. Ese asunto es una realidad tan desconocida que resulta incluso estúpida para muchas personas. Unos dicen que ahora llueve más, otros que ahora llueve menos, unos que hace más calor, otros que hace más frío, etc. Algunos dicen que el cambio climático es producto de unos algoritmos predictivos de superordenadores de la NASA, pero que del dicho al hecho hay un gran trecho, y tal y tal. Y así no hay manera de que nos pongamos en serio a parar un hecho gravísimo que YA está ocurriendo. Hay un problema grave de percepción: no percibimos el peligro. Como no nos llega, no creemos que pueda existir. Lo mismo pasa con las resistencias a los antibióticos.

Muchos líderes mundiales ya creen que el cambio climático es un problema y la mayoría de los que científicos también saben que es un problema —aunque estén más preocupados de si van a tener una beca o un proyecto el año que viene—. Pero el verdadero problema es que aún no hay mucha gente —de la calle— que crea de verdad que esto es un problema. Por eso actuaciones como Pint of Science o el Café Científico —y muchas otras por toda España— ayudan a que este problema de percepción se reduzca. Lo mismo pasa con el problema de la resistencia a los antibióticos. Necesitamos que la gente se acerque a los laboratorios de investigación y que los científicos salgan a la calle en esos eventos de divulgación y comunicación científica para explicarlo.

Los que trabajamos en ciencia tenemos que hacer lo posible porque cada vez más gente —joven y no tan joven— visite nuestros laboratorios y se entere de lo que hacemos. Por otro lado, debemos salir a la calle a montar ferias de la ciencia, noches de los investigadores, tertulias o conferencias en bares y cafeterías, debemos visitar colegios e institutos.

O escribir libros como este, para que todo el mundo se entere de los problemas que nos acechan y que suelen aparecer solo 30 segundos en el telediario, aperiódicamente. La gente de la calle debe percibir problemas como el de los antibióticos o el del cambio climático, porque así podrá presionar a los que mandan y a los *lobbies* —a veces no se sabe quién es quién— para que generen políticas útiles que los solucionen. Esto me recuerda a los *lobbies* de las tabacaleras cuando hacían campaña contra los científicos que comenzaron a decir que el tabaco mataba a millones de personas en todo el mundo.

Los políticos no suelen hacer mucho caso a los científicos, pero sí a los votantes. Por eso es necesario crear y avivar un debate público que llegue a toda la sociedad y que la haga percibir que los problemas como el cambio climático, el aumento de los movimientos antivacunas o la aparición de superbacterias, etc., son reales y que terminarán afectándonos a todos. La divulgación científica es clave para abrir y fomentar este debate en la sociedad. Debemos reclamar a los científicos que salgan de sus laboratorios para que expliquen lo que hacen, y reclamar a los periodistas que mejoren la forma de presentar estos problemas —y las posibles soluciones— al público. No se trata de decir que ahora el azúcar es malo cuando antes era bueno, decir ahora que la cerveza es buena cuando antes era mala, decir que los alimentos transgénicos son tan seguros como los normales, o que la publicidad con la que nos venden yogures es engañosa; se trata de dar a la gente las herramientas que les permitan por sí mismos ser lo suficientemente críticos para descubrir la evidencia científica, para entender lo que es un hidrato de carbono, una levadura, un gen o una grasa saturada o insaturada. Una vez que entiendan esto, podrán juzgar por ellos mismos si las cantidades que ingieren de esos productos pueden ser beneficiosas o perjudiciales, o si pueden fiarse de los anuncios de yogures o de las dietas milagro. No estaría de más que cuando lleguen las elecciones ojeemos los programas electorales de los partidos políticos —cosa que nunca hacemos— para ver quién lleva en ellos una mejor política de inversiones en I+D y en sanidad; o a algún experto en homeopatía.

La herramienta más efectiva para luchar contra las enfermedades infecciosas y el aumento de bacterias resistentes a los antibióticos es una buena política de investigación y de salud pública; pero si la gente no percibe la necesidad de investigar para solucionar este problema, no nos apoyará, y si no nos apoya la gente no lo harán tampoco los políticos, que son los que al final dictan los presupuestos. Los científicos debemos influir sobre las decisiones de los políticos a través de la gente de la calle y para eso tenemos que salir más a menudo para hablar con esa gente.

SMALL WORLD INITIATIVE Y MICROMUNDO

El proyecto Small World Initiative (SWI, www.smallworldinitiative.org) es una iniciativa para el descubrimiento de nuevos antibióticos basada en una estrategia de Ciencia Ciudadana donde se combinan pedagogía y divulgación científica. El SWI fue una idea original de investigadores de la Universidad de Yale en EE. UU., que ha llegado a España a través de la Universidad Complutense de Madrid, en concreto del profesor de la Facultad de Farmacia Victor Jiménez Cid —miembro de la Sociedad Española de Microbiología (SEM) y del grupo de Docencia y Difusión de la Microbiología de esa sociedad—, que ha conseguido generar una legión de entusiastas microbiólogos en centros educativos de toda España.

El proyecto SWI se ha dividido en 2 en EE. UU., y ahora tiene una versión que se llama Tiny Earth, que ha dado lugar en España desde finales de 2018 al proyecto MicroMundo. Este proyecto (https://tinyearth.wisc.edu/) se basa en el aprendizaje-servicio (aprender haciendo un servicio a la comunidad) y tiene dos objetivos principales: por un lado crear vocaciones e interés por las carreras de ciencias y por la investigación científica en estudiantes de Secundaria y Bachillerato, y por otro lado concienciar a la sociedad sobre el problema que supone la resistencia bacteriana a los antibióticos y sobre el mal uso de estos.

Durante este proyecto, los estudiantes preuniversitarios tienen que descubrir por sí mismos bacterias que produzcan compuestos con interés biomédico, a partir de muestras de suelo de distintas localizaciones geográficas, realizando un proyecto de investigación real, con diferentes etapas colaborativas y con un resultado desconocido.

Las prácticas de laboratorio en las enseñanzas preuniversitarias y universitarias españolas están basadas normalmente en experimentos cuyo desarrollo transcurre siguiendo una receta o protocolo, y cuyo resultado es ya conocido. De este modo, los alumnos realizan la práctica con un objetivo claro, lo que deja poco margen a la interpretación y a la discusión de los resultados y al pensamiento crítico. Pero en el proyecto MicroMundo es algo distinto: los alumnos colaboran entre sí, con investigadores científicos reales y con sus centros de investigación o universidades, lo que permite una inmersión de los estudiantes en el método científico y en el conocimiento directo del trabajo que realizan los investigadores.

Creo firmemente que la implantación de este tipo de ciencia en los centros educativos supondrá un aliciente para fomentar las vocaciones científicas. No solo es importante que los alumnos realicen experimentos distintos a los que vienen desarrollando sus profesores desde hace años, deben también acudir a los laboratorios de universidades y centros de investigación para conocer de primera mano el trabajo de los científicos. En este proyecto se hace además especial hincapié en el papel de la mujer en la ciencia. De cada 10 científicos que están en la élite de la ciencia europea, solo una es mujer. Un desperdicio de talento incalculable que se queda rezagado por el camino.

Las bacterias que aíslan los estudiantes en el laboratorio durante el proyecto MicroMundo pueden ir a parar a la Fundación Medina, un centro de investigación sin ánimo de lucro creado en España en el año 2008 tras una alianza público-privada entre la Junta de Andalucía, la empresa farmacéutica Merck Sharp & Dohme de España S.A. (MSD) y la Universidad de Granada. Esta fundación posee una de las mayores colecciones de microorganismos del mundo, además de librerías de compuestos naturales que pueden ser utilizados por los investigadores para el descubrimiento de nuevos medicamentos.

A menudo nos encontramos con que las moléculas de interés producidas por un microorganismo del suelo, del agua de mar o de cualquier otro ambiente son difíciles de detectar. Cuando sacamos a las bacterias o a los hongos de su ambiente —por ejemplo, del suelo— estás dejan de tener los estímulos adecuados para su crecimiento o para la producción de algún compuesto que podría ser de interés. A veces esas moléculas provienen de la materia orgánica del propio suelo —y hay muchos tipos de suelos— o incluso de otras bacterias con las que están acostumbradas a coexistir, con las que forman un consorcio. Sin esos compañeros, las bacterias se quedan tristes y ya no producen los mismos compuestos. Pero nosotros no sabemos cuáles son, por lo que debemos buscar y seleccionar en el laboratorio los ingredientes necesarios para que puedan crecer, a veces incluso llevando también al laboratorio a sus amigos microbianos para que las estimulen.

A veces también, las moléculas que produce un microorganismo del suelo son demasiado inestables y solo unas manos expertas con una infraestructura adecuada pueden conseguir purificarlas. Por si fuera poco, esas moléculas no tienen por qué funcionar fácilmente como un medicamento. La evolución ha querido que esas moléculas sirvan para una función especial, para actuar en una determinada situación y en un determinado microambiente del suelo o del agua, etc., no para que lleguen a un órgano humano, en suficiente cantidad, sean químicamente estables y no despierten una respuesta inmunitaria o no sean tóxicas. Algunos antibióticos en el laboratorio funcionan muy bien y matan a las bacterias en minutos, pero dentro del cuerpo humano hay distintos microambientes —en órganos o tejidos distintos— y cada uno de ellos puede producir cambios de pH, osmolaridad y otros factores que deprecian la actividad del antibiótico. Una de las características del proyecto SWI-MicroMundo es que nos hace pensar la manera de hacer que las bacterias del suelo sigan haciendo lo que hacen una vez que las saquemos de él, así que quizás alguno de esos chicos o chicas que participen en el MicroMundo descubran algo interesante.

En octubre de 1969 se publicó en *Science* el descubrimiento de un compuesto —la fosfonomicina— producido por un estreptomiceto español, un *Streptomyces fradiae*, aislado por un grupo de investigadores españoles que trabajaban en la Compañía Española de Penicilina y Antibióticos (Madrid), en colaboración con investigadores de la empresa Merck Sharp & Dohme de New Jersey (EE. UU.). Según se refleja en un artículo publicado en la *Revista Española de Quimioterapia* escrito por José Prieto, la cepa original fue aislada por Sebastián Hernández (del grupo español) en 1966, a partir del suelo de una cuneta de la carretera que va de Jávea a Gata en la costa levantina. Este compuesto —que luego se llamó fosfomicina— se aisló más tarde de otras dos especies de estreptomicetos: *S. viridochromogenes* y *S. wedmorensis*; por lo que queda demostrado una vez más que los estreptomicetos son bacterias con gran capacidad para producir compuestos antibióticos. Y recientemente se ha vuelto a demostrar. Esta vez en un sitio más curioso que la cuneta de una carretera. Científicos de centros de investigación ingleses y croatas han encontrado un estreptomiceto bastante curioso en la tierra de un cementerio de la zona suroeste de Irlanda del Norte. Al parecer, desde la antigüedad, en esa región se utilizaba directamente el suelo para curar, desde el dolor de muelas hasta algunas infecciones. Concretamente, la tradición indicaba que se debía colocar una pequeña porción de tierra envuelta en un paño cerca de la infección o debajo de la almohada de los enfermos, durante 9 días. Tras este tiempo, el suelo era luego devuelto al lugar de donde se había cogido. Estos científicos han comprobado que esta bacteria —a la que han denominado *Streptomyces myrophorea*— tiene capacidad para inhibir en el laboratorio a algunas superbacterias.

MicroMundo en España va a intentar buscar bacterias de este tipo por toda la geografía española. Como solo conocemos aproximadamente el 1 % de las bacterias que hay en la Tierra, los estudiantes preuniversitarios españoles podrían dar con una nueva *fosfomicina 2.0*. Mucha suerte.

*Se necesita una acción global antes de que uno
de los descubrimientos científicos más valiosos
del siglo xx se pierda en el siglo xxi.*

Matthew A. Cooper, profesor en la Universidad de Queensland (Australia)
y autor del libro *Antibióticos: la tormenta perfecta.* En *Nature*, abril de 2011

*La base más fructífera para el descubrimiento de un nuevo
medicamento es comenzar con un viejo medicamento.*

James Black, medico escocés, premio nobel de Fisiología-
Medicina en 1988, en *The Nobel Chronicles*, escrito por Tonse N
K Raju (Universidad de Illinois) en *The Lancet*, 2000.

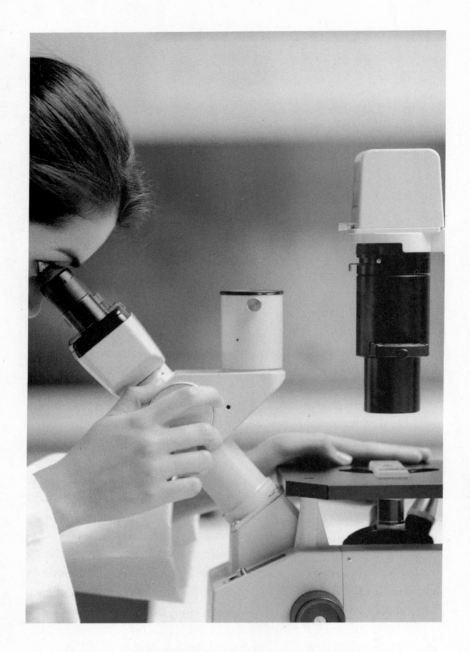

Una joven científica observa una preparación en una
lupa binocular [Wave Break Media].

25. Nuevas esperanzas

A estas alturas del libro quizá piense usted que todo este problema de la resistencia a los antibióticos es demasiado enorme. Yo también. Pero para esto tenemos a los investigadores científicos.

Muchas noticias que salen en la prensa anuncian nuevas esperanzas contra las superbacterias —aunque no tanto como me gustaría—. De hecho, muchos periodistas que se ocupan de la sección de ciencia o salud de los periódicos escrudiñan constantemente las bases de datos, las páginas web de los grandes centros de investigación o las webs de las distintas revistas científicas en busca de la noticia de la semana. Las mejores revistas incluso tienen un gabinete de prensa que anuncia los mejores descubrimientos contactando directamente con algunos medios de comunicación.

Por desgracia, muchas de estas noticias terminan con la pregunta incómoda: ¿cuándo tendremos este descubrimiento en las farmacias? La respuesta suele ser: queda aún un largo camino hasta su aplicación clínica.

Lo bueno es que estos descubrimientos ocurren más frecuentemente de lo que pensamos. Los descubrimientos de hace 10 o 15 años salen a la arena en la actualidad. Y los descubrimientos de la actualidad saldrán a la arena en 10 o 15 años, pero sin descanso. Los científicos nunca descansan (algunos ni se echan la siesta). Están todo el tiempo obteniendo resultados, positivos o negativos, y algunos de estos resultados ayudan a otros investigadores a mejorar los suyos. Eso sí, el corto plazo no suele existir.

En el centro de investigación donde trabajo solemos invitar a alumnos de colegios e institutos para que conozcan de primera mano cómo trabajan los investigadores. Creo que si los alumnos de Ciencias no acuden a los laboratorios de investigación no se despertarán suficientes vocaciones científicas que nos ayuden a solucionar los problemas importantes que tiene la sociedad.

El trabajo de científico es apasionante. Miles de científicos de todo el mundo se levantan cada mañana y van a trabajar para generar conocimiento. Este conocimiento se utiliza para muchas cosas, una de ellas es buscar soluciones a problemas complejos, como el de la resistencia bacteriana a los antibióticos. Este problema es una ecuación muy grande y complicada, a pesar de que llevamos muchos años estudiando con detalle las enfermedades infecciosas causadas por microorganismos —principalmente desde los tiempos de Louis Pasteur y Robert Koch—.

Las bacterias son muy complejas y hay muchas distintas. No conocemos bien cómo se trasmiten ni cómo nuestro cuerpo puede defenderse de ellas o claudicar ante una infección. Tampoco sabemos mucho de por qué unas nos atacan y otras no. Hemos encontrado muchas armas contra ellas, pero necesitamos otras diferentes. Atacar el problema de las resistencias por lo tanto requiere muchos frentes, mucho esfuerzo, mucho dinero y mucho tiempo.

Sin embargo, de vez en cuando, algunos investigadores dan con un hallazgo que normalmente puede solucionar alguna pequeña parte de la ecuación. Cada día se publica algún estudio que aporta una pequeña solución.

La falta de nuevos antibióticos va a hacer que nos busquemos la vida con los que tenemos, tratando de optimizar las dosis terapéuticas o los ensayos que conocemos de toda la vida y que pocas veces nos paramos a pensar si se pueden mejorar o no. En 2017, un equipo de biólogos de la Universidad de California en Los Ángeles ha utilizado fórmulas matemáticas para predecir qué combinaciones de antibióticos podrían ser útiles para combatir a los patógenos. En algunas ocasiones, la combinación de 2 antibióticos puede ser más efectiva que la aplicación de alguno de ellos por separado. Pues bien, estos investigadores han encontrado que algunas combinaciones de 3 antibióticos podrían incluso mejorar los resultados. Por desgracia, solo es un modelo probado en el laboratorio —aunque eso sí, con mucho éxito—. Esto ya se practicaba en la década de los 50. En 1953 aparecieron dos artículos sobre combinaciones de antibióticos, uno firmado por 4 médicos americanos titulado «¿Cuándo se deben usar los antibióticos en combinación?» y otro firmado por el propio Fleming, con un título que decía: «Revisión del desarrollo de los antibióticos. La combinación de distintos antibióticos». Parece que hay que volver a utilizar remedios de hace 60 años, cuando apenas había resistencias a los antibióticos y se utilizaban combinaciones sin ningún tipo de control científico; pero esta vez haciendo las cosas con sentido común y algoritmos.

Otros investigadores también proponen revisar el modo en que llevamos haciendo algunas cosas durante muchos años. En un artículo publicado en la revista *eBioMedicine* con el título: «Corrigiendo un defecto fundamental en el paradigma de la prueba de sensibilidad a los antimicrobianos», investigadores de varias universidades americanas y de la Universidad de Sydney (Australia) dejan claro que no hay que descartar una droga a las primeras de cambio porque en los test de laboratorio no haya funcionado demasiado bien. Para decir si una bacteria es resistente o sensible a un antibiótico solo tenemos que hacer una sencilla prueba en el laboratorio: cogemos un cultivo de bacterias en tubo de ensayo y le añadimos el antibiótico a una concentración adecuada; *grosso modo*, si la bacteria crece es resistente y si se detiene su crecimiento o muerte, se dice que es sensible. Pero estos investigadores nos recuerdan de nuevo que una placa Petri o una serie de tubos con diluciones seriadas para calcular la concentración mínima de ese antibiótico que detiene el crecimiento de una bacteria no tienen nada que ver con el cuerpo humano.

Hace unos meses recibí mi número mensual de la revista *Microbe*, una publicación de la Sociedad Americana de Microbiología. Venía con un suplemento de publicidad de una nueva combinación de fármacos, ceftolozano-tazobactam. Es decir, todos los socios de esta sociedad —unos 50.000— han recibido esta misma publicidad, una amplia publicidad. El mecanismo de acción del ceftolozano es similar al de otros antibióticos betalactámicos y el tazobactam inhibe diversas betalactamasas. Aquí en España esta combinación ha sido acogida con cautela ya que, aunque administrados por vía intravenosa, han demostrado cierta eficacia basándose en criterios de no inferioridad y de seguridad frente a otros antibióticos en diferentes ensayos clínicos, esos ensayos clínicos han tenido ciertas limitaciones, con lo que las autoridades competentes han aconsejado precaución. A pesar de todo, terapias combinatorias de este tipo (ceftazimida-avibactam, imipenem-relebactam o meropenem-vaborbactam) podrían servir para mejorar la actividad de algunos antibióticos y disminuir la selección de bacterias resistentes.

En junio de 2017, un equipo multidisciplinar de Italia, EE. UU. y Alemania han encontrado —tras un cribado de 3.000 actinobacterias y hongos— un compuesto al que han denominado pseudouridimicina, que tiene gran actividad contra una enzima importante de la maquinaria de las bacterias, la ARN polimerasa. Lo han probado contra una especie de estreptococo que causa peritonitis con buenos resultados, tanto *in vitro* como en un modelo animal de ratón.

En 1952, un misionero de la isla de Borneo le envió una muestra de tierra a su amigo el Dr. Edmund Carl Kornfield, un químico de la empresa farmacéutica americana Eli Lilly. Kornfield aisló de esta muestra el microorganismo *Streptomyces orientalis*, que producía un compuesto al que denominaron 05865, el cual tenía actividad antimicrobiana. Tras un sencillo proceso de purificación pasó a denominarse vancomicina. Este antibiótico prometedor fue muy útil hasta que las bacterias gram positivas comenzaron a hacerse resistentes. Exactamente 65 años después, investigadores del Instituto de Investigación Scripps en San Diego (EE. UU.) han tenido que realizar 30 etapas de síntesis química para crear un nuevo compuesto derivado de este, algo así como la vancomicina 3.0, unas 25 mil veces más potente que la original. El compuesto funciona muy bien en el laboratorio, pero no se ha probado aún en animales. Antes de eso, estos investigadores planean reducir los costes de producción, que no deben ser baratos. Pensemos en 30 modificaciones químicas para obtener una molécula distinta y que cada una lleva su tiempo y su dinero. Si se consigue que no sea tóxica en humanos quizás podríamos estar delante de una nueva ayuda muy potente.

En 2017, científicos de la empresa farmacéutica Novartis presentaron en el congreso de la Sociedad Americana de Microbiología celebrado en New Orleans, el compuesto denominado LYS228, una especie de monobactan 2.0 producido sintéticamente. Los monobactámicos son compuestos estructuralmente relacionados con los betalactámicos. Para descubrir este compuesto, estos investigadores crearon mediante ingeniería genética una legión de bacterias *Escherichia coli*. Cada una de estas bacterias tenía una enzima destructora de antibióticos betalactámicos distinta. El LYS228 parece que resistió bastante bien a todas ellas.

Quizás uno de los compuestos más prometedores es el cefiderocol —presentado hace menos de una década—, a pesar de que posee algunos efectos secundarios similares a los que causan otros antibióticos (diarrea, náuseas, vómitos, dolor abdominal, etc.). Las bacterias necesitan átomos de hierro para realizar algunas de sus funciones, y como este compuesto —también conocido como S-649266— se une al hierro que hay en el ambiente, es captado inocentemente por las bacterias y se introduce en la membrana de estas a modo de caballo de Troya.

Otro ejemplo son las arilomicinas, unos lipopéptidos también producidos por estreptomicetos, que tras un largo trabajo de modificación química se han conseguido mejorar para combatir en el laboratorio a algunas de las superbacterias más peligrosas.

MÁS MEDICINA EN MINIATURA: NANOMEDICINA Y NANOTECNOLOGÍA

Unos investigadores de la Universidad de Melbourne han utilizado este mismo año un tipo de polímeros denominados SNAPP que destruyen bacterias resistentes en el laboratorio. Esta herramienta es un producto de la nanoingeniería, término que iremos escuchando cada vez más a menudo en los próximos años.

Una idea bastante curiosa e innovadora es utilizar los teléfonos móviles para algo más que para las redes sociales o el WhatsApp. Un grupo de ingenieros de la Universidad de California en Los Ángeles ha inventado un lector de placas basado en un teléfono móvil, que permite realizar ensayos de susceptibilidad a los antibióticos por personal sanitario sin necesidad de un entrenamiento exhaustivo, y disminuyendo costes. Esta herramienta podría ser útil en hospitales con recursos limitados o con escasez de personal altamente especializado. El teléfono móvil se acopla a una estación portátil y permite la incubación de una placa de 96 pocillos donde se realizan los test. El porcentaje de error del aparato es muy bajo. Aquí podemos encontrar la perfecta fusión multidisciplinar entre ingeniería y microbiología, al servicio de la lucha contra las resistencias a los antibióticos.

En la empresa Mammoth Biosciences han creado un sistema miniaturizado muy prometedor para la detección precisa de agentes patógenos —cualquier microorganismo— utilizando la tecnología CRISPR, el primitivo sistema inmunológico de las bacterias, que las protege frente a los bacteriófagos.

Otras esperanzas interesantes recaen sobre nanopartículas dirigidas contra los patógenos, moléculas o anticuerpos que bloqueen factores de virulencia de las bacterias, mecanismos de silenciamiento de genes o herramientas genéticas como las repeticiones palindrómicas cortas agrupadas y regularmente interespaciadas (por sus siglas en inglés CRISPR), descubiertas por el español Francis Mojica (Elche, 1963) y que bien podrían valerle el Premio Nobel algún año.

Las empresas buscan estas nuevas herramientas para patentar fármacos y moléculas. Están dejando de lado la investigación sobre antibióticos pero han tomado el camino de los anticuerpos o de las herramientas genéticas. Y los inmunólogos aquí tienen mucho que decir. Las inmunoterapias —terapias destinadas a favorecer las respuestas inmunitarias de los pacientes— bien sean con vacunas, con anticuerpos o con citoquinas —armas moleculares de nuestro sistema inmunitario—, pueden favorecer la lucha del propio cuerpo contra las infecciones. Si el sistema inmunitario es más eficaz contra las bacterias, estas tendrán menos oportunidades de llevar a cabo una infección exitosa y por lo tanto el paciente recibirá menos antibióticos y permanecerá menos tiempo expuesto a otras infecciones durante su estancia en el hospital. Por supuesto, no podemos pensar que estas terapias van a sustituir completamente a los antibióticos en el corto y medio plazo, pero aplicadas conjuntamente con ellos ayudarán a combatir más eficazmente las enfermedades infecciosas. Esperamos con impaciencia los avances en este campo.

Hay que pensar a lo grande. Y si hablamos de cosas grandes podemos hablar de aceleradores de partículas. La ciencia es internacional y los descubrimientos más impactantes se producen actualmente gracias a la multidisciplinariedad y a la utilización de técnicas muy variadas. A veces los científicos procedentes de distintas áreas de la ciencia tienen que mezclarse para solucionar problemas complejos; otras veces intentar matar moscas a cañonazos funciona.

Las compañías farmacéuticas y los investigadores en biomedicina están utilizando cada vez más la luz —o radiación— de los sincrotrones para estudios de cristalografía de macromoléculas y para desarrollar fármacos. Los microbiólogos también pueden sacar partido de estas increíbles infraestructuras. Por ejemplo, se pueden utilizar los aceleradores de partículas para estudiar algunas propiedades de las bacterias o compuestos microscópicos que las puedan destruir. Estas enormes infraestructuras —el túnel de alguno de los aceleradores puede llegar a tener 27 km de circunferencia— están regentadas por físicos experimentales y sus colegas los físicos teóricos, pero en sus instalaciones acogen desde biólogos hasta veterinarios, por lo que se pueden utilizar tanto para conocer los secretos del universo como para conocer los secretos de las bacterias. Y funciona. Numerosos investigadores de todo el mundo utilizan ya estas infraestructuras gigantescas para conocer los más pequeños detalles de las moléculas que forman las bacterias, desde las membranas hasta sus apéndices superficiales. Conociendo la composición y conformación de las proteínas bacterianas —pongamos por ejemplo una enzima inhibidora de antibióticos beta-lactámicos— podremos diseñar fármacos contra ellas.

Un equipo de investigadores de Melbourne (Australia) ha utilizado el sincrotrón australiano para estudiar la superficie de las alas de algunos insectos. Al parecer, la composición y la topología de las alas de algunas libélulas y cigarras, vistas al microscopio, son increíbles y poseen estructuras capaces de atrapar y matar a algunas bacterias. Estos investigadores están tratando de conocer las propiedades de esas estructuras para conseguir imitar esos materiales y poder llegar a utilizarlos en los hospitales.

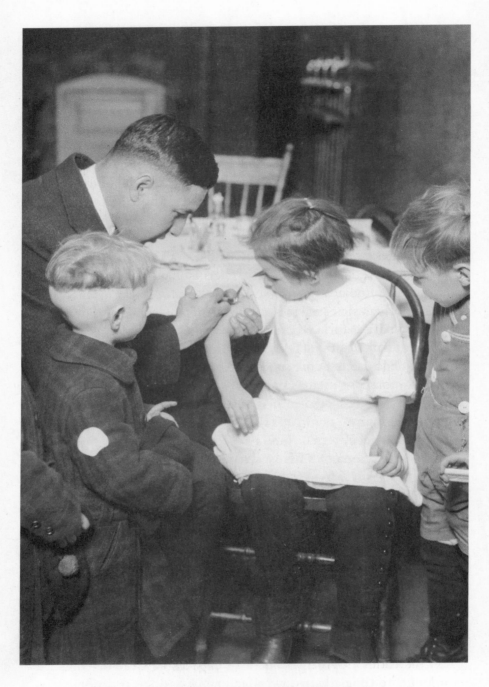

Un pediatra inmuniza a una pequeña mientras sus
hermanos la observan [Everett Collection].

Sería muy importante conocer con exactitud qué cantidad de antibiótico entra dentro de una célula bacteriana para matarla. Investigadores franceses se han puesto manos a la obra y han utilizado el sincrotrón francés Soleil para cuantificar la cantidad del antibiótico fleroxacina que entra dentro de las bacterias del género *Enterobacter*. La fleroxacina es un antibiótico de la familia de las quinolonas cuyo mecanismo de acción se basa en su entrada en la célula para inhibir un mecanismo que controla la replicación del ADN bacteriano. Si conocemos cuánto antibiótico entra en la bacteria, cuánto tiempo está dentro y cuánto antibiótico es capaz de tolerar una bacteria hasta que muere, podremos conocer mejor sus mecanismos de resistencia y diseñar fármacos que bloqueen o destruyan estos mecanismos.

Otros investigadores franceses han utilizado el Laboratorio Europeo de Radiación Sincrotrón de Grenoble, conocido como ESRF (por sus siglas en inglés European Synchrotron Radiation Facility), para estudiar la microestructura de las biocapas bacterianas formadas por *Pseudomonas putida*, un patógeno que se está aislando cada vez más en los hospitales —aunque está lejos de hacer sombra a su malvada hermana *Pseudomonas aeruginosa*—.

MÁS VACUNAS

Una vacuna eficaz disminuye las tasas de infección y por lo tanto disminuye la necesidad de utilizar antibióticos, lo que prolonga su vida útil.

A pesar de que —por ejemplo— desde 1978 hasta 2008 el número de empresas farmacéuticas que distribuían vacunas en EE. UU. bajó de 30 a 5, la investigación científica sobre el desarrollo de vacunas ha experimentado un impulso en esta última década, en parte por el aumento del número de bacterias resistentes a los antibióticos.

La fiebre tifoidea está causada por bacterias como *Salmonella enterica* serovar Typhi y por *Shigella* y no hay una vacuna eficaz contra ella. Una nueva estrategia contra esta enfermedad ha sido probada recientemente por dos laboratorios distintos. Se trata de vacunas atenuadas vivas capaces de expresar componentes de otras bacterias en su superficie, para que el sistema inmunitario los reconozca. Los resultados en ratones —muy prometedores— utilizando esas bacterias vivas como vacunas fueron publicados en 2016 en la revista *Pathogens and Disease*, por equipos de investigadores del centro para el desarrollo de vacunas de la Universidad de Maryland y de un laboratorio de la FDA, el Centro para la Investigación y Evaluación de Productos Biológicos, de New Hampshire. Las bacterias que componen las vacunas están vivas, pero han sido desarmadas por los investigadores. Les han quitado los factores de virulencia necesarios para producir enfermedad. Además, mediante ingeniería genética, se han quitado componentes esenciales que las ayudan a sobrevivir o multiplicarse en los tejidos animales. Al estar la bacteria viva cuando la inoculamos, es capaz de estimular al sistema inmunitario, que reacciona contra ella de forma normal. Si esa bacteria además está produciendo componentes de otra bacteria, el sistema inmunitario actuará contra ellos también, induciendo una memoria inmunitaria contra los dos componentes, frente a la propia bacteria vacunal y frente a los componentes homólogos o heterólogos que está produciendo durante el tiempo que permanece en el cuerpo, antes de ser destruida por el sistema inmunitario.

Una estrategia similar han seguido investigadores del grupo de investigación en microbiología del complejo hospitalario universitario de A Coruña (CHUAC), que han inactivado una ruta metabólica esencial de las bacterias para que no puedan multiplicarse en los tejidos. Los resultados publicados en la revista *Nature Communications* en 2017 parecen muy prometedores a la vista de los excelentes resultados que han obtenido al vacunar ratones. Estas estrategias, aunque no son nuevas —ya que las vacunas atenuadas a la carta se llevan utilizando al menos desde hace unos 30 años—, cada vez nos ofrecen más información sobre cómo mejorar el producto. Durante mi tesis doctoral en la Universidad de Léon, bajo la supervisión del Dr. Alberto Villena —gran persona, profesor e investigador—, trabajé en una vacuna viva atenuada de *Aeromonas hydrophila*, un importante patógeno de peces. Bloqueando la ruta metabólica que conduce a la producción de aminoácidos, los resultados fueron espectaculares, incluso a la hora de proteger a los animales frente a bacterias mucho más peligrosas que la cepa vacunal; pero la legislación vigente impedía utilizarlas para vacunar peces en situaciones fuera del laboratorio, posiblemente temiendo una reversión de la virulencia. Una bacteria atenuada es más compleja y más sospechosa que por ejemplo un virus atenuado.

Las bacterias pueden expresar muchas moléculas en su superficie, desde bacteriocinas a componentes de virus o parásitos; por lo tanto, una vacuna viva, además de ofrecer una mejor y más duradera protección contra sus iguales, podría proteger también contra otros patógenos. Muchas se han probado en ratones con gran éxito. Otra cosa es que los comités de ética aprueben la utilización de vacunas vivas atenuadas en humanos, ya que ahí los experimentos pueden ser un poco más difíciles de justificar. Pero creo que tarde o temprano deberán ser aplicadas si queremos ganar la guerra contra las bacterias. De hecho, la vacuna BCG contra la tuberculosis fue desarrollada tras pases sucesivos en el laboratorio a partir de una cepa de *Mycobacterium bovis* patógena en el *ganado*. Tras 230 pases en el laboratorio a lo largo de 13 años, esta cepa perdió más de 100 genes, lo que la hace tremendamente segura y ofrece cierta protección cruzada contra la tuberculosis humana. Actualmente, un equipo liderado por el investigador español Carlos Martín —del Grupo de Genética de Micobacterias de la Universidad de Zaragoza— está realizando ensayos con la primera vacuna atenuada de una cepa de *M. tuberculosis*, denominada MTBVAC. A la espera de los resultados de seguridad e inmunidad que se realizan en distintos lugares, esta vacuna podría utilizarse para salvar millones de vidas en países pobres o en vías de desarrollo.

En noviembre de 2016, el profesor Giuseppe Del Giudice, uno de los responsables del centro de vacunas de la empresa farmacéutica Novartis en Siena, Italia, ofreció una charla en el hospital universitario Marqués de Valdecilla de Santander, dentro del ciclo de conferencias Santander Biomedical Lectures. Tuve la oportunidad de charlar con él en el instituto IDIVAL tras la conferencia, sobre el tema de la creación de vacunas contra los patógenos ESKAPE. Admitió que la complejidad bacteriana y la variabilidad inagotable de los antígenos que pueden expresar en su superficie hacen muy complicado el abordaje de vacunas universales contra muchas bacterias nosocomiales. Pero que lo siguen intentando...

MÁS BACTERIÓFAGOS

Esta es una mala época para los antibióticos, así que algunos investigadores tratan desesperadamente de encontrar soluciones alternativas. Una estrategia relativamente antigua es utilizar a los propios enemigos de las bacterias en su contra. Los peores enemigos de las bacterias —aparte de los antibióticos— son los virus que las infectan. Se llaman bacteriófagos —o fagos—. Se cree que por cada bacteria que hay en el planeta Tierra hay 10 bacteriófagos. Estos virus han sido creados por la evolución para atacar específicamente a una especie de bacteria en concreto —o incluso a una cepa bacteriana en particular—.

Su descubridor fue Félix d'Herelle, que a principios del siglo pasado se dedicaba a estudiar infecciones bacterianas en una especie de saltamontes en México y posteriormente en Sudamérica y el norte de África. Tras su regreso a París, comenzó a estudiar un brote de disentería —causada por la bacteria *Shigella dysenteriae*— que estaba afectando a un escuadrón de caballería cerca de la ciudad. Había observado calvas —zonas— de bacterias muertas sobre placas microbiológicas de bacilos, posiblemente producto de algún microorganismo filtrable —que atravesaba los filtros normales para bacterias—. Pero el eureka definitivo se produjo al abrir una mañana una estufa donde estaba incubando cultivos líquidos del bacilo de la disentería. Los cultivos, que estaban turbios la noche anterior por el crecimiento bacteriano, aparecieron transparentes, como si las bacterias hubieran desaparecido. En 1917 publicó un artículo en la revista de la Academia de Ciencias de París con el título: «Sobre un microbio invisible antagonista de bacilos disentéricos». A este antagonista se le denominó bacteriófago. Dos años antes, había aparecido en *The Lancet* otro artículo titulado: «Una investigación sobre la naturaleza de los virus ultramicroscópicos, escrito por un médico inglés llamado Frederick Twort». Es una pena que las restricciones económicas no le permitieran seguir con sus investigaciones —como él mismo reconoce al final del artículo—. Los científicos han pasado penurias económicas también en otras épocas, no solo en la actual.

En cuanto se descubrió el fenómeno de lisis bacteriana producida por estas diminutas bestias surgió la idea de utilizarlas en beneficio de las personas enfermas. Los ensayos en humanos con fagos fueron muy controvertidos antes de la Segunda Guerra Mundial, ya que hasta que no se inventó el microscopio electrónico en 1940 muchos de los experimentos realizados en esa época con filtrados resultantes de la lisis de cultivos bacterianos parecían un completo misterio. Al terminar la guerra comenzó la época dorada de los antibióticos, con lo que se abandonaron los estudios con bacteriófagos, muy probablemente debido al impresionante papel que comenzaban a realizar los antimicrobianos para luchar contra las enfermedades infecciosas causadas por bacterias. Sin embargo, en algunas partes de la antigua Unión Soviética se continuó investigando y realizando terapias basadas en cultivos de fagos. Pero las publicaciones derivadas de esos estudios no han sido consideradas lo suficientemente rigurosas como para merecer la atención de occidente. Básicamente, muchos estudios con fagos parecen ser bastante irreproducibles, debido a que no conocemos suficientemente bien a estos bichitos.

Estos diminutos taladros inyectan su ADN en sus presas bacterianas para aprovechar su maquinaria celular y multiplicarse en su interior. La creación de copias de los virus dentro de las bacterias hace que finalmente estas exploten y liberen una prole de nuevos bacteriófagos dispuestos a infectar a otras bacterias. Algunos destruyen las bacterias de esta forma, pero otros se quedan insertados en el genoma de la bacteria durante mucho tiempo, en un estado durmiente hasta que un estímulo los despierta. A veces esos fagos, a base de tanto entrar y salir de los genomas bacterianos, arrastran consigo genes de las propias bacterias, que van a parar mediante este mecanismo a otras bacterias. Es lo que se denomina *transducción de genes*.

Cuando tenemos un cultivo líquido bacteriano en el laboratorio y añadimos un microlitro —la millonésima parte de un litro— de una suspensión de virus bacteriófagos, la turbidez de la suspensión bacteriana desaparece rápidamente, como ya había observado inicialmente Felix d'Herelle. Si se añaden esos virus sobre un césped de bacterias que hemos sembrado sobre una placa de Petri con medio de cultivo, aparecen esas calvas en las zonas donde está actuando el virus, que no son otra cosa que millones de bacterias muertas que dejan un espacio vacío en el césped. Por desgracia, el cuerpo humano —o el de un animal de experimentación— no es una placa de Petri o un tubo de ensayo. Es algo *un poco* más complejo. Los virus bacteriófagos aguantan relativamente mal el pH ácido de nuestro estómago y los que acceden a nuestro cuerpo a través de la piel, de la sangre —por inyección— o las mucosas, suelen inducir una respuesta inmunitaria que los destruye. La estrategia de utilizar estos fagos podía dar buenos frutos en el futuro; al menos se sabe que podría ser utilizada para crear cremas de uso tópico que contengan incluso cócteles de fagos a la carta. Se ha probado también su eficacia contra las ciudades bacterianas conocidas como *biocapas* o *biofilms*, donde se han obtenido bastantes resultados en cuanto a la reducción del tamaño de estas biocapas, aunque su erradicación completa con fagos parece bastante difícil. También se han conseguido avances contra estas murallas bacterianas formadas por especies como *Escherichia coli*, *S. aureus*, *P. aeruginosa*, *Proteus mirabilis* y *K. pneumoniae* en el laboratorio.

Sabemos que en nuestros intestinos hay muchos fagos que podrían estar intercambiando genes entre nuestros miles de millones de bacterias amigas. Sabemos también que —al menos en el laboratorio— pueden atravesar barreras epiteliales sin hacer ningún daño a las células humanas. El siguiente reto es demostrar algunas de sus virtudes en animales de experimentación y posteriormente en el hombre. Incluso podrían utilizarse algún día en combinación con antibióticos, antisépticos o productos naturales para favorecer su acción o complementarla. Otro aspecto interesante de los fagos es que se baraja su utilización como vectores vacunales que lleven proteínas inmunogénicas en su superficie.

MÁS PROBIÓTICOS

Los probióticos son organismos vivos que, cuando se administran en una cantidad adecuada, confieren un beneficio para la salud del que los toma.

Aunque los beneficios del yogur ya eran conocidos en Oriente Medio y Asia desde hace unos 5.000 años, el concepto moderno de probiótico se atribuye a Elie Metchnikoff —descubridor de la fagocitosis por las células del sistema inmunitario—, el cual realizó estudios basados en las observaciones de un microbiólogo búlgaro llamado Stamen Grigorov sobre la bacteria que conocemos ahora como *Lactobacillus bulgaricus*, un componente vivo del yogur. Grigorov había predicado los efectos beneficiosos del yogur sobre la salud de sus compatriotas búlgaros —de ahí el apodo de esta bacteria— Sin embargo, el origen del término *probiótico* se atribuye a Werner Georg Kollath, un microbiólogo alemán que lo propuso en 1953 —*probiotika*—, para designar unas «sustancias activas esenciales para el desarrollo saludable de la vida».

Los probióticos —por ejemplo algunas bacterias y levaduras— han sido utilizados para tratar algunas enfermedades. Los tenemos por ejemplo en los productos lácteos: como *Lactobacillus*, *Streptococcus salivarius* o distintas especies de bifidobacterias.

Primero hay que diferenciar los productos probióticos de los prebióticos. Estos últimos no están vivos y lo que hacen es proporcionar un efecto fisiológico beneficioso para el organismo, ya que estimulan el crecimiento o la actividad de las bacterias que ya tenemos en el tracto digestivo. Y luego están los productos simbióticos, que contienen una mezcla de probióticos y prebióticos.

En Europa hay unas 30 cepas de microorganismos certificadas para ser utilizadas como ingredientes probióticos. A pesar de su popularidad creciente, no hay una información rigurosa sobre de las ventajas que tienen la mayoría de productos que circulan por las farmacias y supermercados conteniendo estos bichitos. La mayoría no han sido convenientemente probados respecto a su pureza o viabilidad, por lo que su eficacia es dudosa. Es muy raro que no haya estudios clínicos en este campo. Un estudio clínico bien diseñado, aleatorio y con placebo, que demostrara la eficacia y beneficios de alguno de estos productos sobre la salud sería un superventas. El problema también es la información. Si usted pregunta qué es un probiótico a una persona que entra en una farmacia, en una parafarmacia o en una tienda de dietética para comprar un producto que contiene probióticos, quizá se encuentre con que esa persona no sabe ni lo que es una bacteria o una levadura, ni tampoco que la mayoría de bacterias o levaduras lo tienen muy mal para resistir a los ácidos del estómago; pero esa persona sí que le contestará que el producto favorece la salud intestinal.

El interés por estos microorganismos ha crecido en los últimos años, debido por una parte a la moda de los alimentos *funcionalizados* y por otra al descenso de la eficacia de los antibióticos. No son la panacea pero ya se han utilizado con éxito en el tratamiento de la gastroenteritis o de reacciones alérgicas. Se espera que funcionen también frente a enfermedades respiratorias de niños o contra la caries y se están evaluando sus posibilidades para prevenir algunos tipos de cáncer, artritis, síndrome de colon irritable, diabetes o incluso para favorecer los trasplantes de algunos órganos. Esperamos ansiosos los resultados, y si estos se producen después de unos ensayos clínicos, mucho mejor.

EL PROBLEMA ES GLOBAL. ACCIONES ESTRATÉGICAS Y POLÍTICA SANITARIA

En los últimos años se ha avanzado mucho en la creación de entidades locales, nacionales y supranacionales para combatir el problema de la resistencia a los antibióticos, con la esperanza de que entre todos podamos retrasar el advenimiento de los malos augurios que acompañan al informe O'Neill.

Desde la política también se está avanzando. Lentamente, pero se está avanzando. Los líderes del G20 (grupo de países más industrializados —entre los que han invitado a España— más la UE) se han comprometido a continuar y a incrementar la lucha contra la resistencia a los antibióticos. Entre las medidas que se han propuesto a partir de un plan único —que entró en vigor en 2018—

está el uso responsable y prudente de los antibióticos, sobre todo en medicina veterinaria. En este sentido, el sector porcino español va reduciendo notablemente el uso de colistina. La idea es reducir también el consumo de este importante antibiótico en el sector avícola.

Recordemos que el suplemento de la alimentación animal con antibióticos fue prohibido totalmente en la UE en 2006, aunque países como EE. UU. son reacios a zanjar ese problema dentro de sus fronteras. Este plan del G20 también tiene la intención de fortalecer la conciencia pública para mejorar las políticas de prevención y para fortalecer los sistemas sanitarios públicos.

En 2014, al tiempo que comenzaba a elaborarse el informe O'Neill, la UE creó una plataforma denominada Iniciativa de Programación Conjunta Contra la Resistencia Antimicrobiana (JPIAMR) para financiar proyectos que combatan este problema. Además, la Organización Mundial de la Salud y la Iniciativa Medicamentos para Enfermedades Olvidadas (DNDi, por sus siglas en Inglés) han creado la Asociación Global para la Investigación y el Desarrollo de Antibióticos (Global Antibiotic Research and Development Partnership o GARDP), que promueve el desarrollo de nuevos tratamientos antibióticos y su uso responsable. Entre sus pretensiones está el impulsar el desarrollo de nuevos antibióticos en colaboración con importantes compañías biotecnológicas europeas.

La Iniciativa sobre Medicamentos Innovadores (IMI) de la Unión Europea es un consorcio público-privado creado en 2008 cuyo objetivo es el de acelerar el desarrollo de medicinas —entre ellas antibióticos— más efectivas y seguras. Este consorcio está formado por universidades, centros públicos y empresas privadas y de biotecnología (www.translocation.eu). Algunos de sus primeros proyectos de éxito han sido:

— Translocation, con el objetivo de entender los mecanismos para hacer llegar los antibióticos al interior de las bacterias.
— Enable, con el objetivo de construir plataformas para el descubrimiento de antibióticos.

— COMBACTE y ASPIRE, enfocados a hospitales, infecciones nosocomiales y ensayos clínicos.
— DRIVE-AB, para crear modelos económicos para el desarrollo de nuevos antibióticos.

Una iniciativa público-privada ha creado el proyecto CARB-X (*Combating Antibiotic Resistant Bacteria Biopharmaceutical Accelerator*) para desarrollar nuevos antibióticos y test diagnósticos. Algunos de los colaboradores en CARB-X son el Broad Institute de Harvard y el Instituto Tecnológico de Massachusetts, el Centro de Resistencia Antimicrobiana y el Wellcome Trust británicos y el Instituto Nacional de Alergias y Enfermedades Infecciosas (por sus siglas en inglés NIAID) de los Institutos Nacionales de la Salud (NIH).

En 2018 se lanzó la Plataforma Compartida para la Investigación y el Conocimiento de los Antibióticos (por sus siglas en inglés SPARK), que pretende ayudar a mejorar la investigación básica y la —a menudo— falta de comunicación entre científicos que trabajan en áreas relacionadas con el descubrimiento de nuevos antibióticos, sobre todo frente a superbacterias gram negativas.

En España también hemos hecho cosas. De momento más teóricas que prácticas. Por ejemplo, la Agencia Española del Medicamento y Productos Sanitarios (AEMPS) ha creado un plan estratégico y de acción para reducir el riesgo de selección y diseminación de resistencia a los antibióticos con 6 líneas principales:

— VIGILANCIA. Vigilancia del consumo de antibióticos y las resistencias microbianas.
— CONTROL. Controlar las resistencias bacterianas.
— PREVENCIÓN. Identificar e impulsar medidas alternativas o complementarias de prevención y tratamiento.
— INVESTIGACIÓN. Definir las prioridades en materia de investigación.
— FORMACIÓN. Formación e información a los profesionales sanitarios.
— COMUNICACIÓN. Comunicación y sensibilización de la población en su conjunto y de subgrupos de población. En ese plan han participado los Ministerios de Agricultura,

Economía, Educación, Interior, Defensa y Sanidad. Incluye a más de 190 expertos de la salud humana y animal y a 61 sociedades científicas.[4]

AHORA USTED YA CONOCE EL PROBLEMA

Se están haciendo cosas. Espero que este último capítulo haya dejado más tranquilo al lector. Esa era mi intención. Confío plenamente en el ser humano y en la cooperación científica a la hora de resolver cuestiones complejas; y créame cuando le digo que el problema de la resistencia a los antibióticos es una cuestión compleja. Los científicos trabajamos duro para intentar solucionarla.

La gente debería conocer mejor a sus bacterias amigas para no tenerles miedo y protegerlas, y a sus bacterias enemigas para poder enfrentarse mejor a ellas.

¿Serán todas las bacterias patógenas en el año 2050 multirresistentes? Está en las manos de todos nosotros evitar que esto pueda llegar a ocurrir.

---

4   Algo se está moviendo, impulsado en buena parte por sociedades científicas como la Sociedad Española de Enfermedades Infecciosas y Microbiología Clínica (SEIMC) y la Sociedad Española de Microbiología (SEM). Incluso ha salido una campaña en televisión para el uso prudente de los antibióticos: «Antibióticos: tómatelos en serio». ¡Bienvenida! En uno de los *spots* de la campaña aparece una cápsula de un fármaco a la que le salen unas patas de araña (que da hasta miedo).

Por otro lado, en los presupuestos generales del estado de 2017 se multiplicaba por cinco la partida para el Plan Nacional de Resistencia a los Antibióticos respecto al año anterior. Pero con la estabilidad política actual nunca se sabe lo que va a pasar. Incluso en el Parlamento de Cantabria se ha hecho una pregunta interesante sobre el tema: ¿Qué medidas concretas se desarrollan a fin de promover investigaciones públicas y privadas sobre bacterias multirresistentes?, presentada por un parlamentario del grupo mixto.

El Programa de Optimización de Antibióticos (PROA) que ha sido puesto en marcha en numerosos hospitales españoles está dando sus frutos, reduciendo la resistencia a los antibióticos y por lo tanto reduciendo la mortalidad de los pacientes. Esto supone un nada despreciable ahorro en el gasto sanitario y favorece además la reducción de la emisión de residuos de antibióticos al medio ambiente.

Algunos datos

Estimado lector, aquí le dejo diferentes datos, algunos repetidos para que los recuerde y otros nuevos para que los conozca. Todos ellos me han parecido interesantes en algún momento durante la escritura de este libro.

— Según la Organización Mundial de la Salud, en 2015 se contabilizaron unos 10,4 millones de casos de tuberculosis en todo el mundo. Murieron 1.800.000 personas.

— El libro de taxonomía de microorganismos por excelencia, el *Bergey's Manual of Systematics of Archaea and Bacteria*, tiene más de 1.300 páginas. Solo se han identificado el 1 % de todas las especies de bacterias que se cree que hay en el planeta. Y de estas, no se ha estudiado en profundidad ni el 0,1 %.

— Se calcula que hay más de 1.400 especies de microorganismos que pueden causar enfermedades en el ser humano.

— El número máximo de bacterias que puede haber en un gramo de suelo es de aproximadamente mil millones.

— Si seguimos a este ritmo, algunos expertos opinan que los antibióticos actuales dejarán de ser eficaces dentro de 20 años.

— China ya consume la mayor parte de los antibióticos del mundo. Se espera que en el año 2030 su consumo sea el doble.

— La superficie de las mucosas del cuerpo (mucosa respiratoria, digestiva y urogenital) por la que pueden penetrar bacterias de aproximadamente una micra es de aproximadamente 350 metros cuadrados.

— Las prescripciones de azitromicina en EE. UU. representan aproximadamente el 25 % de los antibióticos en niños. En Noruega el 6 %. Datos de 2016.

— Hay bacterias que, pegadas a partículas de polvo atmosférico, pueden cruzar el océano Atlántico en 3 días y llegar desde África a América.

— Las bacterias llevan en nuestro planeta unos 3.500 millones de años, han tenido mucho tiempo para evolucionar. En condiciones óptimas pueden dividirse una vez cada 20-30 minutos, y en condiciones normales en la naturaleza pueden dividirse una vez cada 10-20 horas. Se ha calculado que *Clostridium perfringens* puede dividirse en condiciones óptimas en menos de 7 minutos.

— El origen de los genes de resistencia está también en el origen de los antibióticos. Más de las tres cuartas partes de los antibióticos que utilizamos en medicina son producidos por un grupo de bacterias gram positivas llamadas actinobacterias, que incluyen al género *Streptomyces*. Estas bacterias tienen grupos de genes para la producción de antibióticos al lado de grupos de genes de resistencia a esos antibióticos.

— En España, cada infección grave causada por una bacteria multirresistente puede aumentar el coste sanitario para un solo paciente entre 5.000 y 15.000 €.

— En un estudio realizado con 11.850 microbiomas intestinales humanos se identificaron hasta 1.952 especies diferentes de bacterias.

— Según un estudio de la Universidad de Colorado, en la piel de las manos tenemos una media de 150 especies diferentes de bacterias.

— En España mueren al día unas 10 personas por infecciones causadas por bacterias resistentes a los antibióticos. Tres veces más que por accidentes de tráfico. Centro de Control de Enfermedades de EE.UU./Dirección General de Tráfico, 2016.

— En el año 2050, en Asia podrían morir al día casi 13.000 personas, en América latina o en Europa más de 1.000. Informe de la Organización Mundial de la Salud. 2017.

— Solo el 19 % de los europeos que conoce el problema de la resistencia a los antibióticos considera que debe ser abordado desde un punto de vista personal o familiar. Eurobarómetro. Comisión Europea. 2016.

— Entre los años 2000 y 2010 se realizaron en España dos estudios que incluían a diversos hospitales. Estos estudios analizaron la resistencia a 14 antibióticos de más de 830 bacterias de la especie *Acinetobacter baumannii*. En el año 2000, no se identificó ninguna bacteria panresistente (resistente a todos los antibióticos). En el año 2010, se aislaron ya 17, pero además, un 86 % presentaron resistencia extrema y un 94 % eran multirresistentes. *Revista de la Sociedad Española de Enfermedades Infecciosas y Microbiología Clínica.*

— En España, entre un 80-90 % de los antibióticos se prescriben en atención primaria. Casi la mitad de estas prescripciones son inadecuadas. Las enfermedades respiratorias copan la mayoría de las prescripciones de antibióticos: 75-85 %. Y, aunque solo un 15-20 % de las faringoamigdalitis son bacterianas, se recetan antibióticos para tratar el 60-70 % de estas dolencias. Datos de la Sociedad Española de Medicina Familiar y Comunitaria (Semfyc). 2017.

— Según un artículo publicado en *Science* en septiembre de 2017 por investigadores chinos, franceses, ingleses y españoles, cada gramo de heces que expulsa un cerdo tras recibir un tratamiento con antibióticos podría contener entre 10^8 y 10^{11} copias de elementos genéticos llamados *integrones*, que facilitan la dispersión de la resistencia de las bacterias a los antibióticos. Suponiendo una población mundial de 1.000.000.000 cerdos, se están liberando al ambiente cada día entre 10^{19} y 10^{23} copias de estos integrones. Eso en cerdos, con lo que habría que sumar pollos, vacas y otros animales, incluido el propio ser humano.

— Se realizan una media de 1.200.000.000 millones de desplazamientos de turistas al año en todo el mundo. Cada persona viaja con unas 10^{14} bacterias en su interior (100.000.000.000.000).

— Al contrario de lo que cree mucha gente, la mayor parte del oxígeno que respiramos no procede de los frondosos bosques de la Amazonia o de las plantas, sino de los océanos. Un conjunto de microorganismos llamados fitoplancton (compuesto principalmente por microalgas) producen hasta el 70 % del oxígeno de la atmósfera mediante procesos de fotosíntesis similares a los que realizan las plantas terrestres.

— La similitud de las secuencias de algunos genes de resistencia encontrados en bacterias del grupo de los actinomicetos y también en algunos patógenos gram negativos es del 100 %. Como ya he explicado, la molécula de ADN es bastante resistente. Posiblemente al morir los actinomicetos, su ADN podría haber sido adquirido por estas bacterias gram negativas.

— Según datos del Instituto Nacional para Salud y Excelencia Clínica (por sus siglas en inglés NICE), 9 de cada 10 médicos afirman que se sienten presionados para recetar antibióticos, y que el 97 % de los pacientes que piden antibióticos a su médico acaban obteniendo una receta para comprar esos antibióticos.

— Aproximadamente el 70 % de las bacterias conocidas ya son resistentes a uno o más antibióticos.

— Menos del 5 % del capital riesgo que se invirtió en empresas farmacéuticas entre 2003 y 2013 fue para investigación y desarrollo en antibióticos. Informe O'Neill, 2016.

— La fermentación fue utilizada para producir grandes cantidades de penicilina. Según la edición de febrero de 2017 de la revista *National Geographic*, los investigadores han encontrado restos de lo que parece la primera bebida alcohólica del hombre producida por fermentación, que dataría de hace unos 9.000 años. Una mezcla de arroz, miel y bayas o uvas.

— Con un lavado de manos en el que utilicemos suficiente agua y jabón, podemos eliminar hasta el 90 % de las bacterias de la superficie de nuestra piel, incluyendo prácticamente todas las bacterias contaminantes que se nos hayan pegado por contacto con un objeto contaminado.

— Las heces humanas pueden contener más de 100.000.000.000 bacterias por gramo.

— Podemos llegar a tener entre 100 y 10.000 bacterias por centímetro cuadrado en nuestra piel.

— La cantidad de antibióticos utilizados por el ser humano en los últimos 75 años es... incalculable.

Fechas señaladas, para pensar en la salud de las personas[5]

28 de enero - Día Mundial contra la Lepra

11 de febrero - Jornada Mundial del Enfermo

14 de febrero - Día Europeo de la Salud Sexual

15 de febrero - Día Internacional del Niño con Cáncer

27 de febrero - Día Nacional del Trasplante

28 de febrero - Día Mundial de las Enfermedades Raras

9 de marzo - Día de la Enfermedad Renal en España

24 de marzo - Día Mundial de la Tuberculosis

7 de abril - Día Mundial de la Salud

24 de abril - Día Mundial de la Meningitis

25 de abril - Día Mundial del Paludismo

12 de mayo - Día Internacional de la Enfermería

14 de junio - Día Mundial del Donante de Sangre

1 de agosto - Semana Mundial de la Lactancia

8 de septiembre - Día Mundial de la Fibrosis Quística

15 de octubre - Día Mundial del Lavado de Manos

10 de noviembre - Día Mundial de la Ciencia al Servicio de la Paz y el Desarrollo

12 de noviembre - Día Mundial contra la Neumonía

18 de noviembre - Día Europeo del Uso Prudente de los Antibióticos

18 de noviembre - Día Mundial de la Enfermedad Pulmonar Obstructiva Crónica

1 de diciembre - Día Mundial de la Lucha contra el sida

---

5   Alguna fecha puede variar ligeramente dependiendo del año.

Bibliografía

LIBROS

La resistencia a los antibióticos. Jesús Oteo Iglesias. Editorial: Los libros de la catarata, Instituto de Salud Carlos III.

The antibiotic paradox. Stuart B Levy. Editorial: Perseus Publishing.

Rising Plague: The Global Threat from Deadly Bacteria and Our Dwindling Arsenal to Fight Them. Brad Spellberg. Editorial: Prometheus Books.

Big Chicken: The Incredible Story of How Antibiotics Created Modern Agriculture and Changed the Way the World Eats. Maryn Mckenna. Editorial: National Geographic.

The Effects on Human Health of Subtherapeutic Use of Antimicrobials in Animal Feeds. National Academy of Sciences U.S.A. Editorial: John Wiley & Sons.

Superbugs and Superdrugs: A History of MRSA. L. A. Reynolds y E. M. Tansey. Editorial: QMUL History Medicine.

Superbugs Strike Back: When Antibiotics Fail. Connie Goldsmith. Editorial: Lerner Publishing Group.

Antibiotic-Resistant Bacteria (Deadly Diseases & Epidemics (Hardcover)). Patrick Guilfoile. Editorial: Chelsea House.

Killer Superbugs: The Story of Drug-Resistant Diseases. Nancy Day. Editorial: Enslow Publishers.

The Drugs Don't Work. Dame Sally C Davies. Editorial: Penguin Books.

Let Them Eat Dirt: Saving Your Child from an Oversanitized World. B. Brett Finlay y Marie-Claire Arrieta. Editorial: Windmill Books.

Antimicrobial Resistance: Issues and Options. Institute of Medicine, Forum on Emerging Infections. Joshua Lederberg y Polly F. Harrison. Editorial: National Academies Press.

Superbugs. Pete Moore. Editorial: Carlton Books Ltd.

Antibiotics: Are They Curing Us or Killing Us? John McKenna. Editorial: Publisher: Gill & Macmillan.

Attack of the Superbugs: The Crisis of Drug-Resistant Diseases. Kathiann M. Kowalski. Editorial: Enslow Pub. Inc.

Missing Microbes: How Killing Bacteria Creates Modern Plagues. Martin Blaser. Editorial: Oneworld Publications.

Antibiotic Resistance: Origins, Evolution, Selection and Spread. Fundación Ciba. Editorial: John Wiley & Sons.

Miracle Cure: The Story of Antibiotics. Milton Wainwright. Editorial: Blackwell Publishers.

De los cazadores de microbios a los descubridores de antibióticos. Rafael Gómez-Lus. Editorial Institución Fernando el Católico.

The life of poo: or why you should think twice about shaking hands (especially with men). Adam Hart. Editorial Kyle Books.

ARTÍCULOS CIENTÍFICOS Y EDITORIALES

Aarts H, Margolles. A. Antibiotic resistance genes in food and gut (non-pathogenic) bacteria. Bad genes in good bugs. Frontiers in microbiology. 2015;5:754. PubMed PMID: 25620961.

Abraham EP, Chain E. An enzyme from bacteria able to destroy penicillin. Nature. 1940;28(4):837. PubMed PMID: 3055168.

Andersson DI, Hughes D. Antibiotic resistance and its cost: is it possible to reverse resistance? Nature reviews. 2010;8(4):260-71. PubMed PMID: 20208551.

Andersson DI, Hughes D. Persistence of antibiotic resistance in bacterial populations. FEMS microbiology reviews. 2011;35(5):901-11. PubMed PMID: 21707669.

Argudin MA, Deplano A, Meghraoui A, Dodemont M, Heinrichs A, Denis O, et al. Bacteria from Animals as a Pool of Antimicrobial Resistance Genes. Antibiotics (Basel, Switzerland). 2017;6(2). PubMed PMID: 28587316.

Arias CA, Murray BE. Antibiotic-resistant bugs in the 21st century -a clinical superchallenge. The New England journal of medicine. 2009;360(5):439-43. PubMed PMID: 19179312.

Arias CA, Murray BE. A new antibiotic and the evolution of resistance. The New England journal of medicine. 2015;372(12):1168-70. PubMed PMID: 25785976.

Baquero F. Antibiotic resistance in Spain: what can be done? Task Force of the General Direction for Health Planning of the Spanish Ministry of Health. Clin Infect Dis. 1996;23(4):819-23. PubMed PMID: 8909852.

Barber M, Dutton AA, Beard MA, Elmes PC, Williams R. Reversal of antibiotic resistance in hospital staphylococcal infection. British medical journal. 1960;1(5165):11-7. PubMed PMID: 13796582.

Bernasconi OJ, Kuenzli E, Pires J, Tinguely R, Carattoli A, Hatz C, et al. Travelers Can Import Colistin-Resistant *Enterobacteriaceae*, Including Those Possessing the Plasmid-Mediated mcr-1 Gene. Antimicrobial agents and chemotherapy. 2016;60(8):5080-4. PubMed PMID: 27297483.

Blumenthal D. Doctors and drug companies. The New England journal of medicine. 2004;351(18):1885-90. PubMed PMID: 15509823.

Boyce JM. Environmental contamination makes an important contribution to hospital infection. The Journal of hospital infection. 2007;65 Suppl 2:50-4. PubMed PMID: 17540242.

Brennan TA, Rothman DJ, Blank L, Blumenthal D, Chimonas SC, Cohen JJ, et al. Health industry practices that create conflicts of interest: a policy proposal for academic medical centers. Jama. 2006;295(4):429-33. PubMed PMID: 16434633.

Bush K, Courvalin P, Dantas G, Davies J, Eisenstein B, Huovinen P, et al. Tackling antibiotic resistance. Nature reviews. 2014;9(12):894-6. PubMed PMID: 22048738.

Campbell S. The need for a global response to antimicrobial resistance. Nursing Standard. 2007;21(44):35-40. PubMed PMID: 17685162.

Campbell-Lendrum D, Manga L, Bagayoko M, Sommerfeld J. Climate change and vector-borne diseases: what are the implications for public health research and policy? Philosophical transactions of the Royal Society of London. 2015;370(1665). PubMed PMID: 25688013.

Carter HE, Gottlieb D, Anderson HW. Chloromycetin and Streptothricin. Science. 1948;107(2770):113. PubMed PMID: 17753388.

Caruso JP, Israel N, Rowland K, Lovelace MJ, Saunders MJ. Citizen Science: The Small World Initiative Improved Lecture Grades and California Critical Thinking Skills Test Scores of Nonscience Major Students at Florida Atlantic University. Journal of microbiology & biology education. 2016;17(1):156-62. PubMed PMID: 27047613.

Caruso SM, Sandoz J, Kelsey J. Non-STEM undergraduates become enthusiastic phage-hunters. CBE life sciences education. 2009;8(4):278-82. PubMed PMID: 19952096.

Casadevall A, Pirofski LA. Host-pathogen interactions: basic concepts of microbial commensalism, colonization, infection and disease. Infection and immunity. 2000;68(12):6511-8. PubMed PMID: 11083759.

Castanheira M, Toleman MA, Jones RN, Schmidt FJ, Walsh TR. Molecular characterization of a beta-lactamase gene, blaGIM-1, encoding a new subclass of metallo-beta-lactamase. Antimicrobial agents and chemotherapy. 2004;48(12):4654-61. PubMed PMID: 15561840.

Cerqueira GC, Earl AM, Ernst CM, Grad YH, Dekker JP, Feldgarden M, et al. Multi-institute analysis of carbapenem resistance reveals remarkable diversity, unexplained mechanisms, and limited clonal outbreaks. Proceedings of the National Academy of Sciences of the United States of America. 2017;114(5):1135-40. PubMed PMID: 28096418.

Chambers HF. Community-associated MRSA-resistance and virulence converge. The New England journal of medicine. 2005;352(14):1485-7. PubMed PMID: 15814886.

Chapin A, Rule A, Gibson K, Buckley T, Schwab K. Airborne multidrug-resistant bacteria isolated from a concentrated swine feeding operation. Environmental health perspectives. 2005;113(2):137-42. PubMed PMID: 15687049.

Chemaly RF, Simmons S, Dale C, Jr., Ghantoji SS, Rodriguez M, Gubb J, et al. The role of the health-care environment in the spread of multidrug-resistant organisms: update on current best practices for containment. Therapeutic advances in infectious disease. 2014;2(3-4):79-90. PubMed PMID: 25469234.

Chu DM, Ma J, Prince AL, Antony KM, Seferovic MD, Aagaard KM. Maturation of the infant microbiome community structure and function across multiple body sites and in relation to mode of delivery. Nature medicine. 2017;23(3):314-26. PubMed PMID: 28112736.

Cinquin B, Maigre L, Pinet E, Chevalier J, Stavenger RA, Mills S, Réfrégiers M, Pagès JM. Microspectrometric insights on the uptake of antibiotics at the single bacterial cell level. Scientific Reports. 2015;11;5:17968. PMID: 26656111.

Cisneros JM, Rodríguez-Baño J. ¿Por qué es tan difícil en España conseguir financiación para luchar contra la resistencia a los antimicrobianos? Enfermedades infecciosas y microbiología clínica. 2016;34(10):617-9. PubMed PMID: 27810120.

Clardy J, Fischbach MA, Walsh CT. New antibiotics from bacterial natural products. Nature biotechno-logy. 2006;24(12):1541-50. PubMed PMID: 17160060.

Coates ME, Fuller R, Harrison GF, Lev M, Suffolk SF. A comparison of the growth of chicks in the Gustafsson germ-free apparatus and in a conventional environment, with and without dietary supplements of penicillin. The British journal of nutrition. 1963;17:141-50. PubMed PMID: 14021819.

Colbeck JC. Environmental aspects of staphylococcal infections acquired in hospitals. I. The hospital envi-ronment-its place in the hospital *Staphylococcus* infections problem. Am J Public Health Nations Health. 1960;50:468-73. PubMed PMID: 13811093.

Cole D, Todd L, Wing S. Concentrated swine feeding operations and public health: a review of occupa-tional and community health effects. Environmental health perspectives. 2000;108(8):685-99. PubMed PMID: 10964788.

Confalonieri UE, Menezes JA, Margonari de Souza C. Climate change and adaptation of the health sector: The case of infectious diseases. Virulence. 2015;6(6):554-7. PubMed PMID: 26177788.

Cooper MA, Shlaes D. Fix the antibiotics pipeline. Nature. 2011;472(7341):32. PubMed PMID: 21475175.

Costard S, Espejo L, Groenendaal H, Zagmutt FJ. Outbreak-Related Disease Burden Associated with Consumption of Unpasteurized Cow's Milk and Cheese, United States, 2009-2014. Emerging infec-tious diseases. 2017;23(6):957-64. PubMed PMID: 28518026.

Cotter PD, Ross RP, Hill C. Bacteriocins: a viable alternative to antibiotics?. Nature reviews. 2012;11(2):95-105. PubMed PMID: 23268227.

Daschner FD, Habel H. Hospital outbreak of multi-resistant *Acinetobacter anitratus*: an airborne mode of spread?. The Journal of hospital infection. 1987;10(2):211-2. PubMed PMID: 2889777.

Davies J. Inactivation of antibiotics and the dissemination of resistance genes. Science. 1994;264(5157):375-82. PubMed PMID: 8153624.

Davies J. Bacteria on the rampage. Nature. 1996;383(6597):219-20. PubMed PMID: 8805692.

Davis E, Sloan T, Aurelius K, Barbour A, Bodey E, Clark B, et al. Antibiotic discovery throughout the Small World Initiative: A molecular strategy to identify biosynthetic gene clusters involved in antagonis-tic activity. MicrobiologyOpen. 2016;6(3). PubMed PMID: 28110506.

Dawson CC, Intapa C, Jabra-Rizk MA. 'Persisters': survival at the cellular level. PLoS pathogens. 2011;7(7):e1002121. PubMed PMID: 21829345.

de Kraker ME, Stewardson AJ, Harbarth S. Will 10 Million People Die a Year due to Antimicrobial Resistance by 2050? PLoS medicine. 2016;13(11):e1002184. PubMed PMID: 27898664.

Demain AL, Sanchez S. Microbial drug discovery: 80 years of progress. The Journal of antibiotics. 2009;62(1):5-16. PubMed PMID: 19132062.

Diwan V, Tamhankar AJ, Khandal RK, Sen S, Aggarwal M, Marothi Y, et al. Antibiotics and antibio-tic-resistant bacteria in waters associated with a hospital in Ujjain, India. BMC public health. 2010;10:414. PubMed PMID: 20626873.

Dowling HF, Lepper MH, Jackson GG. When should antibiotics be used in combination?. Journal of the American Medical Association. 1953;151(10):813-5. PubMed PMID: 13022321.

Doyle ME. Multidrug-resistant pathogens in the food supply. Foodborne pathogens and disease. 2015;12(4):261-79. PubMed PMID: 25621383.

Editorial. Will antibiotic misuse now stop? Nature reviews. 2003;1(2):85. PubMed PMID: 15035029.

Editorial. Bring the magic back to the bullets. Nature biotechnology. 2006;24(12):1489. PubMed PMID: 17160046.

Editorial. Standing up to antimicrobial resistance. Nature reviews. 2010;8(12):836. PubMed PMID: 21125698.

Editorial. The antibiotic alarm. Nature. 2013;495(7440):141. PubMed PMID: 23495392.

Editorial. NICE antimicrobial stewardship: right drug, dose, and time? Lancet (London, England). 2015;386(9995):717. PubMed PMID: 26333955.

Editorial. Resistance ascends the political summit. Nature microbiology. 2016;1(11):16223. PubMed PMID: 27782141.

Ehrlich J, Bartz QR, Smith RM, Joslyn DA, Burkholder PR. Chloromycetin, a New Antibiotic From a Soil Actinomycete. Science. 1947;106(2757):417. PubMed PMID: 17737966.

Ehrlich J, Gottlieb D, Burkholder PR, Anderson LE, Pridham TG. *Streptomyces venezuelae, n. sp.*, the source of chloromycetin. Journal of bacteriology. 1948;56(4):467-77. PubMed PMID: 18887825.

Enright MC, Robinson DA, Randle G, Feil EJ, Grundmann H, Spratt BG. The evolutionary history of methicillin-resistant *Staphylococcus aureus* (MRSA). Proceedings of the National Academy of Sciences of the United States of America. 2002;99(11):7687-92. PubMed PMID: 12032344.

Erb-Downward JR, Thompson DL, Han MK, Freeman CM, McCloskey L, Schmidt LA, et al. Analysis of the lung microbiome in the «healthy» smoker and in COPD. PloS one. 2011;6(2):e16384. PubMed PMID: 21364979.

Edwards SE, Morel CM, Busse R, Harbarth S. Combatting Antibiotic Resistance Together: How Can We Enlist the Help of Industry? Antibiotics. 2018. 18;7(4). pii: E111. PudMed PMID: 30567308.

Fairlamb AH, Gow NA, Matthews KR, Waters AP. Drug resistance in eukaryotic microorganisms. Nature microbiology. 2016;1(7):16092. PubMed PMID: 27572976.

Fariñas MC, Martínez-Martínez L. Infecciones causadas por bacterias Gram negativas multirresistentes: enterobacterias, *Pseudomonas aeruginosa*, *Acinetobacter baumannii* y otros bacilos gram negativos no fermentadores. Enfermedades infecciosas y microbiología clínica. 2013;31(6):402-9. PubMed PMID: 23684390.

Feng S, Tseng D, Di Carlo D, Garner OB, Ozcan A. High-throughput and automated diagnosis of antimicrobial resistance using a cost-effective cellphone-based micro-plate reader. Scientific reports. 2016;6:39203. PubMed PMID: 27976700.

Fernández-Cuenca F, Pascual A, Ribera A, Vila J, Bou G, Cisneros JM, et al. [Clonal diversity and antimicrobial susceptibility of *Acinetobacter baumannii* isolated in Spain. A nationwide multicenter study: GEIH-Ab project (2000)]. Enfermedades infecciosas y microbiología clínica. 2004;22(5):267-71. PubMed PMID: 15207117.

Finland M, Weinstein L. Complications induced by antimicrobial agents. The New England journal of medicine. 1953;248(6):220-6. PubMed PMID: 13025671.

Fitzpatrick D, Walsh F. Antibiotic resistance genes across a wide variety of metagenomes. FEMS microbiology ecology. 2016;92(2). PubMed PMID: 26738556.

Fleming A. On the Antibacterial action of cultures of a *Penicillium*, with special reference to their use in the isolation of *B. influenzae*. British journal of experimental pathology. 1929. 19(3): 226-236.

Fleming A. Review of the development of the antibiotics, principles underlying choice of a particular antibiotic for a particular patient; the combination of different antibiotics. Acta medica Scandinavica. 1953;146(1):65-6. PubMed PMID: 13079677.

Forsberg KJ, Reyes A, Wang B, Selleck EM, Sommer MO, Dantas G. The shared antibiotic resistome of soil bacteria and human pathogens. Science. 2012;337(6098):1107-11. PubMed PMID: 22936781.

Gibson MK, Wang B, Ahmadi S, Burnham CA, Tarr PI, Warner BB, et al. Developmental dynamics of the preterm infant gut microbiota and antibiotic resistome. Nature microbiology. 2016;1:16024. PubMed PMID: 27572443.

Gilbert N. Rules tighten on use of antibiotics on farms. Nature. 2012;481(7380):125. PubMed PMID: 22237084.

Gilles S, Traidl-Hoffmann C. The environment-pathogen-host axis in communicable and non-communicable diseases: recent advances in experimental and clinical research. J Dtsch Dermatol Ges. 2014;12(5):395-9. PubMed PMID: 24797745.

Gislason MK. Climate change, health and infectious disease. Virulence. 2015;6(6):539-42. PubMed PMID: 26132053.

Gleckman RA, Madoff MA. Environmental pollution with resistant microbes. The New England journal of medicine. 1969;281(12):677-8. PubMed PMID: 4897015.

Graham JP, Boland JJ, Silbergeld E. Growth promoting antibiotics in food animal production: an economic analysis. Public Health Rep. 2007;122(1):79-87. PubMed PMID: 17236612.

Grigoryan L, Monnet DL, Haaijer-Ruskamp FM, Bonten MJ, Lundborg S, Verheij TJ. Self-medication with antibiotics in Europe: a case for action. Current drug safety. 2010;5(4):329-32. PubMed PMID: 20615180.

Guinovart MC, Figueras A, Llop JC, Llor C. Obtaining antibiotics without prescription in Spain in 2014: even easier now than 6 years ago. The Journal of antimicrobial chemotherapy. 2015;70(4):1270-1. PubMed PMID: 25558070.

Guomundsson S. Doctors and drug companies: the beauty and the beast? Acta ophthalmologica Scandinavica. 2005;83(4):407-8. PubMed PMID: 16029261.

Gustafson RH, Bowen RE. Antibiotic use in animal agriculture. Journal of applied microbiology. 1997;83(5):531-41. PubMed PMID: 9418018.

Harkins CP, Pichon B, Doumith M, Parkhill J, Westh H, Tomasz A, et al. Methicillin-resistant *Staphylococcus aureus* emerged long before the introduction of methicillin into clinical practice. Genome biology. 2017;18(1):130. PubMed PMID: 28724393.

Holmes AH, Moore LS, Sundsfjord A, Steinbakk M, Regmi S, Karkey A, et al. Understanding the mechanisms and drivers of antimicrobial resistance. Lancet (London, England). 2015;387(10014):176-87. PubMed PMID: 26603922.

Hug LA, Baker BJ, Anantharaman K, Brown CT, Probst AJ, Castelle CJ, et al. A new view of the tree of life. Nature microbiology. 2016;1:16048. PubMed PMID: 27572647.

IDSA. White paper: recommendations on the conduct of superiority and organism-specific clinical trials of antibacterial agents for the treatment of infections caused by drug-resistant bacterial pathogens. Clin Infect Dis. 2012;55(8):1031-46. PubMed PMID: 22891041.

Jukes TH. Public health significance of feeding low levels of antibiotics to animals. Advances in applied microbiology. 1973;16:1-54. PubMed PMID: 4584679.

Kaeberlein T, Lewis K, Epstein SS. Isolating «uncultivable» microorganisms in pure culture in a simulated natural environment. Science. 2002;296(5570):1127-9. PubMed PMID: 12004133.

Kakkar M, Walia K, Vong S, Chatterjee P, Sharma A. Antibiotic resistance and its containment in India. BRITISH MEDICAL JOURNAL BMJ Clinical research ed. 2017;358:j2687. PubMed PMID: 28874365.

Karageorgopoulos DE, Falagas ME. New antibiotics: optimal use in current clinical practice. International journal of antimicrobial agents. 2009;34 Suppl 4:S55-62. PubMed PMID: 19931821.

Kaščáková S, Maigre L, Chevalier J, Réfrégiers M, Pagès JM. Antibiotic transport in resistant bacteria: synchrotron UV fluorescence microscopy to determine antibiotic accumulation with single cell resolution. PLoS One. 2012;7(6):e38624. PMID: 22719907.

Klous G, Huss A, Heederik DJJ, Coutinho RA. Human-livestock contacts and their relationship to transmission of zoonotic pathogens, a systematic review of literature. One health (Amsterdam, Netherlands). 2016;2:65-76. PubMed PMID: 28616478.

Kotwani A, Wattal C, Joshi PC, Holloway K. Irrational use of antibiotics and role of the pharmacist: an insight from a qualitative study in New Delhi, India. Journal of clinical pharmacy and therapeutics. 2012;37(3):308-12. PubMed PMID: 21883328.

Lafferty KD, Mordecai EA. The rise and fall of infectious disease in a warmer world. F1000Research. 2016;5. PubMed PMID: 27610227.

Lam SJ, O'Brien-Simpson NM, Pantarat N, Sulistio A, Wong EH, Chen YY, et al. Combatting multidrug-resistant Gram-negative bacteria with structurally nanoengineered antimicrobial peptide polymers. Nature microbiology. 2016;1(11):16162. PubMed PMID: 27617798.

Larsson DG, de Pedro C, Paxeus N. Effluent from drug manufactures contains extremely high levels of pharmaceuticals. Journal of hazardous materials. 2007;148(3):751-5. PubMed PMID: 17706342.

Lauretti L, Riccio ML, Mazzariol A, Cornaglia G, Amicosante G, Fontana R, et al. Cloning and characterization of blaVIM, a new integron-borne metallo-beta-lactamase gene from a *Pseudomonas aeruginosa* clinical isolate. Antimicrobial agents and chemotherapy. 1999;43(7):1584-90. PubMed PMID: 10390207.

Lebov J, Grieger K, Womack D, Zaccaro D, Whitehead N, Kowalcyk B, et al. A framework for One Health research. One health (Amsterdam, Netherlands). 2017;3:44-50. PubMed PMID: 28616503.

Lee HH, Collins JJ. Microbial environments confound antibiotic efficacy. Nature chemical biology. 2012;8(1):6-9. PubMed PMID: 22173343.

Leeb M. Antibiotics: a shot in the arm. Nature. 2004;431(7011):892-3. PubMed PMID: 15496888.

Levin-Reisman I, Ronin I, Gefen O, Braniss I, Shoresh N, Balaban NQ. Antibiotic tolerance facilitates the evolution of resistance. Science. 2017;355(6327):826-30. PubMed PMID: 28183996.

Levy SB. The challenge of antibiotic resistance. Scientific American. 1998;278(3):46-53. PubMed PMID: 9487702.

Levy SB, FitzGerald GB, Macone AB. Spread of antibiotic-resistant plasmids from chicken to chicken and from chicken to man. Nature. 1976;260(5546):40-2. PubMed PMID: 772441.

Levy SB, FitzGerald GB, Macone AB. Changes in intestinal flora of farm personnel after introduction of a tetracycline-supplemented feed on a farm. The New England journal of medicine. 1976;295(11):583-8. PubMed PMID: 950974.

Li JW, Vederas JC. Drug discovery and natural products: end of an era or an endless frontier? Science. 2009;325(5937):161-5. PubMed PMID: 19589993.

Limayem A, Donofrio RS, Zhang C, Haller E, Johnson MG. Studies on the drug resistance profile of *Enterococcus faecium* distributed from poultry retailers to hospitals. Journal of environmental science and health Part. 2015;50(11):827-32. PubMed PMID: 26357893.

Lipsitch M. The rise and fall of antimicrobial resistance. Trends in microbiology. 2001;9(9):438-44. PubMed PMID: 11553456.

Liu YY, Wang Y, Walsh TR, Yi LX, Zhang R, Spencer J, et al. Emergence of plasmid-mediated colistin resistance mechanism MCR-1 in animals and human beings in China: a microbiological and molecular biological study. The Lancet. 2016;16(2):161-8. PubMed PMID: 26603172.

Llewelyn MJ, Fitzpatrick JM, Darwin E, SarahTonkin C, Gorton C, Paul J, et al. The antibiotic course has had its day. British Medical Journal BMJ. 2017;358:j3418. PubMed PMID: 28747365.

Lobritz MA, Belenky P, Porter CB, Gutierrez A, Yang JH, Schwarz EG, et al. Antibiotic efficacy is linked to bacterial cellular respiration. Proceedings of the National Academy of Sciences of the United States of America. 2015;112(27):8173-80. PubMed PMID: 26100898.

Mainwaring DE, Nguyen SH, Webb H, Jakubov T, Tobin M, Lamb RN, Wu AH, Marchant R, Crawford RJ, Ivanova EP. The nature of inherent bactericidal activity: insights from the nanotopology of three species of dragonfly. Nanoscale. 2016;28;8(12):6527-34. PMID: 26935293.

McArthur AG, Waglechner N, Nizam F, Yan A, Azad MA, Baylay AJ, et al. The comprehensive antibiotic resistance database. Antimicrobial agents and chemotherapy. 2013;57(7):3348-57. PubMed PMID: 23650175.

McArthur AG, Wright GD. Bioinformatics of antimicrobial resistance in the age of molecular epidemiology. Current opinion in microbiology. 2015;27:45-50. PubMed PMID: 26241506.

McGowan JE, Jr., Tenover FC. Confronting bacterial resistance in healthcare settings: a crucial role for microbiologists. Nature reviews. 2004;2(3):251-8. PubMed PMID: 15083160.

McMichael AJ. Extreme weather events and infectious disease outbreaks. Virulence. 2015;6(6):543-7. PubMed PMID: 26168924.

McNamara PJ, Levy SB. Triclosan: an Instructive Tale. Antimicrobial agents and chemotherapy. 2016;60(12):7015-6. PubMed PMID: 27736758.

McNulty CA, Nichols T, Boyle PJ, Woodhead M, Davey P. The English antibiotic awareness campaigns: did they change the public's knowledge of and attitudes to antibiotic use? The Journal of antimicrobial chemotherapy. 2010;65(7):1526-33. PubMed PMID: 20488985.

Mirsaeidi M, Motahari H, Taghizadeh Khamesi M, Sharifi A, Campos M, Schraufnagel DE. Climate Change and Respiratory Infections. Annals of the American Thoracic Society. 2016;13(8):1223-30. PubMed PMID: 27300144.

Moellering RC, Jr. NDM-1--a cause for worldwide concern. The New England journal of medicine. 2010;363(25):2377-9. PubMed PMID: 21158655.

Molton JS, Tambyah PA, Ang BS, Ling ML, Fisher DA. The global spread of healthcare-associated multidrug-resistant bacteria: a perspective from Asia. Clin Infect Dis. 2013;56(9):1310-8. PubMed PMID: 23334810.

Morency-Potvin P, Schwartz DN, Weinstein RA. Antimicrobial Stewardship: How the Microbiology Laboratory Can Right the Ship. Clinical microbiology reviews. 2017;30(1):381-407. PubMed PMID: 27974411.

Mulvey MR, Haraoui LP, Longtin Y. Multiple Variants of Klebsiella pneumoniae Producing Carbapenemase in One Patient. The New England journal of medicine. 2016;375(24):2408-10. PubMed PMID: 27974041.

Mutiyar PK, Mittal AK. Risk assessment of antibiotic residues in different water matrices in India: key issues and challenges. Environmental science and pollution research international. 2014;21(12):7723-36. PubMed PMID: 24627199.

Navon-Venezia S, Kondratyeva K, Carattoli A. Klebsiella pneumoniae: a major worldwide source and shuttle for antibiotic resistance. FEMS microbiology reviews. 2017;41(3):252-75. PubMed PMID: 28521338.

Neu HC. The crisis in antibiotic resistance. Science. 1992;257(5073):1064-73. PubMed PMID: 1509257.

Ochman H, Lawrence JG, Groisman EA. Lateral gene transfer and the nature of bacterial innovation. Nature. 2000;405(6784):299-304. PubMed PMID: 10830951.

Okano A, Isley NA, Boger DL. Peripheral modifications of [Psi[CH2NH]Tpg4] vancomycin with added synergistic mechanisms of action provide durable and potent antibiotics. Proceedings of the National Academy of Sciences of the United States of America. 2017;114(26):E5052-E61. PubMed PMID: 28559345.

Osterblad M, Norrdahl K, Korpimaki E, Huovinen P. Antibiotic resistance. How wild are wild mammals? Nature. 2001;409(6816):37-8. PubMed PMID: 11343104.

Osterhaus A, MacKenzie J. The 'One Health' journal: Filling a niche. One health (Amsterdam, Netherlands). 2016;2:18. PubMed PMID: 28616472.

O'Toole GA. Microbiology: a resistance switch. Nature. 2002;416(6882):695-6. PubMed PMID: 11961541.

Payne DJ, Gwynn MN, Holmes DJ, Pompliano DL. Drugs for bad bugs: confronting the challenges of antibacterial discovery. Nat Rev Drug Discov. 2007;6(1):29-40. PubMed PMID: 17159923.

Perros M. Infectious disease. A sustainable model for antibiotics. Science. 2015;347(6226):1062-4. PubMed PMID: 25745144.

Petersen E, Mohsin J. Should travelers be screened for multi-drug resistant (MDR) bacteria after visiting high risk areas such as India? Travel medicine and infectious disease. 2016;14(6):591-4. PubMed PMID: 27913311.

Plantier HA. Resistance to Antimicrobial Drugs. The New England journal of medicine. 1964;270:152. PubMed PMID: 14067016.

Poppe C, Smart N, Khakhria R, Johnson W, Spika J, Prescott J. *Salmonella typhimurium* DT104: a virulent and drug-resistant pathogen. The Canadian veterinary journal/La revue veterinaire canadienne. 1998;39(9):559-65. PubMed PMID: 9752592.

Pragman AA, Kim HB, Reilly CS, Wendt C, Isaacson RE. The lung microbiome in moderate and severe chronic obstructive pulmonary disease. PloS one. 2012;7(10):e47305. PubMed PMID: 23071781.

Pucci MJ, Dougherty TJ. Editorial overview: Antimicrobials: fighting bacterial infections in the 21st century-thinking outside of the box. Current opinion in microbiology. 2016;33:v-vii. PubMed PMID: 27567402.

Pulcini C, Beovic B, Beraud G, Carlet J, Cars O, Howard P, et al. Ensuring universal access to old antibiotics: a critical but neglected priority. Clinical Microbiology and Infection. 2017;23(9):590-2. PubMed PMID: 28522030.

Qumar S, Majid M, Kumar N, Tiwari SK, Semmler T, Devi S, et al. Genome Dynamics and Molecular Infection Epidemiology of Multidrug-Resistant *Helicobacter pullorum* Isolates Obtained from Broiler and Free-Range Chickens in India. Applied and environmental microbiology. 2017;83(1). PubMed PMID: 27815276.

Rhouma M, Beaudry F, Letellier A. Resistance to colistin: what is the fate for this antibiotic in pig production? International journal of antimicrobial agents. 2016;48(2):119-26. PubMed PMID: 27234675.

Ribet D, Cossart P. How bacterial pathogens colonize their hosts and invade deeper tissues. Microbes and infection. 2015;17(3):173-83. PubMed PMID: 25637951.

Roca I, Akova M, Baquero F, Carlet J, Cavaleri M, Coenen S, et al. The global threat of antimicrobial resistance: science for intervention. New microbes and new infections. 2015;6:22-9. PubMed PMID: 26029375.

Roca I, Espinal P, Vila-Farres X, Vila J. The *Acinetobacter baumannii* Oxymoron: Commensal Hospital Dweller Turned Pan-Drug-Resistant Menace. Frontiers in microbiology. 2012;3:148. PubMed PMID: 22536199.

Rolland du Roscoat SI, Martins JM, Séchet P, Vince E, Latil P, Geindreau C Application of synchrotron X-ray microtomography for visualizing bacterial biofilms 3D microstructure in porous media. Biotechnology and Bioengineering. 2014;111(6):1265-71. doi: 10.1002/bit.25168. PMID: 24293082.

Routman E, Miller RD, Phillips-Conroy J, Hartl DL. Antibiotic resistance and population structure in *Escherichia coli* from free-ranging African yellow baboons. Applied and environmental microbiology. 1985;50(4):749-54. PubMed PMID: 3909963.

Roux D, Danilchanka O, Guillard T, Cattoir V, Aschard H, Fu Y, et al. Fitness cost of antibiotic susceptibility during bacterial infection. Science translational medicine. 2015;7(297):297ra114. PubMed PMID: 26203082.

Russotto V, Cortegiani A, Gregoretti C, Raineri SM, Giarratano A. ICU-acquired infections: It is not only about the number of patients per room. Journal of critical care. 2016;34:30. PubMed PMID: 27288605.

Russotto V, Cortegiani A, Raineri SM, Giarratano A. Bacterial contamination of inanimate surfaces and equipment in the intensive care unit. Journal of intensive care. 2015;3:54. PubMed PMID: 26693023.

Sandegren L. Selection of antibiotic resistance at very low antibiotic concentrations. Upsala journal of medical sciences. 2014;119(2):103-7. PubMed PMID: 24694026.

Sax H, Allegranzi B, Uckay I, Larson E, Boyce J, Pittet D. 'My five moments for hand hygiene': a user-centred design approach to understand, train, monitor and report hand hygiene. The Journal of hospital infection. 2007;67(1):9-21. PubMed PMID: 17719685.

Schatz A, Bugie E, Waksman SA. Streptomycin, a substance exhibiting antibiotic activity against gram-positive and gram-negative bacteria. Proc Soc Exp Biol Med 1944;55(437):66-9. PubMed PMID: 16056018.

Schrag SJ, Perrot V. Reducing antibiotic resistance. Nature. 1996;381(6578):120-1. PubMed PMID: 8610008.

Sharp JC. Infections associated with milk and dairy products in Europe and North America, 1980-85. Bulletin of the World Health Organization. 1987;65(3):397-406. PubMed PMID: 3311443.

Singh SB. Confronting the challenges of discovery of novel antibacterial agents. Bioorganic & medicinal chemistry letters. 2014;24(16):3683-9. PubMed PMID: 25017034.

Smith HW. Transfer of antibiotic resistance from animal and human strains of *Escherichia coli* to resident *E. coli* in the alimentary tract of man. Lancet (London, England). 1969;1(7607):1174-6. PubMed PMID: 4181837.

Spellberg B, Guidos R, Gilbert D, Bradley J, Boucher HW, Scheld WM, et al. The epidemic of antibiotic-resistant infections: a call to action for the medical community from the Infectious Diseases Society of America. Clin Infect Dis. 2008;46(2):155-64. PubMed PMID: 18171244.

Stahmeyer JT, Lutze B, von Lengerke T, Chaberny IF, Krauth C. Hand hygiene in intensive care units: a matter of time? The Journal of hospital infection. 2017;95(4):338-43. PubMed PMID: 28246001.

Suresh G, Das RK, Kaur Brar S, Rouissi T, Avalos Ramirez A, Chorfi Y, et al. Alternatives to antibiotics in poultry feed: molecular perspectives. Critical reviews in microbiology. 2017:1-18. PubMed PMID: 28891362.

Thom KA, Johnson JK, Lee MS, Harris AD. Environmental contamination because of multidrug-resistant *Acinetobacter baumannii* surrounding colonized or infected patients. American journal of infection control. 2011;39(9):711-5. PubMed PMID: 22041290.

Van Boeckel TP GE, Chen D, Gilbert M, Robinson TP, Grenfell BT, Levin SA, Bonhoeffer S, Laxminarayan R. Reducing antimicrobial use in food animals. Science. 2017;357(6358):1350-2.

Ventola CL. The antibiotic resistance crisis: part 1: causes and threats. P T. 2015;40(4):277-83. PubMed PMID: 25859123.

Ventola CL. The antibiotic resistance crisis: part 2: management strategies and new agents. P T. 2015;40(5):344-52. PubMed PMID: 25987823.

Vergin F. Anti- und Probiotika [Antibiotics and probiotics]. Hippokrates. 1954;25(4):116-9.

Walsh C. Molecular mechanisms that confer antibacterial drug resistance. Nature. 2000;406(6797):775-81. PubMed PMID: 10963607.

Watanabe M, Iyobe S, Inoue M, Mitsuhashi S. Transferable imipenem resistance in *Pseudomonas aeruginosa*. Antimicrobial agents and chemotherapy. 1991;35(1):147-51. PubMed PMID: 1901695.

Wattal C, Goel N. Tackling antibiotic resistance in India. Expert review of anti-infective therapy. 2014;12(12):1427-40. PubMed PMID: 25353717.

Wegener HC. The consequences for food safety of the use of fluoroquinolones in food animals. The New England journal of medicine. 1999;340(20):1581-2. PubMed PMID: 10332022.

WHO. WHO Global Strategy for Containment of Antimicrobial Resistance. 2001.

WHO. Antimicrobial resistance: global report on surveillance. 2014.

Wilcox MH, Best EL, Parnell P. Pilot study to determine whether microbial contamination levels in hospital washrooms are associated with hand-drying method. The Journal of hospital infection. 2017;97(2):201-3. PubMed PMID: 28712547.

Williams RJ, Heymann DL. Containment of antibiotic resistance. Science. 1998;279(5354):1153-4. PubMed PMID: 9508688.

Woodruff HB. Selman A. Waksman, winner of the 1952 Nobel Prize for physiology or medicine. Applied and environmental microbiology. 2014;80(1):2-8. PubMed PMID: 24162573.

Woolhouse ME, Ward MJ. Microbiology. Sources of antimicrobial resistance. Science. 2013;341(6153):1460-1. PubMed PMID: 24030495.

Wright GD. Something old, something new: revisiting natural products in antibiotic drug discovery. Canadian journal of microbiology. 2014;60(3):147-54. PubMed PMID: 24588388.

Youngster I, Avorn J, Belleudi V, Cantarutti A, Diez-Domingo J, Kirchmayer U, et al. Antibiotic Use in Children - A Cross-National Analysis of 6 Countries. The Journal of pediatrics. 2017;182:239-44 e1. PubMed PMID: 28012694.

Zapata-Cachafeiro M, Gónzalez-Gónzalez C, Vázquez-Lago JM, López-Vázquez P, López-Duran A, Smyth E, et al. Determinants of antibiotic dispensing without a medical prescription: a cross-sectional study in the north of Spain. The Journal of antimicrobial chemotherapy. 2014;69(11):3156-60. PubMed PMID: 24966275.

Zapata-Cachafeiro M, Piñeiro-Lamas M, Guinovart MC, López-Vázquez P, Vázquez-Lago JM, Figueiras A. Magnitude and determinants of antibiotic dispensing without prescription in Spain: a simulated patient study. Journal of antimicrobial agents and chemotherapy. 2019. 1;74(2):511-514. PubMed PMID: 30395222

Zhong LL, Phan HTT, Shen C, Doris-Vihta K, Sheppard AE, Huang X, et al. High rates of human fecal carriage of mcr-1-positive multi-drug resistant *Enterobacteriaceae* isolates emerge in China in association with successful plasmid families. Clinical Infectious Diseases. 2017. PubMed PMID: 29040419.

Zhu YG, Gillings M, Simonet P, Stekel D, Banwart S, Penuelas J. Microbial mass movements. Science. 2017;357(6356):1099-100. PubMed PMID: 28912233.

OTRAS FUENTES

IPCC. Summary for Policymakers. In: Field CB, Barros V, Stocker TF, Qin D, Dokken DJ, Ebi KL, Mastrandrea MD, Mach KJ, Plattner G-K, Allen SK, Tignor M, Midgley PM, editors. Managing the risks of extreme events and disasters to advance climate change adaptation, editors. A Special Report of Working Groups I and II of the Intergovernmental Panel on Climate Change. Cambridge University Press, Cambridge, UK, and New York, NY, USA; 2012: pp. 1-19.

Centers for Disease Control and Prevention. Infectious Disease after a Disaster. Atlanta, GA: CDC, 2012. http://www.bt.cdc.gov/disasters/disease/infectious.asp. Last accessed 11.07.2014

World Health Organization:

http://www.who.int/drugresistance/en/

Center for Disease Control and Prevention:

http://www.cdc.gov/drugresistance/index.html

European Food Safety Authority:

http://www.efsa.europa.eu/en/topics/topic/amr.htm

European Center for Disease Prevention and Control: http://www.ecdc.europa.eu/en/healthtopics/antimicrobialresistance/Pages/index.aspx